U0140161

The Last Writings of
Thomas S. Kuhn

INCOMMENSURABILITY IN SCIENCE

世界是複數的

孔恩的最後著作集

Thomas S. Kuhn
Edited by Bojana Mladenović

湯瑪斯・孔恩——著
波雅納・梅拉德諾維奇——編

傅大為・王道還——譯

獻給莎拉・孔恩

孔恩《複數世界》[*] 2024譯後記

我在一九八五年於紐約市翻譯孔恩的經典《科學革命的結構》一書（後簡稱《結構》）的後半部，並蒙葉新雲先生的仔細校正與討論，而時光如流水，一晃就將近四十年，今天仍有機會與王道還先生來合譯孔恩的這本《最後著作集》，而孔恩也早已作古近三十年了，不禁感慨萬千。

個人在完成《STS的緣起與多重建構》（2019）、還有在寫孔恩《結構》的五十週年紀念版之修訂版（2021）的新導言〈孔恩在科學的人文社會研究中〉時，都沒有機會看到孔恩最後未完成的那本書《複數世界》（停止於一九九五年秋天），引以為憾。但當時透過Hoyningen-Hueue（2014）討論孔恩在《結構》之前與之後的發展一文中，看到了《複數世界》一書草稿的目錄，對照目前《複數世界》的實際目錄，差別很小，前幾章的標題幾乎一樣，但到第六章，因為孔恩已經病重，只寫了六七頁就停下來了，更不用說計畫中的第七、八、九三章與後記了，如今我們只能從本書編者梅拉德諾維奇重構的「摘要」中一窺大概。而幾年前，當我正如火如荼地在寫STS大書時，看到本書草稿的目錄時，不諱言，是有點失望的，因為似乎孔恩仍然執著在他《結構》以來的問題領域中，而沒有走向更寬廣的領域，或許可以回應STS的挑戰。但當我翻譯完《複數世界》後，那種感覺就消失了。我看到的是他透過廣泛地徵

---

* 編註：即本書第二部分《世界是複數的：一個科學發展的演化理論》簡稱。

引嬰兒心理與語言習得的文獻，蒐羅哲學與哲學之外關於意義、類語詞的各種人文與科學的討論，並把「不可共量性」的概念從一個對傳統科學客觀性與知性權威的搗蛋鬼，完全轉化成一個科學理性與知性權威的根本基礎。這正是晚年的孔恩，仗著不可共量性的復仇之劍，展示他一個王者的回歸吧。但是相對應地，是他幾乎不再談科學革命了，取而代之的是討論科學的演化。不過這把劍，指向的仍然主要是科學哲學與科學史，它對STS、對人類學等領域，其意義還有待後來者的探索與開發。

在翻譯《複數世界》的過程中，不可避免地會注意到孔恩所引用的文獻與作者是誰。當然絕大部分的都是西方的學者，從研究古希臘到當代科哲與科學史的研究、到上世紀末的認知心理學等，都十分豐富，而東亞學者的相關研究，可惜似乎並沒有正式出現在孔恩的註腳裡面，但有一位大學就赴美國求學的中國／美國女性心理學家徐緋（Fei Xu），目前為柏克萊Early Learning Lab的主持人，則出現在在本書第四章中多次。但有趣的是，在孔恩寫《複數世界》時的一些筆記，本書編者曾多方參考與使用，且在編者註中有時會提到一些相關事件，而其中一件特別與筆者相關，曾註記在編者的註腳中（見第五章的編者註a）。他說孔恩在筆記裡提到筆者的英文名字（Daiwie Fu）以及筆者的一篇論文，它「處理透過學習其他文化，你得到什麼」。孔恩曾想嘗試引用此文，覺得會有幫助。但編者不知那是什麼論文，而筆者翻譯時看了馬上知道是哪一篇，就補上了出處，作為譯者的附註，附加在編者註a的後面。

之後我又驚訝地收到一位義大利學者（Stefano Gattei）的來

信，說他也正在翻譯孔恩此書，也看到第五章編者註a的疑問，就找到我並問那是否就是我、且是否知道是我哪一篇論文。我就把該文的書目（1992）告知他，並道歉說我沒有電子檔可以傳給他（九〇年代初，電子檔還很少用）。結果幾天之後，他反而傳給我該文的電子檔，真是神奇。當然，孔恩後來並沒有機會真的引用到拙作。回想筆者一九九〇年到波士頓大學科哲討論會作的一場演講，演講稿正是孔恩在寫書筆記中提到的那一篇。內容是在討論孔恩如何處理不可共量性，並特別提出比較科學史的概念。孔恩當年也受討論會主席Robert Cohen教授之邀在場聆聽，並與包括筆者在內的幾位學者共進午餐。演講後孔恩還邀筆者到他家小坐，並與他夫人討論歐洲中古光學史的問題，因為比較光學史就是我演講中的案例。可惜當年用手機照相的習慣尚不存在，結果我們並沒有合影留念。這件筆者與孔恩、還有《複數世界》相關的趣事，就在此記上一筆，以資留念。

當商周出版社在二〇二二年與我聯絡，邀我翻譯此書時，我雖然已經從陽明大學退休，但仍諸事繁忙，不過因為是這本許多人已經等待多年的孔恩最後之作，讓我不得不另眼看待。基於我進入科哲與科學史多年來對孔恩的敬愛，他一直是我在學界的英雄之一，使我後來毅然接下了這個翻譯工作，但條件是我需要一位朋友來一起翻譯，以減輕負擔。我特別要感謝王道還也在百忙中答應接下與我合作翻譯的工作。簽約翻譯之後，因為各種其他突發社會事件的介入，加上要經常照顧高齡老母，所以翻譯進展一直很緩慢。

至於翻譯《複數世界》一書的文字，我的感覺是，關於哲學方面的文字最容易翻譯，常有孔恩當年在《結構》中雄辯的風采。科學史的文字則次之，特別是關於仔細說明亞里斯多德各種物理概念的意義，與我們今天的現代意義多麼不同，孔恩極為耐心與謹慎。但關於孔恩撰寫幼兒心智成長、語言習得的過程，加上他仔細描述了很多精彩但又繁複的幼兒實驗，則最為難譯，有時需要花不少時間反覆推敲，甚至需要下載幼兒語言心理學的論文，考慮再三。但我想失誤仍然在所難免，還希望讀者專家讀後不吝提出問題，好讓我修正翻譯。最後，雖然孔恩寫的是他最後的文字，他的最後一舞，但他文字中也常有回看、回顧他此書與當年的《結構》如何不同，如何避免了當年的誤導與偏差。對於《結構》也熟悉的讀者而言，讀來一定也頗為有趣。

不論如何，翻譯終於完成，翻譯時限也到了。中間關於某些譯名如何取捨的問題，也和道還有多次的討論。專書的編輯嚴博瀚先生，也對我的翻譯初稿作了很縝密的評論與建議，非常感謝他。因為此書的編者已經寫了一長篇的「導論」，我個人覺得就不需要在翻譯之後再寫一篇導論了，而把此工作保留給之後的華人學者對此書作一個全面的評價吧。道還負責翻譯本書編者的導論，也翻譯了在《複數世界》之前的幾篇孔恩未發表的重要論文。我則負責從《複數世界》的「摘要」開始翻譯，到孔恩晚年念茲在茲的最後一本書《複數世界》的全書。

是為譯後記。

傅大為　於淡水 2024/8/10

孔恩印象記

四十年前，我受邀參與編譯中文版《科學革命的結構》，只能歸諸緣法。哪裡想到四十年後那一緣法會結出另一個果——這本《孔恩的最後著作》。歸諸緣法，是因為翻譯孔恩的科哲著作從來不是我主動的選擇，因為我對哲學思辨有偏見。我還在達爾文的自傳中找到了自以為得意的說詞：

我才力不夠，難以承擔冗長而純抽象的推論；此外，我從來不能領會形上學或數學。

我讀孔恩，是從他的第一本書《哥白尼革命》（1957）下手的，因為我喜歡「科學故事」。這個興趣很早就形成了。大概在小學五六年級，我讀到李元慶的《科學文粹》，其中涵蓋各主要科學學門的新知、以及那些新知的來龍去脈，還有教人興奮的科學展望，例如太空探測、美蘇太空競賽。《科學文粹》總共出了五集，是我上初中前後最重要的科學啟蒙書，其中有幾篇我至今仍能娓娓道來。例如兩千年前後「鑑識科學」的威望因為CSI影集而大幅提升，而我在小學畢業前就讀過相關報導，對鑑識專家（那時叫作法醫）的本事留下了深刻的印象。

進入高中後，香港今日世界出版社出版的翻譯書擴展了我的眼界：我接觸到了科學史。但是過去的興趣依舊支配著我。對我來說，科學史就是比較長、比較複雜的科學故事。每一個都可能有伊索寓言式的「教訓」，例如艾西莫夫（Isaac Asimov, 1920-1992）寫的〈氬的發現〉（1969），開頭那句話就令我傾倒：

科學研究上的重大興奮事情之一是：你出去獵兔子，你偶爾會捉到一隻熊。

我還因為對這句中文不太滿意，到圖書館查找原書。

今日世界出版社的書，有兩本值得在此一提：作者是哈佛大學前校長康南特。康南特當年在哈佛發動了一場教育改革，重點之一是「提升現代公民的科學通識」。那兩本書一本闡明理念，另一本則是化理念為課程的示範。透過那些科學通識課，他打造了後來的科學史系——以及我們知道的孔恩。

我接觸孔恩的著作，是在一九八〇年前後，確切時間並沒有把握。記憶中，林毓生大概是國內第一位介紹孔恩的學者，可是前面說過我讀的第一本孔恩著作不是他大力宣傳的《科學革命的結構》，而是《哥白尼革命》，一部典型的科學史。不過《結構》一書最令人矚目的論點，甚至孔恩一生念茲在茲的科哲問題，在《哥白尼革命》中已經呼之欲出。可是我感興趣的卻是「故事」。例如發源於古希臘的數學天文學以地心說為出發點，企圖以等速圓周運動原理解決「行星問題」，只是一直沒有成功。根據哥白尼的描述，歐洲天文學傳統超過一千兩百年的努力，得到的結果只是個「怪物」（monster）。讀到這個判斷，我感興趣的是：什麼怪物？

為什麼是怪物？於是找其他的書來看，才知道哥白尼說的是：

根據不同模特兒畫出的手、腳、頭、四肢，即使每一件都惟妙惟肖，組合起來卻不啻怪物，因為它們不來自同一個個體，缺乏在同一個個體中才擁有的相互關係。

哥白尼以這個隱喻，批判計算五大行星的運行的托勒密幾何模型，抱怨它們缺乏一致性以及系統性。我大致了解他的意思，但是令我興奮的是，我認為他與米開朗基羅的一句名言可以互相印證：

人像不是雕出來的，而是藝術家從石頭裡解放出來的。

而另一個有名的怪物，正是以哥白尼式的方法「造」出來的：科學怪人。想到這裡，我高興得不得了，因為以後由我說哥白尼的故事的話，素材更多了。

我忽略了孔恩關心的問題：一個就經驗證據而言並不成功的數學天文學傳統，為何能持續發展上千年？而以日心說替換地心說的過程，為何如此曲折？

因此我對《結構》（第一節／章）著名的開卷語，理解一直停留在「說故事」的層次。對我而言，科學史當然是「軼事或年表的堆棧」，那可是說故事的本錢。因此我即使後來讀到哥白尼對於他繼承的天文學傳統最重要的不滿，不是預測失靈，而是從理論模型的特性立論，或者說美學、品味，我想到的只是「又多了一筆說故事的材料」。我沒有追問：那麼在哥白尼革命中，孔恩所謂的「危機」究竟怎麼發生的？

直到仔細閱讀這本《最後著作》，並參與翻譯，我才對孔恩的科學哲學有些認識，對我過去瀏覽過的相關討論，以及出自我的本行——人類學——的一些睿見[i]也有些恍然大悟。[ii]最重要的覺悟是：過去我辜負了讀書、翻譯所下的功夫，錯失了深造的機會。

不只如此，我還辜負了孔恩的教誨。因為一九八九年春，我到MIT上過孔恩的課。只是我連課名都忘了，猶如船過水無痕。只記得那是大學部的課，有二三十名學生，還有一名研究生助教。[iii]可是上課期間卻有兩件事銘刻在我的記憶中。我想起孔恩的時候，腦海浮現的不是大家熟悉的印在書裡的照片，而是他留在我記憶中的形象，即使日漸模糊，依舊栩栩如生。

那是第一次上課。前一位教授還沒有下課，學生都擠在教室門口，我注意到孔恩也在那兒，便趁機上前打招呼，介紹自己參與過《結構》中文版的編譯。那時我手上沒有那本中譯本，只帶著在雙葉書廊買的英文版（2nd ed., 1970），由於是據以翻譯的底本，幾乎每一頁都朱墨爛然。我從提袋裡拿出書，隨手翻了幾頁給他看，可能是想證明自己的確下了功夫。我先供認「這是盜印本」，他似

i 例如Lev Vygotsky (1896-1934)的歷史－文化進路、與Clifford Geertz (1926 – 2006)的「濃密的描述」。

ii 我要特別感謝傅大為教授給了我這個機會。

iii 我還記得孔恩指定的必讀書是 *Perception, theory, and commitment: The new philosophy of science,* by Harold I. Brown, University of Chicago Press, 1977.

乎沒怎麼留意，是一個話不多的人。可是突然間他阻止我繼續翻頁，指著翻開的那一頁，問我：「你怎麼知道是他？」那是第163頁，孔恩提到Einstein, Bohm對於量子力學中居於主流的哥本哈根詮釋非常不滿。這兩個人名，Einstein就是愛因斯坦，家喻戶曉；而Bohm指David Bohm (1917-1992)。Bohm在一九四三年發表的博士論文被列為美國國防機密，行外的人知道他的的確不多。可是我在這一頁註明了David Bohm的生卒年代，以及他為行外人寫的兩本書。孔恩大概對我做的「功課」印象深刻。我心裡卻在想：當初要是大膽向他請教就省事了，因為他顯然非常在意讀者的反應。他的最後著作，核心主題仍然是首見於《結構》的不可共量性，除了他的哲學論證的需求，不可共量性引起的誤解與爭議最大，令他對「表述」非常敏感，也許是另一個心理驅力吧？

第二個故事更有戲劇性。孔恩的課排在上午，我忘了課程的細節，例如上課時間與一週上幾次，只記得是一次一節五十分鐘的課。有一次，上課鈴還沒響，我走進教室坐定，除我之外一個人都沒有。一兩分鐘後，助教來了。隨著上課鈴響，孔恩走進了教室，發現整間教室只有兩個人。我注意到他似乎愣了一下，但是立即恢復神色，穩穩地走上講台，拿出上課筆記開始講課；熟悉的語速、語調。我不記得那天他講授的內容，銘印在心的是當天的場景——一位世界知名的教授，在只有一名學生的課堂中講課，若無其事地娓娓道來，直到下課鈴響。我站起身走向前致意。我不知該說什麼，只是走到講台前，向他微微躬身致敬。哪知就在那時他爆發了：面上浮現激憤，說了幾句激憤的話，大意是MIT不重視人文學科，排課時間不友善，那一週是期中考週，等等。不過他沒有沉浸在激憤中，神情很快就雨過天青。

沉浸在這個事件中的是我。要是我當老師，走進只有一名學生出席的教室，會怎麼做？我想起大二那年選的那門西洋文化史，選課的同學只有幾位，因此不可能矇混蹺課。一天老師準時走上講台，在公事包裡摸了一會兒之後，抬起頭，說了一句：「唱本沒帶，」接著就是「下課！」揚長而去。孔恩示範的是另一種應對方式——我會致敬的那一種。他傳授的科學哲學與哲學論證，我花了四十年才略窺門徑，我沒有資格認他為經師。他是人師。

王道還

目次
Contents

編者謝詞

我為出版本書所做的研究，得到許多人、許多機構的支持。首 ix
先，我要感謝芝加哥大學出版社的Karen Merikangas Darling：她邀請我編輯孔恩未完成的書稿，並給我時間與自由，讓我能以我認為最好的方式完成這個工作。我還要感謝Karen介紹我認識孔恩的著作遺產管理人：孔恩的遺孀Jehane Kuhn和女兒Sarah Kuhn。她們對編輯本書的計畫既熱情又有信心，一以貫之，本書得以完成，她們的支持不可或缺。孔恩夫人Jehane對書稿的沿革， 以及孔恩自己對書稿在身後出版的想法，提供了寶貴資訊。許多疑難之處無法以現存文本解決，都依賴她顯微闡幽。最後她沒能親自見到本書問世，令我悲痛莫名。孔恩的女兒Sarah接棒擔任父親的著作管理人，展現了不凡的度量與操守。我向她求助，有求必應，而且她的親切發自內心，我都非常感激。

威廉斯學院奧克利中心提供了兩個學期的平靜空間與研究經費，讓我完成這個計畫。我感謝奧克利中心的行政主管Krista Birch，以及威廉斯學院的前後任教務長Jana Sawicki 與 Gage
McWeeny，還有給過我重要評論與建議的奧克利學人。我也要感謝 x
麻省理工學院圖書館工作人員的協助，因為孔恩遺留的文件全都收藏在那裡，他們十分稱職，極有效率。

有兩個人特別值得記上一筆。我的研究助理Evan Pence下了極大的功夫把原始文本變得清晰易讀，並對孔恩引用的所有資料都追根究柢一番，協助我完成一份完整、正確的清單。他也提出了許多精彩的哲學論點與建議，可惜大部分我都無法在本書中利用；但是我仍然在心中玩味不已。Mane Hajdin 細心通讀本書所有的編輯文字，提出許多有見地又有用的建議。我能完成這件工作，他的支持不可或缺，一如既往。

波雅納・梅拉德諾維奇

編者導言

孔恩過世，留下未竟之業，已經二十多年了。他的成名作， xi
《科學革命的結構》，[1] 已成為經典：每一位受過良好教育的人都非讀不可。大家逐漸認清，孔恩不只是廿世紀最重要的科學哲學家之一，還是最重要的思想家。他的影響力擴及許多學術領域，甚至徹底改變了一些領域。[2] 不錯，孔恩的一些觀點至今仍然引人非議，那些觀點在一九六二年橫空出世，出現在仍然浸淫在邏輯實證論的讀者面前，但是現在他的哲學獲得的理解比過去更好，其複雜與可供玩味之處受到更大的肯定。

大體而言，這得歸功於孔恩持續不懈的努力：解釋與護衛《結構》一書的核心論點。不過，在那個過程中，他開始相信，進一步的澄清無論怎麼仔細都行不通；他開始動念，他的科學哲學必須做某個程度的修訂，而且必須置於一個更大的、重整過的哲學架構中。對這個發展的新方向，他發表過一系列論文，鋪陳大致風貌。[3]
這個研究完成後，將是一本新的巨作。寫作那本書成為孔恩的主要 xii
功課，投入的時間超過十年，可惜天不假年，未竟其功。

本書裒輯孔恩為那本書起草的所有稿子，好讓殷切期待的讀者略窺戶牖。那本書的書名暫定為《世界是複數的：一個科學發展的演化理論》（*The Plurality of Worlds: An Evolutionary Theory of Scientific*

Development)（編按：以下簡稱《複數世界》）。在這份手稿之前，有兩份相關的文本，過去從未以英文發表過：一篇是〈科學知識是歷史產物〉，另一篇是他在希爾曼講座（Shearman Memorial Lectures）宣讀的〈過去的科學風華〉。本書也包括了兩份摘要，一份是希爾曼講座的，另一份是《複數世界》的。雖然兩份摘要都是編者的創作，但是編者儘可能地利用了孔恩的表述方式。它們教人一眼就能看出兩者的主題領域有重疊之處。此外，《複數世界》的摘要也勾畫了書裡還沒有起草的部分打算處理的主要議題；身為編者，我必須負責任地重建這些議題，不在話下。

這篇導言包括三個部分。第一部分交代三份稿子的來歷，它們彼此的關聯，以及它們的現況。許多讀者對孔恩在《結構》之後的哲學思考重心與發展並不特別熟悉。第二部分主要是為他們寫的，除了提供那些資訊與脈絡，還概述了《複數世界》的意旨。不妨將第二部分視為旅途指南，協助讀者在複雜、不時重疊、事實上並未完成的原稿中尋找出路。[4] 導言的第三部分是對本書的性質與內容所作的評論，用以總結全文。

I. 本書的內容

材料來源

為編輯本書，我依賴許多材料來源。雖然我沒有在本書討論孔恩先前發表的所有文本，或是大量研究孔恩的二手文獻，但這些作

品的確為我的編輯工作提供了必要的背景。孔恩在一九八〇年代後 xiii
期與一九九〇年代發表的一些論文特別有幫助，因為寫作《複數世界》的哲學計畫是在那時成形的。[5] 更重要的是，孔恩自己對書的內容提供的線索——他已經起草了幾章。此外，孔恩留下了豐富的檔案，種類駁雜，大多數保存在麻省理工學院圖書館。為了重建孔恩未完成的書，其中最重要的是塔爾海默講座講詞（*Thalheimer Lectures*, 1984），[6] 孔恩為MIT研究生討論課準備的上課筆記與講義（孔恩在上課的時候往往會討論正在進行中的書稿），[7] 以及他與同事的通信，特別是在希爾曼講座之後與英國政治思想史家Quentin Skinner的往來信件。[8]

不過，我賴以重建《複數世界》的一個重要資料來源，現在還沒有對大眾開放：孔恩對於那本書預定各章所做的筆記，他一直沒有修訂過。[9] 這些筆記通常簡短、只有提示功能，而不是詳細而明白的想法；然而我發現在寫作《複數世界》的摘要時，它們非常有用。[10] 孔恩夫人Jehane給了我一份會談紀錄，參與者是孔恩、芝加哥大學哲學教授James Conant、[i] 匹茲堡大學哲學教授John Haugeland (1945–2010)， Jehane偶爾也會加入。[11] 會談是在孔恩的家裡進行的，時間是一九九六年六月七至九日，共進行了五次，合計約七個小時。[ii] 孔恩要求將錄音帶毀掉，事實上他根本不願會談記錄流傳在外。[12] 我尊重孔恩的遺願，沒有將這些紀錄當作孔恩哲學觀點的資訊來源，只用來重建本書諸篇文本的歷史。

---

i　譯註，哈佛前校長James B. Conant的孫子。

ii　譯註：一星期之後，孔恩過世。

對《複數世界》還沒寫作的章節，這些資訊來源沒有一個能提供算得上草稿的文本。不過，它們讓我們對孔恩哲學觀的發展方向有個大致的理解，因為孔恩不只一次地強調，他的論敵是一個特定的觀點：對他的觀點的一種誤解；或者說是一個對立的哲學立場，xiv 但是可能被誤解為是他的觀點。他清楚地說明了他的反對理由。因此，可利用的公開資訊對於孔恩在過世前仍然念茲在茲的《複數世界》只提供了部分圖像——或者說環境光——不足以窺其全貌。現在沒有人知道，要是孔恩有時間完整鋪陳的話，他會如何論證他的想法；但是對他的立場，我們能夠勾畫出輪廓，至少還能填入一些細節。

主要文本

〈科學知識是歷史產物〉與〈過去的科學風華〉都是重要的哲學論文，有獨立的地位。另一方面，孔恩在那兩份文本中發展的，正是他未完成的著作中的關鍵概念，因此它們可視為邁向《複數世界》的里程碑。以寫作時間排比，那三份文本展現了孔恩從一九八〇年代到一九九六年過世之間的哲學發展軌跡。

〈科學知識是歷史產物〉起草於一九八一與一九八八年之間，修訂過許多次。孔恩受邀擔任講座主講人，發表過不同版本。[13] 在希爾曼講座的第一講，孔恩提到：〈科學知識是歷史產物〉會在法國的 *Revue de Synthèse*（科學史與科學哲學學報）刊登，但是並沒有。[14] 本書收入的是最後一個版本，一九八六年春孔恩在東京大學宣讀，並翻譯成日文刊載於岩波書店的《思想》月刊。[15] 這篇論文的主題是傳統的科學知識論，孔恩分析那一知識論的起源與使命、它一直沒有擺脫的問題，以及孔恩自己的科學發展觀避免這些問題的途徑。在孔恩已發表的論文中，這是對那一知識論的最好的分析。雖然這篇論文與《複數世界》的第一章在措辭上沒有顯著的重疊之處，但兩份文本使用了同一標題，功能也相同：為孔恩的科學哲學辯護，特別著眼於科學的發展、歷史、與實作。因此我總是將這篇論文當作《複數世界》第一章的原型。

〈過去的科學風華〉是一九八七年十一月孔恩在倫敦大學院希 xv
爾曼紀念講座發表的講稿，分三場宣讀。那些演講探討了孔恩對科學的發展－歷史觀點，並開始說明採用那一觀點的哲學後果。先前還有兩個演講系列：聖母講座（Notre Dame Lectures），〈觀念變遷的本質〉，一九八〇年十一月在聖母大學宣讀，講稿似乎已經遺失；[16] 以及塔爾海默講座，〈科學發展與詞彙變遷〉，一九八四年十一月在約翰霍普金斯大學發表。[17] 希爾曼講座有三場演講，是孔恩的成熟哲學最晚近、最完整的版本，也是對他的書企圖達成的目標的最佳指南（儘管還不完善）：是對他正在寫作的書預定涵蓋的整個哲學地景所做的概述。最後一講特別重要：讓我們得以捉摸《複數世界》第三部與結語之間的內容——如果孔恩有時間寫作的話。

孔恩並沒有出版希爾曼講座的講稿，他在一九八〇年代晚期、一九九〇年代初的其他講稿也沒有出版。他把那些講稿看作為他的書所寫的草稿，有的比較成功，有的並不成功。不過，他的確對希爾曼講稿修訂、推敲過，並與許多同事、朋友、學生分享；在某些哲學圈內，多少仍被視為祕本。[18] 因此希爾曼講稿成為理解孔恩後期哲學的主要文本，儘管從未出版過。兩篇精彩的論文分析、討論過希爾曼講稿，哲學上有新義，又富於可供玩味的細節——第一篇的作者是哈金（Ian Hacking），第二篇是Jed Buchwald and George Smith。[19] 不過若想完全理解這兩篇論文，以及孔恩對哈金的公開回應，[20] 都必須熟悉孔恩的原始文本。儘管孔恩不打算發表那一文本，鑑於希爾曼講稿現在已經廣受討論，可是仍然沒有廣為流通，而預定要取代那份講稿的書又沒有完成，所以孔恩的著作遺產管理人與芝加哥大學出版社決定將這一重要文本收入本書。[21]

本書的核心文本當然是孔恩未完成的書，在本書中它的暫定書名是*The Plurality of Worlds: An Evolutionary Theory of Scientific Deve-*
xvi *lopment*，孔恩過世前一直使用這個書名。要是天假之年，孔恩能完成這本書，他可能會使用不同的書名。一開始這書的暫定書名是*Words and Worlds: An Evolutionary View of Scientific Development*。一九八九年，孔恩向國家科學基金會科學史與科學哲學學門申請研究經費（並獲批准），研究計畫中使用的書名就是這一個。[22] 他放棄這個書名的理由並不清楚，其實這個書名恰如其分地宣布了書的內容；後來孔恩開始擔心*The Plurality of Worlds*會與哲學家David Lewis (1941-2001) 的書*On the Plurality of Worlds* (1986) 混淆，讓人以為他在討論模態邏輯，[23] 可是他也並沒有改回原來的書名。孔恩向Jehane表達過這個憂慮，這是她在二〇一七年以私人書信告訴我的。孔恩想要改書名，也出現在他與James Conant、John Haugeland的談話記錄中，這一段談話Jehane也在場。[24] 對於書名，孔恩說它應該包括Worlds 或者Plurality，但是他決定將最終決定權留給妻子。Jehane並沒有改動書名。

孔恩對這本書的規畫，雄心勃勃，花了很長時間做研究。[25] 全書以致謝詞與序言開篇，然後是紮實的三部曲，每一部包括三章：第一部，「提出問題」；第二部，「一個類的世界」；第三部，「重建世界」。然後預定有一篇「後記」，以及一篇「附錄」，以總結全書。不幸的是，只有第一部的三章與第二部的第四、五章有完整的草稿；第六章並未完成。第三部與後記，孔恩只留下零星的筆記，並無文稿；序言與附錄亦闕如。

第一部的文稿都經過仔細推敲，明顯接近計畫中的最後版本。它交代了寫作本書的緣起，以及預定的以下諸章內容。它的焦點是科學史研究的本質與哲學意義，孔恩以三個詳細的個案研究生動地介紹了他的看法：亞理斯多德、伏特、與普朗克。孔恩利用這些個案證明：為了使人理解相關的歷史過程，科學史非得處理不可共量 xvii
問題不可，同時他還提出了將在本書第三部討論的重要哲學問題。雖然希爾曼講座第一講與《複數世界》第二章在文句上頗有重疊之處，但是由於寫作時間相隔近十年，它們之間的整體差異相當大，而且非常重要：它們透露了孔恩的思路以及他的成熟哲學立場的發展途徑。例如希爾曼講座的第二講討論過去與現在的科學的不可共量性，並勾畫了讓我們得以理解歷史變遷的不可共量所需的意義與知識理論。不過，這一講的確透露了孔恩對語言習得與觀念發展的經驗研究頗為期待，這個想法是《複數世界》第二部的論證起點；但是實際的文本與哲學方法論有很大差異。

事實上，熟悉孔恩已發表的論文的人，很可能會覺得第二部出乎他們意料，大為驚異——與第一部適成對比。在這裡，孔恩似乎在為他打算發展的意義理論尋求一個自然主義基礎，那個理論又能安頓他修正過的不可共量概念。他的目標是利用認知與發展心理學的科學研究成果，作為他的意義與理解理論的基礎，再用那個理論說明如何跨越不可共量的不同詞彙結構與實作。然而這一重要的研究計畫雖有進展，卻未完成。我推測第二部的最後版本，會更新引用的研究成果，對那些研究成果的報導也會更精簡，並強調它們的哲學意義，從而為全書的第三部奠定基礎——就哲學而言，那應該是本書最令人感興趣的部分，可惜孔恩沒來得及寫。

第三部打算將第一部呈現的概念變遷的歷史觀，與第二部鋪陳
的概念習得的科學描述，綰在一起，目的在解釋不可共量性，以及
即使不可共量性存在，為什麼我們仍然能夠彼此理解與溝通。《複
xviii 數世界》將不可共量性視為無所不在的現象：跨越文化、語言、歷
史時代、以及各種社群，都會遭遇；被不可共量性分隔開來的科學
社群不過是一個特例——雖然是非常特殊的特例。孔恩想要解釋的
是，一、概念習得與詞彙結構的模式是科學的共相；二、科學中的
詞彙變遷與自然語言中的詞彙變遷不同。在孔恩的研究計畫中，一
般的哲學問題，如意義、理解、信念、正當理由、真理、知識、理
性、以及現實，全都要檢討，他打算在第三部討論它們。主要目標
是發展他的意義理論與知識理論，那些理論將以不可共量性為起
點，然後為幾個目標開拓空間：一、為科學研究的對象——世
界——發展一個結實的觀念；二、信念變遷的理性；三、科學發展

的進步觀。

在「後記」中，孔恩將回到一個老問題：歷史與科學哲學的關係。《結構》出版之後，孔恩就對這個問題念茲在茲，它也吸引了批評者與欽慕者的注意。在早期的論文中，他大聲疾呼，反對用以今論古（或者說錯置時代）的方法研究科學史，他認為邏輯實證論者與巴柏否證論者的科學史研究都有那個特徵。[26] 在《結構》與論文集 *The Essential Tension* (1977) 中，他深信科學哲學必須拒絕以今論古的科學史研究，而必須依賴負責而詳細的歷史研究，以重建過去的科學社群的脈絡、觀念、問題、與意圖。然而到了一九八〇年代晚期，孔恩覺悟以今論古的科學史研究有不可取代的功能，他想在《複數世界》的後記中解釋與討論這一點。幸運的是，後記的這個核心觀念在希爾曼講座的最後一講鋪陳得非常清楚。[27]

最後，「附錄」預定要詳細比較兩本書的觀點：《結構》與《複數世界》。《結構》一直是孔恩的核心哲學思想的源頭，也是他的主要難題的發源地——他在過世前一直念茲在茲——而《複數世界》
則是他對這些議題的最後看法。[28] 這兩本著作的連續與差異是他想 xix
討論與解釋的重點。就我們重建孔恩最後一本書所達成的信實程度而言，我們也能想像這篇附錄的實質內容。

但是重建孔恩這本未完成的著作，賦予充分的細節並不容易。除了孔恩的書稿，我們還必須依賴各式各樣的文本——發表過的、沒有發表過的。它們寫作的時間可能相隔十年以上。此外，孔恩在這個期間探索過的點子，哪些是他打算闡釋得更清楚，並為之辯護的，或哪些他最後會放棄，我們並不總能弄清楚。

第三部能夠重建的部分，我試著將它寫入我為《複數世界》創作的「摘要」裡。可是對讀者來說，孔恩的書最重要的部分仍然只有骨架而無血肉。因此，請留意，本書發表的文稿並不能充分反映孔恩雄心勃勃的哲學計畫。賞識這些文本需要詮釋與想像的功力，與《結構》出版時用以理解其中的陌生地景所需要的功力截然不同；但是無論現在還是過去，功不唐捐。

II. 孔恩未完成的研究計畫——一份指南

從《結構》到《複數世界》

一九六二年《結構》出版，孔恩批判當時的主流科學哲學，堅持應該將科學視為一組在歷史中發展的傳統，透過那些傳統，知識變遷、成長。科學的變遷沒有恆定的速率，也不完全是累積性的；更確切地說，科學變遷展現的是二階段模式。常態科學時期生產連貫的、累積的、可描述成進步的結果，這個時期的特徵是科學社群內部對於所有基礎事務都有共識。這一共識在異例累積的壓力下瓦解，科學社群便進入「非常科學」時期，特徵是對於科學實作的架
xx 構有對立的看法，彼此不相容，形成競爭態勢，在《結構》中孔恩把那個架構叫作**典範**。[29] 這些對立的架構彼此不可共量，科學社群最後會在其中選擇一個，可是並不是受邏輯或典範中立的經驗證據驅使。因此，科學革命是顛覆性的插曲，旨在重新設定科學實作的基礎，透過那些革命插曲科學知識以非累積的方式發展。

《結構》得到的風評與孔恩預期的不同。他認為他的批評者與

未來的追隨者都嚴重地誤解了這本書。[30] 有些人認為這書主張基進的相對主義，這種觀點無法將科學變遷解釋成以論理與證據決勝負的過程，而是最終贏得勝利那一方的修辭、機構、或政治力量的結果。因此，他們論證道：孔恩無法將科學視為理性事業的典範——而理性探索才能讓我們愈來愈逼近關於世界的真理。[31] 此外，孔恩令人驚訝的宣稱——「典範一改變，這世界也跟著改變了」[iii]、「雖然這世界並沒有因為典範的改變而改變，典範變遷後科學家都在一個不同的世界中從事研究」[iv][32]——激發了唯心論與建構論的指控。孔恩拒絕這些對他的觀點的概括，同時堅稱他的一些聽來矛盾的宣稱其實是正確的。儘管他後來的研究生涯成就非凡，但最後還是回到《結構》，希望其中的宣稱既能令人理解，又是合理的。

《結構》之後，孔恩的哲學研究是在至少兩個相對而言各自獨立的時期發展的。[33] 第一個時期始於為《結構》第二版寫的〈後記——1969年〉，止於一九八〇年代早期。[34] 然後他針對許多對他的書做出的不正確描述做出回應，或澄清觀點、或解釋、或提出新的論證，但是並無教人激動的修訂。他論證，不可共量性並不必然導致無法溝通或無法比較，科學的選擇基本上並不是社會與政治力量驅動的。孔恩堅持科學研究的社群性質，突顯嚴格的養成教育的重要性，以及指導所有科學研究與評估的共享價值亦然。[35] 他開始 xxi
強調，科學的推論與實作無法拆開，必須當作一個科學群體的產物，那個群體透過它的專家判斷、選擇、與實作組成了科學——一

iii 譯註：《結構》中譯本 p. 229。

iv 譯註：《結構》中譯本 p. 241。

種對世界的方方面面作理性探究的事業。然而，將他的立場概括為基進的相對主義、非理性論、社會建構論的溫床，依舊甚囂塵上。在這個時期，孔恩一以貫之地拒絕這類標籤，可是鮮少被認真看待。

到了一九八〇年代中期，孔恩的研究進入了新的階段，我稱之為「孔恩的成熟哲學」或「晚期孔恩」，兩個詞同義。收入本書的三份文本都是這一階段的產品，在其中孔恩對《結構》進行比較基進的修訂，並擴張了他的哲學視野。孔恩開始分辨科學家、歷史學者、哲學家在探討關於科學的問題時採用的不同視角。這樣做導致了對於不可共量性與科學變遷更細膩、更言之有物、更精確的理解：不可共量性無處不在，卻是局部的；只有隔著遙遠的歷史距離觀察，才會把變遷看成革命。更重要的是，孔恩斷定他的科學哲學需要一個通用的意義理論、一個紮實的知識論，並對科學實在論與建構論的辯論找一個新穎的切入點。於是他的主要任務是重新設定這些領域，以展現他的科學發展觀。他認為科學發展的不可共量性存在於被歷史分隔的科學理論與實作之間，他希望這個觀點能說明大眾對於科學的一般印象——科學是理性的、也是進步的事業——而不會危及那個印象。事實上那也是孔恩的信念。

歷史主義

孔恩的哲學論文總是一開頭就強調歷史的重要性：歷史是必要的起點。我們很容易將《結構》的第一句視為他後來所有著作的警句：要是我們不把歷史看成只是軼事或年表的堆棧，歷史便能對我

們所深信不疑的科學形象，造成決定性的變化。[v][36]孔恩認為，對 xxii
科學的哲學反思必須以正確的歷史描述為基礎，包括實際的科學實作，以及那一實作的曲折歷史，因為對科學的運作與變遷要是沒有恰當的理解，科學哲學便無法解釋科學的成敗。

孔恩的歷史主義與邏輯實證論者、巴柏否證論者的哲學方案截然對立，它們主要是規範性的而不是描述性的，基本上對科學史不感興趣。[37]它們的目標是發展一組方法論規則，遵守那些規則就會導致科學知識的增加，因此可以解釋科學的進步。這個傳統用不上詳細的歷史研究，只需要一些從現在的觀點來看至關重要的科學史插曲，對那些事件的描述往往簡化、斷章取義。孔恩認為這一規範性的－方法論哲學方案，與錯置時空的現在主義（presentist）史學互相印證，合力創造了一幅扭曲的科學形象。孔恩企圖以講究歷史時序與細節的方法為科學重建形象。

孔恩自己的歷史進路是詮釋；也就是著重內在理路與脈絡。詮釋的歷史敘事以幾個方法追求成功的解釋：最大的一致性、完整性；避免錯置時序的解釋範疇與榮銜。現代讀者覺得難以理解或顯然為假的文句，應視為考驗史家功力的基本謎題。對晚期孔恩，詮釋史學是一種回溯式的民族誌，旨在理解對史家而言一開始看來陌生、而且往往荒謬的觀念、信仰、與實作。[38]嚴肅的歷史敘事也許以偉大的科學家、重要的實驗、或重大的發現為焦點，但是它們一定會提供歷史脈絡與背景。換言之，那些歷史敘事必然涉及整個科

v　譯註：《結構》中譯本p. 91。

xxiii 學社群，史家想要復原的是那些科學家的觀念與信仰。史家在敘事中必須重新創造共享的假定與信仰網絡、典型的論證策略、異議的節點、科學寫作的目標受眾。最重要的是，史家必須精通過去的科學社群使用的詞彙，以及其中的義理結構，通常那一詞彙與史家自己的詞彙不可共量。因此歷史理解類似學習一種失傳已久的語言，它與現行科學的語言只有部分的聯繫，而且往往會誤導人。目標是創造一個敘事，使過去的信仰與選擇可以視為合理而可信的，而不是非理性的、錯誤的、或荒謬的。

雖然《結構》影響了科學的社會學，在那個領域裡激發了細密的歷史研究，[39] 孔恩強烈反對組織這些歷史敘事的社會學解釋範疇。[40] 知識社會學者把科學家再現成主要在搞政治或社會權力鬥爭的人物，他們主張，科學的選擇必須以個人癖性、雄心、以及——特別是——政治利益來解釋。孔恩認為他們不啻對科學的認知權威提出了懷疑，因此無法解釋經驗觀察與實驗在驅動科學變遷上的重要性。根據孔恩，知識社會學家對科學家的自我認知——自然的探險家——沒有賦與足夠的注意，因此無法解釋科學家的行動，以及他們的動機。孔恩的詮釋史學特別重視**認知的**解釋範疇，著眼點完全在內在理路與內在意圖。

孔恩對歷史的哲學用途的理解，在他的研究生涯中不斷演化。到晚期出現了三個重要的發展。第一、在他的哲學文稿中，真實的科學史個案研究占據更為顯著的地位。例如在希爾曼講座與《複數世界》中，三個個案——亞斯斯多德、伏特、普朗克——成為分析
xxiv 焦點，而且鋪陳的細節遠超過《結構》的科學史案例。這個闡述方

法對孔恩而言也是思考的方法：他對科學與不可共量性的看法，不是以個案研究來說明，而是脫胎於個案研究。在他的成熟時期，他更深入地浸淫於具體個案的歷史敘事，得以比先前更精確地判定不可共量性的所在，然後在比先前更加穩固的基礎上提出關於意義、理性、本體、真理、與進步的一般哲學問題。

第二（這一定會令一些人非常驚訝），在他人生的最後十年，孔恩承認我們同樣需要現在主義史學敘事。詮釋史學仍然是對科學做哲學反思的起點，無與倫比，正如希爾曼講座與《複數世界》開篇討論的個案研究所顯示的。然而，對科學作哲學反思的**動機**，只能來自現在主義史學敘事——就是把科學視為追求知識的行動，以理性與進步為依歸。[41] 現在主義敘事將現在的科學觀念、疑問、與疑難投射到過去，追溯通往今日科學之道的先兆與阻礙。對於過去的科學社群如何說明自己的追求，這種敘事不會增進我們的理解，但是它的確幫助我們感到與他們有**關聯**。此外，晚期孔恩斷定，他對科學發展的分析需要一劑現在主義，才能將科學發展解釋成真正的**進步**過程；那些發展的進步性只能以現在的觀點呈現。雖然現在主義史學與詮釋派並不相容，但是兩者必須同時並進，因為只有透過現在主義史學，過去才能視為**我們的**過去（孔恩在希爾曼講座第三講透露過這個意思，並打算在《複數世界》〈後記〉進一步闡釋）。晚期孔恩接受歷史有多種正當的種類與用途，取代了他早年的信念——對科學哲學有真正價值的史學只有一種。

最後，孔恩對於歷史在他的哲學願景中的**地位**，做了更為細緻的說明。他的歷史主義經常被誤認為一種經驗理論，在其中歷史資

xxv 訊只是證據，用以支持他的科學變遷史觀——科學史不過是同一週期的循環反覆。他儘可能地與這一詮釋劃清界線，強調他的歷史研究的主要價值，是協助他發展一個關於科學的歷史**觀點**。一個歷史觀點是一種觀看的方式，一種感性，是浸淫於講究內在理路的詮釋史學發展出來的，但是與史家的職守——針對特定歷史事件寫作解釋性的敘事——並行不悖（儘管仍有爭辯餘地）。一旦養成這種眼光，關於科學的哲學問題就會自然地現形，對《結構》問世後困擾孔恩的一些問題，也指出了解決之道。

其中最值得注意的，就是非常態科學問題：如何解釋在非常態科學期間，理性的論述繼續在科學實務中扮演舉足輕重的角色？《結構》強調了敵對典範之間在觀念、方法論、與實作上的不可共量性，而且斷言對立典範的擁護者往往雞同鴨講，因為他們對講理與經驗證據，採用不同的標準。對孔恩的批評者，非常態科學的這幅形象看來與一種基進的相對主義無異，庶乎自我否定。孔恩的說法被解讀成：敵對典範之間的不可共量是**全面的**。缺乏共享的基礎，無論是觀念的、方法論的、還是評價的，在敵對典範中的最終選擇就不會是理性的；更糟的是，由於缺乏共同的語言，敵對典範的支持者甚至無法申明彼此的分歧之處。用不著說，孔恩從未動念為這種立場辯護，但是他的確意識到他對非常態科學的描述會誤導讀者。他承認，他在早期的著作中，沒有將兩種人的觀點分辨得足夠清楚：一種是當時陷身基本原理之爭的人，另一種是許多世紀之後的歷史學者，他們置身局外，但是致力於描述與理解當年的異議。

晚期孔恩意識到：當年的歷史行動者，受同樣的訓練，浸淫在同樣的實作中，對困難與異常現象的認知也一樣，當然可能理解對 xxvi
手的論點。在任何一個時間點，一個科學社群的所有成員都有許多共同之處。只有從相當長的歷史距離之外觀察，科學革命才會**看來**其疾如風、勝負分明、贏者全拿，因為敵對科學實務之間的不可共量性會隨著時間增長。從科學家的觀點來看，變遷只能描述為漸進而局部的，論證總是訴諸當時沒有遭到質疑的共享信念、方法、與價值。科學史家要是將焦點置於非常態科學的短暫、關鍵期間，也會得到同樣的結論。

在孔恩的成熟時期，他偏好透過與物種形成（speciation）有關聯的隱喻討論科學知識的**演化**。他不再將科學革命視為一個新典範取代舊典範的時期，而是舊的科學實務**分裂**成許多新興專業：舊的現象域被不同的新興學門瓜分，革命之後仍然屹立的基本方法、疑難、解方也一樣。這麼看來，科學革命應該被刻畫成系統樹上的節點——物種形成事件的發生處；新興的專業就是從那些節點發射出的新枝。在孔恩新的科學變遷模型中，不可共量性的角色也擴張了：現在它不只存在於新、舊的詞彙結構與實務之間，還延伸到新的專業之間。每一個專業都在研究自己的現象域，彼此重疊的部分極小；每一個都會發展一個（孔恩後來稱之為）完整而有結構的詞彙，與其他學門的詞彙不可共量。[42]

自然主義

有些哲學家認為歷史主義與自然主義是對立的立場，冰炭不

xxvii 恰，《複數世界》的結構可能會令他們困惑。孔恩著名的歷史主義在第一部展現得輝煌奪目，卻在第二部消失了，取而代之的是認知與發展心理學的詳細實驗報告。雖然孔恩從未使用自然主義這個詞描繪他的哲學計畫，但他如此依賴科學研究的結果，使他怎麼都算得上某種自然主義者。[43] 不過，他說要在第三部「回到第一部的主題，而第二部是打算為第三部奠定**基礎**」，這個提議需要解釋。[44] 第一、以心理學實驗的經驗結果為基礎，以答覆不可共量性引起的哲學問題，如何可能？並不清楚。第二、孔恩一貫直言不諱地拒絕認知的基礎主義。孔恩身為科學史家也是哲學家，總是從事物之中出發，那裡概念、信念、實作都已具備，然後他會問：要是其中任何一個發生了特定**變化**，動機是什麼？理據又是什麼？這種重視境遇的知識論需要哪一種基礎？到底為了什麼目的？

儘管孔恩說《複數世界》第二部的任務是為第三部奠定基礎，但他從來沒有把他引述的研究成果當作他的哲學計畫的**認知**基礎。他的知識論並不追求確定性——甚至對信念與知識的分野都不特別感興趣。孔恩所說的**基礎**，指的是人類認知發展的**起點**，以及其後概念習得時一定會啟動的先天神經基礎。人人都具備這一認知的生物基礎，每個人的概念習得都遵循同一發展軌跡。孔恩的確向科學研究求助，因為他想發現這些先天能力是什麼，它們有多大的可塑性，它們的發展歷程——從嬰兒期到可能會說多種語言的成年期。這麼一來，孔恩的確是個自然主義者——就哲學家使用這個標籤的許多意義而言，孔恩符合其中之一。但是，請留意，他的自然主義不是化約論式的，也不唯科學是尚。它無意用科學家研究早期概念形成的成果摘要取代關於意義與知識的哲學問題。它企圖做的是：
使哲學家能夠對概念變遷提出言之有物的問題。要是孔恩有機會修 xxviii
訂第二部、完成第三部，我們就會看出，他轉向科學與他當初轉向歷史，出自完全一樣的心態，為的是同一類理由。

為了理解這一點，請回想孔恩說過的：為了理解科學，我們必須理解科學的歷史；對一種不斷變遷、演化的實作，要是沒有意識到它與時變化的性質，就不可能正確地理解它。為達到這個目的，詮釋的、著重內在理路的史學提供了最佳方法，《結構》之後，孔恩就拿它當起點。這一歷史進路揭露了：結構不同的科學詞彙，彼此不可共量。為了理解這些不同的詞彙是怎麼形成的、怎麼達成溝通的目的，跨越不可共量性的溝通能達到什麼程度、如何可能，孔恩對我們習得概念、系統化概念、運用概念、改變概念的能力，需要一幅基於經驗研究的正確圖像。那些資訊的最佳來源不是歷史而是心理學，因此關於人類形成概念的能力，特別是生物與發展的面向，他轉向類別知覺（categorical perception）的研究——當年最尖端的研究領域——汲取可靠的資訊。要是天假之年，他一定能利用演化生物學與語言學——特別是社會語言學——的相關研究，充實他對詞彙結構的理解。孔恩在一九九〇年代著手寫作《複數世界》，儘管相關領域的科學研究後來已有相當大的進展，但他的哲學計畫的大致結構仍然經得起考驗：就是納入最好的科學研究，**無論是什麼**，只要能夠燭照人類的概念發展與形成概念的能力就成。

因此，孔恩的歷史主義與自然主義彼此無所扞格。事實上，它們只是尊重同一合理要求的兩種不同方法：哲學家對自己反思的現

象，必須先做正確的描述。科學史描述科學的發展與變遷，在敘事
xxix 中復原過去的疑難、詞彙結構、推理準則，以及科學理論、科學實作的其他方面。演化生物學、認知與發展心理學、以及語言學的研究，描述了人類創造詞彙結構涉及的能力與過程。因此，孔恩的歷史主義與自然主義都符合他的哲學計畫的描述需求，而且對關於不可共量性、理解、與——對孔恩最重要的——科學實作能夠合理地提出的問題，都會有所約束。

觀念、類別、與結構化的詞彙

《複數世界》的第一個任務，就是發展一個意義理論，用以解釋意義變遷、無所不在的不可共量性，以及人類克服不可共量性、達成溝通與理解的能力。就孔恩的哲學路數而言，他的意義理論會在結構上與其他的理論不同，並不出人意表。傳統的理論家追問的是：意義是什麼？孔恩不。他提出了幾個互相關聯的**發展**問題：我們如何習得單字的意義？為什麼有些單字的意義會與時遷移？什麼是觀念變遷，它怎麼發生的？換言之，對於觀念習得與意義變遷，孔恩尋求的是動態的、發展的、描述的理論。[45]

在孔恩的成熟哲學中，他已經想到不可共量性只是局部現象，只有在長遠的歷史距離之外觀察，才會膨脹到概括全局的程度。在最後的著作中，他明白地將這一他起初在自然科學史中注意到的現象，擴張成人類語言的一般性質：語言之間，局部不可共量之處所在多有。晚期孔恩論證道，不可共量性的關鍵處所位於互相關聯的**類詞**（kind terms）叢，無論是自然語言之間，還是專門的科學理

論之間。孔恩在《複數世界》中試圖描述兩個連續的發展路徑，因 xxx
為如果我們想理解高度特化的科學類詞形成的過程，就得弄清楚那些路徑。第一個是個人的認知發展，從出生到精通雙語；第二就是詞彙結構在社群中的發展，從自然語言的類詞到成熟科學的術語。

人將物件劃分成不同類別的能力，有生物基礎，出生時即已存在，只是還沒有發育完成。在《複數世界》第二部，孔恩討論相關的經驗證據，論證人類嬰兒生來即具備特定的神經結構，是為習得概念的模組。在發育過程中，首先出現的是初始概念，在後來的階段，孩子會習得**物件**、**空間**、**時間**的概念；接著是**原因**、**自我**、**他人**。在語言能力發展之前，負責分類與再識別的結構通常可藉經驗修改，因此也許最好將它們設想為專門為了習得純正概念而配備的**先天能力**；它們的一大特質就是靈活。

學習語言的先天能力廣如海納百川；它們可以被任何一個人類語言啟動，沒有一個語言比其他語言更容易或更自然習得。不過，這些能力只能透過與合格的語言使用者反覆互動才能啟動。學習者以嘗試錯誤法掌握語言的結構化詞彙，在整個過程中合格的語言使用者扮演支持與糾正的角色。孔恩所謂的**結構化詞彙**，指由可投射的類詞組組成的架構，通常有階層組織。掌握一個類詞，必須掌握同一個分類叢中的其他類詞，並掌握同一詞彙結構中的其他分類叢。對觀念的傳統描述，是將它們視為由必要與充分條件定義的，孔恩同意維根斯坦一脈的看法，拒絕接受這個觀點，而針對觀念習得的經驗研究支持他的立場。[46] 孔恩的觀點是，範疇知覺研究的實驗顯示：認出一個物件所屬的特定類別，並不需要知道那一類中所

xxxi 有物件的共同特徵，與傳統的觀念理論正相反。首先，對大多數自然類，根本就沒有這種普遍的共有特徵。其次，甚至更重要的是，認出一物件屬於某一類，有賴對相關異同的非推論性知覺；那些異同是從特定的例子學得，經過其他老練的語言使用者認可、糾正，然後確立。

一個語言社群的全體成員使用同樣的分類範疇，他們以同一方式為物件歸類，即使偶而會對他們使用的類詞有不同的描述。因此結構化的詞彙根本就是集體創制的，它們的分類並非放之四海而皆準。在一個語言中，某些看來顯著的相似、相異之處，在另一個語言中也許並不重要。因此自然語言會發展出往往彼此不可共量的結構化詞彙。由於知覺一個物件不可避免地就是知覺它所屬的類別，又由於自然語言在某一程度內有不同的類詞、不同的詞彙結構，所以掌握一個語言無異於進入一個特定文化的社會化過程，並以它的自然與社會分類的鏡片觀看世界。孔恩一向強調，我們同時學習語言與世界：不妨這麼說，習得一個語言、掌握它的類詞，就是習得關於世界的一切。一個社群因而知道世上有哪些東西，它們在世界裡如何運作。以孔恩的話來說，一套結構化的詞彙給了使用者一幅存有圖像，它大幅限制了社群成員的可能信念。[47] 對語言使用者來說，這一點並不總是那麼顯而易見。雖然任何一套詞彙都是我們觀看世界、並與之互動的鏡片，但是那鏡片有個性、受情境制約、可變、能完全置換。然而人的第一個語言的分類範疇往往——至少在初始階段——從經驗習得，以為那是自然的、不可避免的。身為語言的使用者，我們並不總是察覺我們的詞彙積極組織了——包括賦能與限制——我們對世界的理解。

不可共量的存有圖像妨礙完全正確的翻譯。孔恩堅持，無論對 xxxii
理解或溝通，這絕不是不可逾越的障礙。我們一出生就配備了先天的認知模組，讓我們能夠學習第一個語言，掌握新的詞彙結構時，那些模組會繼續發揮功能：我們都能精通一種以上的語言，要是我們精通了一種以上的語言，我們可能有時會遭遇刻骨銘心的翻譯困難，卻不會因而失去完全理解的任何機會。因此雙語人比單語人占了認知優勢：他們比較容易明白，自然世界並沒有將任何一種詞彙結構強加於人。[48] 不過，在實際生活中，雙語人必須在一個更為複雜的社會世界裡找到正確的方向。他們必須時刻警覺自己當下正在哪一個語言社群裡：他們的思想、言談、與行動都由他們藉以思考與生活的詞彙結構塑造，而他們置身其中的世界——特別是社會的、交際的世界——某些方面無法順當地從一個語言移植到另一個語言。[49]

這般說來，對孔恩而言，雙語能力是溝通不可共量性的橋樑，儘管認知上要求極高卻很可靠。無論我們想的是在世界各地流通的自然語言，還是現在已經死亡的古代語言，甚至是各種各樣的專家使用的技術語言，透過雙語能力獲得理解總是可能的。孔恩在《複數世界》第一部的結語中引用維根斯坦，主張：可當作人類語言的任何東西，原則上都可以被其他人類理解。我們習得新奇觀念的神經配備提供了掌握新詞彙的基礎，看來微不起眼，卻合用；此外，我們共同的人類生物學與共同的地球環境也有助於溝通不可共量性。這表示有些自然類詞會自然而然地——而不是出於必要——存在每一個人類語言中。

孔恩為了改善他對結構化詞彙的描述，開始在《複數世界》發
xxxiii 展一個類詞的分類學。首先，他將類詞區分為自然的與人為的兩種。平常語言中的類詞，旨在將在世上觀察到的物件根據相似、相異的判準分門別類；範例是物種的名字，例如鴨子或天鵝。[50] 自然的類詞是可投射的：掌握它們的同時，也接受了有關它們的指稱的一些說法，例如行為的規律性。自然的類詞，指稱不能重疊，除非它們的關係有如同一屬的物種；孔恩稱之為**無重疊原則**。要是社群碰見一個異常的個體，它似乎屬於兩個不同的類，這個原則就會使調整詞彙勢在必行。例如一個溫血被毛的動物，有類似鴨子的喙嘴，腳趾間又有蹼，產卵，但是以乳腺分泌的乳汁哺育幼兒，在十八世紀的歐洲自然學者心中引起不小的困惑，完全在情理之中。這個標本是哺乳類的、鳥類的、爬行類的，還是根本是惡作劇？[51] 我們現在能夠信心十足地將鴨嘴獸歸入哺乳綱單孔目，是因為達爾文演化論導致的分類學革命。孔恩指出，科學專家的群體會逐漸興起，針對新出現的異常現象做分類學決定，因此他們有時會對社群的詞彙進行修正，或是做重大調整。

相對於自然的種類，人為的物件——範例是日常生活中使用的人造物，特別是工具——並不是以視覺特徵的相似、相異歸入不同類的，而是完全以功能劃分。此外，並不是所有的人造物都是觀察得到的。有一些孔恩稱之為心理建構物，例如**善**，或是**錢**。[52] 它們是在一實作中從它們與其他心理建構物的關係習得的。有一些孔恩稱之為**單子**（singleton），與分類用的類詞恰成對比。分類用的類

詞是在一個層級體系中掌握的，與它們的對照集合一齊學會（例如一個孩子為了學習如何辨認天鵝，必須先知道天鵝不是鴨子，但是它們都是水鳥）。因此一個分類用的類詞與同一集合的其他類詞， xxxiv
意義是緊密相關的；沒有一個有獨立於其他類詞的意義。單子並不位於任何分類樹中，也沒有對照集合：它們自成一格。有時候孔恩說分類用的種類與單子都受無重疊原則約束，但是在他的筆記中，有些段落似乎表示他懷疑無重疊原則並不適用所有的單子。直到他過世的時候，他仍在為如何描述單子才適當而絞盡腦汁。單子在自然語言裡扮演重要的角色，但是孔恩對它們特別感興趣，因為單子在成熟的科學中扮演極為重要的角色。例如現代物理學的關鍵詞**質量**與**力**都是單子：它們不是一棵分類樹上的屬也不是物種，沒有對照的種屬。孔恩對成熟科學的結構化詞彙如何從自然語言演化出來，提供了一個解說。他以這個理論解釋單子在科學中的角色，以及它們非同小可的重要性——歷史上的前後科學社群發生不可共量性的首要所在。[53]

在描繪這一發展途徑的時候，孔恩指出自然語言中的分類系統，主要目的是將感官察覺得到的物件分類，例如植物、動物，或肉眼可見的天體。早期科學始於研究這些物件的性質；這些研究有時會導致一些物件的重新分類，有時會對分類界線做調整或釐清，有時會創造新的類目。在這個過程中，早期科學也會創造新的人工類別：研究時使用的物件如工具與儀器，以及用來解釋與預測的抽象概念。[54] 成熟科學的詞彙結構從所有這些早期科學的資源與成就發展出來。雖然成熟科學繼續發現先前不知道的自然類別（如新的物種、材料、或天體），調整既有的分類體系以容納新發現，但是它的發展是朝著更為著重人工類而不是自然類的方向進步。[55]結構
xxxv 化詞彙不再限於前理論時期個別物件的分類，而是將中心地位授予新鑄造的抽象詞，例如物理學的**質量**與**力**，或生物學的**基因**。許多這些詞是彼此有關聯的單子，與一個或多個普遍通則一齊引進，並往往化身為數學符號。例如要是不知道牛頓第二運動定律 $F = ma$，就不可能懂得牛頓所謂的**力**的意義。對孔恩的成熟哲學，單子的重要性無與倫比，因為在革命性的觀念變遷中，這些詞首當其衝：牛頓所謂的**質量**不是愛因斯坦的**質量**，這兩個詞也不只是同音異義而已，因為愛因斯坦的質量觀念是從牛頓的發展出來，並在新的理論架構中重新建立新的定位。

孔恩因而相信，科學裡的單子是觀察不到的，與自然類的成員截然不同。[56]然而，我們不應將這一點理解為：孔恩重回邏輯實證論對經驗詞與理論詞的區分。孔恩很明顯地想要避免**那一**區分，以及它隱含的假設——觀察立基於既與（givenness of observation）——因為他認為只有透過一個已經存在的觀念架構才可能進行科學觀察，即使那一結構會改變、而且常常改變。不幸的是，孔恩對於單子不可觀察的指稱的看法，與邏輯實證論者所說的觀察詞有什麼重要的異同，沒來得及想透澈。

科學的可能的世界

《複數世界》最後一章想回答兩個孔恩自《結構》以來一直念茲在茲的問題：真實的世界可能是什麼？要是真相不對應真實，那

麼真相在科學中的構成角色是什麼賦予的？[57] 雖然現存的文本不能提供足夠的資訊讓我們有信心代孔恩詳細答覆這些問題，但我會依我的理解概述一下他的思路的大致方向。我將從他關於世界的問題 xxxvi
談起，真理的問題且留待下一節。

當孔恩在《結構》中寫道：「雖然這世界並沒有因為典範的改變而改變，但典範變遷後科學家都在一個不同的世界中從事研究」，他完全知道他的斷言頗為詭譎。於是他接著寫道：「可是，我深信我們必須學習去了解類似的說法」。[vi][58] 在後來的論文與演講中，以及《複數世界》，他企圖解答這個所謂的**世界－改變問題**：如何解釋世界在科學探究中扮演的關鍵角色，同時保全他的洞見：科學家置身其中的世界在革命之後的確改變了。很明顯，晚期孔恩設想的世界－改變，比他作為《結構》的作者時的範圍更寬廣。《結構》只在科學革命的後果中討論世界－改變；晚期孔恩認為，只要發生了重大的觀念變遷，特別是涉及舊種類重組的變遷，世界就改變了。例如政治、文化、或美學論述發生了基進的觀念變化後，社群便生活在新而不同的世界裡。科學很特別，但不是因為科學發展涉及教人眼界大開的觀念重組，那只是普遍的現象；科學很特別，是因為鼓舞、約束、證成觀念變遷的局部判準非常嚴苛。

為了解釋孔恩所謂的世界－改變究竟是什麼意思，我們不妨謹記：他根本不想為直截了當的科學實在論或建構論背書。循類似的理路，他想發展一個自然類別理論，避開傳統形上學的實在論與唯

---

vi　譯註：《結構》中譯本 p. 241。

名論。當然，自認為是實在論者的人，對於科學，或是自然類別這一具體議題，彼此的看法有很多差異；自認為延續建構論或唯名論傳統的人也一樣。在兩個辯論中孔恩都拒絕接受雙方的立場，他拒
xxxvii 絕接受的無疑是這些立場的簡易版本。他是否真的拒絕所有形式的實在論、建構論、與唯名論，要看如何**精確地**陳述這些立場。不過我不想在這裡做這件事。因為我的興趣是儘可能地根據孔恩的文本勾畫他的立場，我會專注於這個任務。讀者不妨這麼下判斷：儘管孔恩抗拒這些分類標籤，不過將他的立場歸入這些分類家族之一，視為其中的一員，是可能的。

很明顯，孔恩不是傳統的實在論者，也不是傳統的建構論者。就科學而言，將傳統實在論設想為三個成分的組合有助於我們的討論。**存有成分**斷言：世界的存有是獨立於心的實在：它就是那樣，獨立於我們的語言、範疇、需求、或欲望。**語意成分**主張科學理論的對象是真相，這裡**真相**的意思是：我們的信念與世界相符，或者同構（isomorphism）。於是一個實在論者確信所有的科學陳述都是非真即假，一概由世界的實況決定。而這又要求：科學理論中所有的非邏輯詞（包括類詞與單子）都能指稱真實－世界的物件與結構。最後是科學實在論的**認知成分**，它是說：獨立於心的實在是——至少部分是——我們可以知曉的，而且科學提供了習得那些知識最可靠的手段。一個科學理論要是比競爭理論**更接近真相**，就是**比較好的**理論。所以，當一個實在論者認為科學是進步的，他是說科學的進步由這一事實決定：後來的科學理論比先前的理論更接近關於世界的真相——那個獨立於心的世界。

循同樣的理路，傳統實在論者對於自然類的看法是：它們是獨
立於心的類聚，在人類的語言、需求、或興趣問世之前即已賦予世
界結構，獨立於心。實在論者認為自然的一類詞旨在反映這些獨立
於心的既有類聚，忠實地呈現世上種種物事間的異同。只有在對世 xxxviii
界的組織真相獲得更多知識之後，我們的概念才有變遷的理據。例
如一位實在論者認為太陽是恆星而不是行星，海豚是哺乳類，水的
分子式是H_2O，這些都是不變的事實，雖然世人並不總是知道。科
學的功能之一是發現**真實的**自然類與它們的分類學；然後我們據以
修訂我們的詞彙。

建構論者會拒絕接受實在論的所有成分，或者重新詮釋它們，首先是拒絕接受有所謂的獨立於心的世界。我們能夠言說的每一物事都是以我們的分類範疇表達，受我們的期望與需求指引。我們無法置身我們的觀念之外，檢證它們是否恰當地再現世界。因此，我們無法知道世界的**真實**模樣。我們永遠禁錮在我們的再現之中，甚至無法拿科學理論與世界比較，無法以事實印證科學陳述，無法分辨指稱詞與非指稱詞；我們只能比較一個理論與其他的理論，一組陳述與另一組陳述，一種分類我們所謂的**世界**的方式與另一種分類方式。我們的所有分類範疇都受我們的期望、需求、與欲望的塑模；一些分類系統比較能夠滿足我們的目的，於是受到我們青睞。科學理論旨在滿足我們的一些需求：例如我們需要精確的預測，以成功地操控我們的環境，或為了建立一個一貫的信仰系統，或者為了獲得令我們覺得合理的解釋；總括而言，比較能夠滿足我們需求的理論就是比較好的科學理論。我們不難看出，建構論者很容易接

受傳統唯名論對自然類的看法：唯名論者不相信實在論者所說的任何**自然**類會存在。所有物事的類聚，它們所屬的所有類別，都是人發明的，由人的需求與興趣驅動。[59]

很明顯，孔恩想拒絕所有這些知名的觀點。他反對傳統的建構論與唯名論，他相信世界獨立於心而存在，因而對什麼是有用的詞
xxxix 彙施加了限制。我們會遭遇一些似乎違反無重疊原則的物件，為了分類它們我們被迫重新組織先前存在的分類系統。這個事實意味有些分類方案比其他的好，判準不只是我們的喜好，還要看它們是否合格。**任何一個**類聚系統都一樣好嗎？其實不然，無論我們的興趣、欲望多麼可能偏愛其中之一。循類似的理路，孔恩認為把世界想成人類的建構物或是由人類創造的，完全沒有道理。在他的成熟時期，他以毫不含糊的文字討論過這個議題：

> （但是發明、建構、依賴心智之類的隱喻，在兩個方面都嚴重誤導思路。）第一，世界不是被發明或建構的。我們以為人是世界的創作者，其實是人發現了現成的世界：出生時認知它的雛形，然後透過社會化學習它的全貌，循序漸進，在那個過程中，展現世界運行之道的實例扮演不可或缺的角色。此外，世界是經驗的固有成分，部分直接來自新住民（新生兒）的感知，部分得自間接管道——祖先經驗化身的遺傳。因此，世界完全可以信賴：它不會迎合觀察者的期望與欲望；它能夠提供決定性的證據，在人發明的眾假說中排除不合它的運行的那些。出生於世界中的人必須認真看待世界，不折不扣。[60]

不過，孔恩反對傳統的自然類實在論，是因為他拒絕接受世界本來就已結構完善、井然有序，靜待我們最精確的詞彙反映自然門類。沒有詞彙**完全**反映自然。我們用來在世上趨利避害的分類範疇，是我們發明的；我們現在使用的詞彙不是唯一具有那個功能的詞彙。我們可能以不同的方式描述世界，以不同的方式分類其中的元素；比較不同的人類語言就會明白。雖然世界約束了我們的字詞選擇，它並不青睞**絕無僅有**的一個。彼此不可共量的不同詞彙，每一個都可能為我們提供關於世界的知識。實在論者的符合、同構隱喻，意味著我們使用的類詞與世界中的類聚有一對一的配稱關係， xl
因此它們不能貼切地傳達複數世界觀：描述世界，善用世界以利行動，可能的方式不止一種，都正確、實用。

孔恩對世界與自然類的想法與眾不同，為了進一步理解他的思路，我們必須從他的起點開始，他在那兒宣稱：一般的人類經驗，以及種種專門的人類實務，特別是科學，都需要**某種**分類方案，將物事分門別類。因此類詞對日常語言與科學都非常重要。[61]《複數世界》第二部旨在證明人的大腦，不妨這麼說，生來即具備分類能力，以類別看待世界的物事。我們經驗的世界，不可能是由隨機分布的性質組成，而沒有物件；也不可能只包括各式各樣的物件，彼此沒有任何異同。孔恩曾經似乎認為人的類別知覺是先天能力，類似康德主張的人類認知的先驗成分。不過，再三沉吟之後孔恩斷定：先驗／後驗之別是站不住腳的。在《複數世界》中，他企圖將類別知覺描繪成演化過程的後果——得過且過、隨遇而安，而演化本身就是得過且過的過程，比較青睞那些有助於生存的特質與能力。在這一方面，人的詞彙與其他動物分類世界的能力有同樣的演化基礎，但是人類特有的語言大幅提升了我們以類別看待世界的能力。[62]

就這個意義而言，一個有結構的詞彙為字詞指稱的對象提供了存有依據。在這個詞彙中，字詞指稱的的確是世界上的物件。在我們的詞彙中，有些類別以**自然之姿**現身。孔恩說這使我們的自然類詞變得透明：我們透過它們看待世界。[63] 類詞使我們能與世界互動，而且是互動的指南，包括觀察世界。透過直接觀察，我們的確發現了自然類諸成員的各種性質，但是孔恩堅持：事實上觀察到的是**哪些**性質，由涉及的類集合決定；而類集合的選擇與結構都深受
xli 人的興趣與目的影響，雖然不是由它們決定。然而，孔恩表明，由於可能的詞彙是複數的，建立類目、分派物件的方式也是複數的。掌握了新的詞彙結構，我們便能學習以新的方式**觀看**世界。[64]

事實上，科學家正是這麼做的。早期的科學家以他們的自然語言提問，使用已有的類詞指稱特定物種、物質、或天體：他們得到的答案最後重新組織了一部分日常詞彙，與當初表述問題的詞彙已經不同了。這個一再修訂詞彙的過程是邁向成熟科學之道，那裡只能以非常專業的詞表達想法。根據孔恩的看法，每一個詞彙都使某些問題、信念、與實作**成為可能**。他在希爾曼講座第二講的結論寫道：「因此，透過一個詞彙，一個人並不只是對一個世界表態，而是一組可能的世界，它們共有自然類別，於是共有一個存有學。在那一組可能的世界中發現真實的世界，是科學社群的成員承擔的工作。」[65] 但是一個詞彙容許的可能狀況是有限的。為了解釋某些異

常現象，甚至提出一些新奇的問題，有時社群需要重新組織一部分他們的科學詞彙「好進入先前無從進入的世界。」[66] 對晚期孔恩來說，一個描繪常態科學的方式是把它看成：在共有詞彙容許的可能世界中追尋真實的那一個。後來的革命是漸進的，但是最終產生了基進的後果：打開新的可能世界的集合；它們是先前的科學社群無法想像的。就那個意義而言，我們可以說：不同的科學社群在不同的世界中工作，那些世界是他們發現的也是他們創造的。正如孔恩所說，我們必須學習了解這類說法。

真理

孔恩常說真理的符應理論得讓位了，由更能解說科學這一行的理論取代。他希望在《複數世界》第九章鋪陳一個新的真理理論， xlii
可是只留下了零散的筆記。在我們試圖想像這個真理理論的內容之前，我們必須先問：為什麼他會認為需要一個新的真理理論。

符應理論大概是最自然、因此最廣受支持的真理理論；綜觀哲學史，它也引來了相當多的批評。然而孔恩拒絕接受符應理論，似乎並不是呼應任何一個權威論證。更確切地說，他對真理——指符應理論所理解的真理——在許多科哲通論中扮演的兩種角色都不滿意。

首先，孔恩發現廣為接受的看法非常有問題，那就是真理是科學探究的標的——科學旨在提供關於世界的真實理論，並朝那一目標不斷前進。根據孔恩的看法，「真理拉著科學向前發展」的宣稱是說不通的，因為面對艱難選擇的科學社群無從得知終極真理。同理，科學哲學家對於科學家為什麼接受、拒絕、或修正特定信念，也無法援引「被視為科學終極標的的真理」來解釋，而必須以做出選擇的當事人想得到、掌握得到的理由與證據。「近似真相的程度」也不能當作判準，因為可能會出現彼此不相容但是與真相等距的假說。[67] 因此，孔恩的結論是：符應真相與近似真相都不能當作科學的標的，或解釋科學信念的變遷與進步。

孔恩拒絕接受真理的符應理論，另一個理由是：他認為邏輯經驗論者中意的現在主義歷史敘事涉及符應理論。在孔恩看來，追問過去的科學信念是否為真的哲學家，受到誤導、走錯方向，沒有找到了解過去的正道。在孔恩講究內在理路的歷史敘事中，過去的科
xliii 學信念是真是假，其實只是過去的科學社群如何分辨真假信念的問題。至於他們的信念是否**真正**符應真相，根據孔恩，其實沒有意義，除非我們低估這個問題的重要性，只想把它翻譯成與時代不相干的問題，那就是：以**我們的**後見之明，那些科學信念是不是真的？

孔恩對他考慮過的其他真理理論一樣不滿意。真理的融貫理論無法給予經驗觀察特殊地位，而根據孔恩的看法，經驗觀察必須有特殊地位；在描述科學辯論時，這個缺陷特別棘手，因為經驗證據在科學辯論中扮演重要的——雖然並不總是決定性的——角色。孔恩也拒絕接受實用主義的真理理論，他認為實用主義的真理觀有兩個版本：真理是「有保證的論斷」（warranted assertability），以及真理是探究的理想終點。他論證道，真理不能當作「有保證的論斷」來分析，因為這一分析違反真理述句的邏輯。兩個人，抱持邏

輯上不相容的信念，可能每個人都能提出論據（保證），但是最多只有一人可能說了一些符合真相的事——「有保證的論斷」理論無法解釋這一情況。[68] 最後，孔恩認為將真理定義為在探究終點獲得的理想共識，完全無助於解釋我們在探究過程中的行為——也就是當我們**目前**認定有些信念為真，而其他信念為假的時候。[69] 探究的終點是無從得知的，因此無法用以解釋科學社群實際抱持的信念，以及實際做出的選擇。

孔恩生前沒有構想出一個新的真理理論，以便在他的科學哲學中扮演一個角色。這也許不會令人驚訝，因為他的哲學需要的其實並不是真理的哲學理論。有兩個不同的脈絡，在其中他需要**使用**真理概念，但是它們都不需要一個充實的通用理論闡明真理**是**什麼。

第一個是科學研究者的溝通脈絡；他們是同一科學社群的成員。孔恩堅持：溝通的邏輯要求每一個論述都要設法避免矛盾，並將一些信念標記為真、其他信念為假。對孔恩來說，信念是真是假 xliv
的評估不過是溝通的條件。支配這種評估的判準是整個社群共有的，但是不同的認知社群可能會發展不同的真假判準。從那個意義來說，判準是內在的、在地的。沒有一個社群能分辨真信念與那些經過最嚴格的審查後**看來**真實的信念。在考慮一個信念的時候，它除了合理性與可能性的標記之外，沒有其他的真值標記；而合理性與可能性是以當事社群所能享有的最佳證據與推論為準。從社群外的觀點，一個信念的合理性與真值的分別，顯而易見又重要，但是那些身在其中的人，面對選擇時——或接受、或修正、或拒絕接受——卻無從認知那一分別。

孔恩反思真理概念的用途的第二個脈絡，是科學史。史家回顧一個早就不再使用的科學詞彙；與那個詞彙相關的信念、方法、以及實作，對史家所處時代的科學社群都非常陌生。以新詞彙構成的述句往往是不同的述句，而不是以舊詞彙構成的述句。過去的科學最有趣的述句無法直截了當地翻譯：孔恩相信它們所說的**不可**以後來的詞彙**言喻**（*ineffable*）。因為過去的科學信念無法完全以現代語彙重述，它們就完全無法接受真或假的評估。因此，史家的任務就是解釋為什麼過去的信念在它們自己的知識脈絡中既合理又可能。舉一個孔恩最喜愛的例子好了，一位歷史學者發現亞里斯多德有絕佳的理由，包括概念與證據，相信「真空不存在」。為了理解他真正的意思，我們無法只是將他的宣稱翻譯成我們的語言；我們必須在**他的**詞彙結構中、在以他的假設建構的信念系統中，理解這一宣稱；在那個脈絡中，真空並不存在不只是真的，還是恆真述句。雖然孔恩否認自己是真理的相對主義者，但他承認自己是個「可言可喻」的相對主義者：字、句的意義是相對於脈絡而言的，而較大的
xlv 認知脈絡自身——包括它的詞彙結構、假設、信念、與實作——無法做真假評估。孔恩指出，它可以用其他的方式評估——例如它的實效：是否有助於達成目標？——但是那是一種利益驅動的評估，不是真或假的評估。[70]

孔恩提出這些觀點，顯然焦點在信念的合理性、證成、與可能性。不過這些都必須與真理有所區隔。一個認知社群的信念，即使再合理不過、又通過最仔細的審查，卻最後可能被證明為假；而它依理判定為荒唐的信念，或是理性與證據都不支持的信念，卻也許

會是真的。雖然孔恩並不否認區隔真理與合理性、證成、及可能性的重要性，雖然他的確強調科學家的興趣在真理，而不只是自己的信念的合理性，但他的哲學**用不上**這一分別。他以設身處地的眼光研究科學論述的時候，注意到真理與理性的區隔在認知上無從進入評估程序。他以詮釋史家的觀點思考科學的時候，對於過往信念的真假值甚至不感興趣。他留意的是：以在地眼光觀察那些信念的合理性。因此，一方面他似乎承認理性與真理有別，但是接著他又削弱了那一區隔。我相信這是因為他只在一個抽象的哲學脈絡中認可這一區隔的重要性。孔恩作為科學史家，或者他自己的科學社群中的積極參與者，其實明白做這一區隔**毫無意義**。這個不計較的態度很可能站得住腳；不過話說回來，看起來他應該也明白他的科學哲學不需要一個新穎的真理理論。

其實孔恩根本沒有打算構想這樣的理論並為它辯護。在他的著作中，無論已出版、未出版，我們都沒有發現他討論過真理**是**什麼，或真理的條件。孔恩感興趣的是評估述句是真或假的論述**如何** xlvi
產生作用（*the pragmatics*），以及一個社群用以分辨真、假宣稱的特定認知的需求與資源。孔恩主要想了解如何在一個溝通實作中使用真、假述詞。[71] 他似乎想要解釋一特定社群的科學家在說一個述句是真或假的時候，是什麼意思，他們在做什麼。但是，如果這些就是他想質疑的真理問題，那麼就沒有什麼是他該做而沒有做的，無論抽象的、還是通論性的。他不需要一個真理的哲學理論以取代符應理論。他只須重述他的立場即可：拒絕接受以現在主義史學作為科學哲學的基礎，以及拒絕接受以真理——無論如何分析——為科學的目標。他指出每一個社群都必須將信念分成真假兩類，真話語的邏輯必須遵守無矛盾律，然後他大可放手，將相關問題移交史家或民族誌學者，讓他們去解釋特定社群的特定答案與他們評估真假信念的判準。這讓孔恩感到不安，但是他不該不安。在日常生活中、在科學社群中，**真理**不難理解、也無疑義。

對真理在科學中扮演的角色，孔恩想提出一個可信的看法，但是遭遇困難，可能是《複數世界》第三部一直沒有完成的主因之一。我認為孔恩遭遇的困難是：關於真理的本質有兩種思路，一是傳統哲學家的問難方式，一是孔恩的歷史與實用主義路數，而它們並不合拍。或許孔恩不該試圖在與他的思路截然不同的框架中力求出路，他應該將關於真理本質的問題擱置一邊，這正是他面對基進懷疑論者挑戰的態度。

III. 結束語

孔恩是研究科學實作的首要哲學家；這是我們對他的鮮明印象。他的最後遺作也許會成為這一聲名的白玉微疵，因為這些作品
xlvii 的焦點是語言、意義、有結構的詞彙。然而，要是我們斷定在他的成熟期，他對於科學的思考主要在科學的語言學與理論方面，我們就錯了。在孔恩的成熟哲學中，沒有明確地討論科學實作，有兩個因素。第一、他對自己在早期著作中表達過的想法感到滿意，認為不必改進或擴充。在人生的最後階段，他把思考的焦點置於詞彙結構，因為他愈來愈強烈地感受到不可共量性——他的哲學的核心概

念——還沒有仔細地分析過以及解釋。第二、仔細閱讀他的最後作品，證明實作仍然在他對科學的看法中占核心地位。他不再凸顯實作，而是將實作融入他企圖了解的學習語言、運用語言的發展問題；實作仍然是他看待所有他在意的哲學問題的鏡片。對孔恩而言，關於意義的問題往往被改寫成學習與使用的問題，與維根斯坦不遑多讓。同樣地，學習一種語言就是學習如何置身於世界之中：知覺什麼、如何組織與報告知覺、說什麼、如何行動。科學家是這樣，其他每一個人也是這樣，但是在世界中，**科學家的**存有方式得透過高度複雜的理智詞彙結構打理；孔恩想理解的正是那一詞彙。自始至終，他一直將實作視為關鍵，將科學造詣當作大體上內隱的知識：如何辨識疑難、如何分類現象、以及如何尋求答案。

孔恩在世的最後幾年，盤踞他心中的哲學問題，關於意義、實在、真理、以及知識，看來很抽象，有傳統知識論、形上學的特徵，但是那只是表象。實際上他的思路一直以科學實作為起點，也是終點。例如他對不可共量性的最後一個睿見，不只涉及類詞的意義，或不同詞彙之間的翻譯困難。正如他在《結構》之後的著作中一再指出的，不同語言之間的不可共量性並不是不可逾越的障礙， xlviii
無論對同一時代的人，還是對研究歷史的人。在孔恩的哲學中，頑強的不可共量性關係到**做作**（doing），而不是言說與理解。被問題、詞彙、評量判準的不可共量性分隔的科學社群，仍然能夠理解彼此的研究計畫，但是他們不能合作——他們無法一起**做**科學。要是孔恩得以完成《複數世界》，他會在第三部強調科學實作優先於理論，兩者是相對獨立的。[72]

最後，我們要討論本書的編者與讀者都要面對的一個關鍵問題：一本未完成的著作會是成功的作品嗎？直截了當的答案似乎明擺著在那兒：不會。因為天不假年，孔恩沒有寫完《複數世界》，這裡印行的文本並不是孔恩有意發行問世的那一本。但是他最後一部作品的成敗不必以它與預定目標的距離來衡量；我們也可以用《結構》中的革命性點子為它的起點。孔恩一生，嘔心絞腦又多產，修訂、發展、重組這些點子，增添可供玩味之處、擴充它們的應用範圍。要是我們從發展的視角觀察孔恩的最後著作，會發現這裡印行的文本不過代表他成熟之後對年輕時的珍貴睿見重新思考的一個瞬間。我們也會發現，他在這一過程中發展出來的哲學方法，在他的最後著作中發揮得勁道十足。成熟的孔恩穿梭於特定、詳盡的個案研究與通觀全局的哲學思辨之間，無入而不自得，使後者有助於——因而改善——他對科學實作及其發展的理解。孔恩的動態方法，即反覆搜尋、重組、聚焦、擴充，不會止於一個明確的結論，或最後的陳述；但是我認為，在哲學中的成功，可能就是那個模樣。

編者說明

本書印行的所有初始文本只經過最少的編輯處理。我補全、更 xlix
新了孔恩的參考文獻，更正拼字失誤，並添加顯然漏掉的單字。所有的編輯增益，包括腳註裡的參考文獻，都以方括號註明。孔恩在一些引文中使用同樣的括號註明**他的**增益，我沒有更動。

《複數世界》前五章，每一章結束時孔恩都會註明最後一個版本的完成日期，我保留了這些日期。

腳註是孔恩所做的註；編者註置於本書之末。

我為希爾曼紀念講座講稿與《複數世界》的最後稿本分別製作了摘要，只要可能我都使用孔恩自己的表述。從這兩份摘要，可以一眼看出兩個作品的主題有重疊之處。此外，《複數世界》的摘要勾畫了那本書還沒有寫作的部分打算處理的主要議題——我是以其他各章的稿本與孔恩為每一章所做的筆記（尚未公開）重建這些議題的。我能利用這些筆記，要感謝芝加哥大學出版社與孔恩的家人。

科學知識是歷史產物[i]

孔恩

首先，我要以一份簡短的自傳交代這個演講的意旨。[a]大約廿 1
五年前，我是一群剛出道的學者的一分子，我們幾乎同時、而且事實上各自獨立地，對科學的經驗哲學一個長期占支配地位的傳統發動攻擊。[b]那個傳統所謂的科學，與科學家的所作所為極少相似之處，因此我們公開宣稱：它的結論與科學家的產物也許並不相干。我們浮誇地質問：那個傳統到底論述過科學知識沒有？我們的答案是洪亮的「沒有」（回首當年，我認為我們的說詞太刺耳了），我們的證據大多來自科學史。那些證據我們也用來啟動一個我們認為比較恰當的進路。

不過，對我們大多數人，歷史似乎主要是關於真實科學的資料的方便來源，那些資料也許大部分都是現成的，不煩挖掘過去。舉例來說，我就曾經寫道：「在科學這一行的真實經驗可能會是一座有效的橋樑〔溝通科學哲學家與真實科學〕，科學史研究比不上。

i 譯註：本篇章另有一中譯本：〈科學知識作為歷史產品〉，紀樹立譯，《自然辯證法通訊》第十卷（1988）第五期，頁16-25。

科學的社會學……也許也能勝任。」[1]同理，雖然我們都把科學看
2 作本質上是一個人文事業，卻沒有人想要強調：因為這個事實，科學必然是歷史的產物。回顧當年，我認為我們忽視了我們的看法的主要來源。新的科學哲學與舊的科學哲學分道揚鑣，最核心的方面不是對歷史事實的反應，而是歷史提供的觀點。舊的傳統對科學的著眼點，是把科學當作靜態的知識體系，而我們的著眼點必然是一個動態的、發展的過程。對我們來說，科學成了一種知識生產工廠，就產生新的科學哲學而言，那個觀點轉移比它揭露的資料更為重要。[ii]

今天我要對那個觀點轉變做一個概述，嘗試以在先前的傳統中占核心地位的問題——特別是理論評價問題——展現以發展觀從事科學哲學研究的形式。為達成那個目的，必須使用比較方法。而比較需要一個基礎，且讓我先對傳統的科學哲學——亦即仍然在發展的歷史進路想取代的對象——做個簡略的介紹。

我們知道，那個傳統的關鍵特徵是基礎主義，它的其他方面，現在仍然與我們的興趣相干的那些，大多數都源自基礎主義。基礎主義起源於十七世紀的現代科學，與現代哲學大多其他特徵一樣。

---

1 Thomas S. Kuhn, "The Relations between the History and the Philosophy of Science," chap. 1 in *The Essential Tension: Selected Studies in Scientific Tradition and Change* (Chicago: University of Chicago Press, 1977). The quotation is on p.13 and the lecture from which it is taken was delivered in 1968.

ii 譯註：本篇英文文本並未分節，可是日譯本、先前的簡體中文譯本都有分節，而且每一節都有標題。本篇譯者參考日譯本，以一空行標明分節處，但是不採用標題。

它最早的提倡者以培根與笛卡兒最為重要。兩人都宣稱前人的知識主張，既無改造現實的力量又不可靠；兩人都將這些缺陷歸咎於不夠格的方法，無論是觀察還是思維；兩人都相信當時的情勢強烈要求開創新局。「因此，只有一條路可走，」培根在《大復興》的序言中寫道：「根據一個較好的計畫，嘗試重新打造一切，開始整個地重建科學、人文、與所有人類知識，全都奠基於適當的基礎。」「心智本身，」在正文中他繼續寫道：必須「一開始就不容它漫遊，而是每一步都需引導；像是由固定的機制控制似的。」[2]笛卡
兒在《方法論》中寫道，他決心「要將思想理出頭緒，從最簡單最 3
容易知道的事物下手，然後我才可能向上……逐步抵達比較複雜的知識，」在每一點接受的「增益，只限於那些能對我的心智清晰又明確地展現自身、從未讓我懷疑的東西。」[3]他們的語氣不同，但是他們對於那個方法必須成就的是什麼，想法是一樣的。確實的知識是在不容置疑的基礎上一步又一步紮實地建構出來的。

關於基礎與「從基礎向上」的性質，培根與笛卡兒的想法不同。不嫌簡化地說，培根相信基礎是經驗，笛卡兒則是先天概念；那麼由基礎向上，對培根就是歸納，對笛卡兒就是數學與演繹推理。在科學哲學中，源自他們的傳統從他們的想法中分別採納了一

2 *The Works of Francis Bacon*, ed. James Spedding, Robert Leslie Ellis, and Douglas Denon Heath, vol. 8, *Translations of the Philosophical Works* (New York: Hugh and Houghton, 1869), 18, 60–61. The first passage is from *The Great Instauration*, the second from The New Organon.

3 René Descartes, *Discourse on Method*, in *Descartes' Philosophical Writings*, ed. and trans. Norman Kemp Smith (London: Macmillan, 1952), 129. The lines are from part II of the *Discourse*, and the order of the two fragments is here reversed.

些看法。通常，它遵循培根，堅持科學知識的基礎必須是經驗，即仔細審查過的感官證詞，可能的例外只有邏輯與數學。但是，通常它也遵循笛卡兒建立的方法，以數學證明為模型：從那些基礎到它們支持的結論有步步相連的關係。每個選擇都導致了那個傳統的其他特徵，包括一些它所特有的疑難。

我們先討論經驗基礎。要是它想為確實的知識提供一個基礎，那麼構成那個知識的觀察與實驗都必須是確實的，所有正常的人類觀察者都能感知，而且內容一致。具有這種普遍權威的觀察必須獨立於文化與個人的特異性。更具體地說，它們必須是**純粹的**觀察，可用來製作**純粹的**描述性報告。所有訴諸先前信念的觀察，無論直接還是間接，都必須排除於報告之外。它們必須描述沒有妝點的、未經詮釋的感覺。

4 純粹的觀察或純粹的觀察報告可能是什麼？學者的想法在過去三個世紀有很大的變化。但是它們有一個特徵，就是無論是當真還是當作理想，它們必須是以最基本的感覺元素系統地建構的，如顏色、形狀、味道等等——所有的人，只要擁有正常的感官，都能以同一方式感知的元素。「紅色，那邊，」加上手指指點，就是一個簡單的或原子的感覺報告；「紅色三角形，那邊，」一個複雜的或分子的感覺報告。中尺寸物件的出現或行為——無論是落下的蘋果或膨脹的金屬——會以同樣的方式合成，因而像組成它們的基本感覺一樣，獲得同樣的客觀性。原則上，任一純粹觀察報告都可能以這些基本的感覺單元重述。雖然這個方案與其他目標相同的方案——操作論、檢證論、等等——從未成功地發展過，但堅持所有觀察報告都必須由不容置疑的元素合成，依然是傳統科學哲學的關鍵特徵。代表性的嘗試有洛克的「感覺的單純概念」、羅素的「直接知識」、維根斯坦的「基本語句」。[c]這些努力和其他嘗試持續受挫，成為這個傳統的主要難題。

傳統科學哲學其他幾個特徵與其他的主要困難，是選擇演繹的數學模型的後果，就是以那一模型連結知識的具體經驗基礎與那些基礎支持的一般原則。培根與笛卡兒的目標，是發現真理的方法，重點在確定發現的是真理。因此他們的方法是建構性的：將基礎的確定性由下而上傳遞到每一新的層面。但是觀察的內容永遠是具體的殊相，而演繹並不如笛卡兒所願，只能從比較普遍的層次朝向比較特定的層次推衍，例如從高層次的公理與公設下行到特定的定理。只有在獲得假設性的定律或理論之後，無論以什麼方式獲得的，才能以演繹法應用它們。那些方法適用於由上而下的推導，不是用以推衍新的通則，而是從那些已掌握到的通則衍生新的推論。目的在追求數學的確定性的方法，沒有一個能夠產生新的發現。傳統的科學哲學很快就放棄這一目標了。

不過，演繹模型並沒有被放棄。演繹能做的是從已經掌握的通 5
則產生可測驗的結論，結果是，傳統的科學哲學在所謂的發現脈絡與證成脈絡之間樹立了愈來愈鮮明的界限。[d]發現脈絡指的是科學家抵達通則的路徑。傳統的科學哲學一旦放棄了建構方法，就把發現貶入心理學與社會學的領域。只有證成，也就是評估待證的定律與理論，仍然是科學哲學的正當關懷。特別是，正如邏輯實證論者強調的，定律與理論也許會以許多方式出現：意外或個人的癖性扮演了一個角色；研究者的特定關懷與訓練總會扮演一個角色。但是那樣獲得的創新究竟會不會促進知識，並不好說。同樣的發現過程也可能導致嚴重的失誤，它們的得失只能以測驗、證實、驗證的某個形式確定。這些檢驗的過程屬於證成脈絡；調動它們之後，演繹方法論才發生作用；傳統的科學哲學只將它們視為有哲學意義的議題。

傳統的科學哲學將焦點縮小到評估問題之後，數學模型繼續賦予它特有的形式。如果要運用演繹方法，待評估的知識主張就必須以一組與時間無關的述句表述。因此科學知識就被視為一組命題——或述句，就是說它們的真或假獨立於時間、情境、與表述它們的語言。相應地，哲學家的課題就是詳細說明在那一組命題中判定哪些是真哪些是假的理性方法（例如一份科學文本中的通則，哪些是真哪些是假）。他們的解決方案採取邏輯關係的形式，由那些邏輯關係提供接受與否的判準。

那些判準有一些內在於表述知識主張的命題組之中。就它們而言，一致性是最顯而易見、幾乎是標準的判準；簡潔性是公認比較難以精確界定的觀念，往往排名第二；此外還有其他的。更重要的
6 是第二群判準，它們有一部分外在於那組命題。觀察述句、表述當時可獲得的經驗資料的命題，都不得與那一知識主張中的任何一個述句、命題牴觸，也不得違反它們的演繹結果。觀察述句與定律、理論的密合程度，成為接受與否的條件。另一個條件是涵蓋性，即可與定律、理論的演繹結果密合的觀察述句出現的範圍與多樣性。此外，還有其他的條件。

證成主義與我不分青紅皂白一律稱之為命題主義（propositionalism）的主張，在傳統科學哲學進一步的轉變中存活下來，在那個轉變中，許多學圈放棄了過去堅持的方法觀——方法必須導致確實的知識。然而，無論一個定律或理論通過多少測驗，它仍然可能通不過下一個測驗。滿足測驗判準，如前一段所列舉的那些，只能判斷一個理論的可能性，而不能賦予確實性。因此傳統的科學哲學內部費了極大的心力發展機率方法評估理論。但是這些嘗試沒有一個改變傳統的科學哲學目前最重要的特徵。它們是堅持數學模型的後果，而不是那個模型的特定形式。

那些特徵有兩個我們已經談過。第一、待評估的是一套靜態的命題，即某一特定時間的科學或部分科學的認知內容。第二、只有能以命題之間的關係表明的考量，才與評估結果相關。接著還有另外兩個特徵，一個有時叫做方法論的唯我論。[e]就像數學證明，評估的結果必然有強制性，任何有理性的人都能查明、都受約束。須要判斷的評估，容許有理性的人做出不同的決定，被視為主觀污染的後果。因此，原則上，在客觀的評估中，任何一個有理性的人都能被另一人取代；歸根結柢只需一個人。因此科學成為單人行當。科學需要他人參與，不是因為科學的本質，而是人的力量有限，無論在一特定時間，還是一時段中。

最後，所有的評估，只要夠嚴謹，都有整體性。因為任何評估程序都涉及許多命題，失敗反映的必然是全體。通常都找得到可信的理由將失敗歸咎於諸命題中的一個次集合，但是那只是可信的理 7
由，而不是確實的理由。因此，以傳統的科學哲學所設定的確實性做判準，可測驗的從來不是個別的知識主張，而是一套，而且那套知識主張的大小已經證明非常難以限定。這叫作杜韓－蒯因論點，[iii] 傳統科學哲學的這一特徵在廿世紀出現，是實現創建者的願望的第二個明顯障礙。第一個是前面已經討論過的困難：將知識建立在不容置疑的經驗基礎上。[f]

經驗的基礎主義與演繹的證成主義，合起來是科學哲學主要傳統的兩個首要目標。隨著證成主義而來的還有唯我論、命題主義、以及不受歡迎的整體主義。好了，現在讓我們討論這些問題吧：傳統科學哲學的這些方面，從發展中的歷史進路的觀點看來如何？先前我提到的觀點改變，指傾向歷史進路的人看待科學的觀點，這個觀點對傳統的那些方面有什麼影響？歷史學者必然會將科學視為一個進行中的過程，缺乏任何起點——也就是知識習得可能處於從頭開始的階段。所有科學發展的敘事都由中途開始，科學的過程已在進行。無論敘事的起點在什麼時候，它們的主角都自以為對於自然已經擁有相對完整的一套知識與信念。雖然他們承認有些事情仍待揭露，但在大多情況下它們卻不是後來的科學家登場發現的物事。

在這些情況下，歷史學者若想敘述某一組定律和理論的發展，有兩個課題要做，而每一個都對科學的哲學有重大影響。第一、這位歷史學者必須發現與解釋這些舊的學說（往往大多看來陌生，而且一看就知不可信）怎麼會有聰明的人接受，並將之作為一個歷久

---

iii 譯註：杜韓一蒯因論點又稱為「證據不充分決定論」。

不衰的科學傳統的基礎。第二、他必須設法理解那些信念的地位如何發生變化、為什麼會變化？是什麼導致它們被另一組信念取代，研究的界限也隨之而變？因為歷史學者，簡言之，不像傳統的科學哲學家，認為科學的進展與其說是征服無知，不如說是從一套知識主張轉變到不同——但是有重疊部分——的另一套。因此，敘述那一轉變首先要展現那套舊信念的完整性，然後才研究它的撤換。 8

在這個演講中，我想討論的主要是第二個課題對哲學的影響，以及後果，即將新知識的出現視為撤換舊知識的結果，而不是挺進一個先前無人的領域。但是最後我會簡短地討論歷史學者的前一個課題：發現與復原一個過時的科學傳統的完整性。到頭來，我期望這一復原課題會證明是兩者比較重要的一個。

仔細觀察新想法進入科學的過程，我在意的主要是證成方面，那無疑是科學哲學的主要問題。在傳統的科學哲學中，這個問題的基本形式是：「為什麼你會相信一套給定的知識主張？」從較新的發展觀點來看，該問的問題反而是：「為什麼你會從一套知識主張轉換成另一套？」對於這種問題，舊的判準如一致、簡潔、適用的經驗範圍、與觀察密合、等等，會繼續發揮功能，只不過現在它們的功能與過去不同，是比較性的或相對性的，而不是絕對的。以與觀察的密合程度來說，你不再須要問：「X組科學定律、理論和觀測報告密合的程度，好到可以接受嗎？」因為理論值與觀測值的符合程度從不完美，那樣的問題不可避免地會引起新的問題：「多好才算『夠好』？」對這個問題，甚至沒有人建議過一個眾議咸同的答覆大概會是什麼樣子。另一方面，在發展路數中，你只會問：「X

組科學定律、理論與觀測報告密合的程度比Y組好嗎？」於是一個重要的含糊源頭就消釋了。簡潔、適用範圍等問題以同樣的方式轉變，也得到同樣的結果。不必再為接受與否而設定一個看來武斷的標準，是採納新觀點的第一個後果——那個新觀點就是：將科學發展視為一套知識主張被雖有重疊但是不同的另一套撤換的過程，而不是在沒有知識的地方習得新知識。

第二個重要的差異與前一個密切相關。一旦評估變成比較性
9 的，先前認為只與發現脈絡相干的因素，在證成脈絡中也變得極其
重要。為了理解一個科學發現或一個新的科學理論的誕生，首先你必須找出相關科學專業的成員在發現或發明問世之前知道的——或認為自己知道的——是什麼。此外，你必須確認早先的那套知識主張中哪個部分——要是有的話——必須擱置一旁，等創新被接受之後就更換掉。當評估被認為是絕對時，諸如此類的斟酌都只屬於發現脈絡，但是比較的評估則將它們置於證成脈絡之中。須要證成的只有因為創新的出現而改變的知識主張，而不是維持不變的那個部分的知識，它是新舊觀點共有的。那些共有的信念，無論終極下場如何，科學家在新舊兩套知識之間做選擇的時候不擔任何風險。因此證成必須知道在評估創新的前夕，科學家接受的那套信念是什麼。[iv]

簡言之，我不是說發現與證成是同一個過程，而是：與前者相干的許多因素證明對後者也很重要。確實，兩者在最初的階段，重

---

iv　譯註：這個論點後來在《複數世界》第一、二章也出現，並配合托里切利的例子。

疊的部分通常很大，大到甚至無法釐清兩個過程的界限。一個發現，要是還沒有證成，以這個事實而論就根本不算發現。一個發現問世之後，往往須要進一步的測驗，然而若不是有已有支持它的證據，它根本不會被當成需要測驗的發現。歷史學者爬梳史料，即使極盡細密之能事，都常常發現，在科學知識持續發展的過程中，不可能斷定發現終止、證成開始的時刻，哪一個實驗或哪一筆概念分析屬於哪一個脈絡。

我的講法隱含著科學哲學的兩種路數——一是靜態的，一是發展的——的另一個差異。發展路數構想的證成，只有創新——能區分新、舊信念組的知識主張——被置於風口浪尖。杜韓－蒯因論點提出的整體論難題因此看來解決了。但是，其實還發生了更基本的事：與其說是解決難題，不如說是消解難題。整體論是副產品，是科學哲學的靜態傳統提出證成問題的方式造成的，在發展路數中並 10
沒有等值的對應物。一旦證成成為比較性的，你就不必再面對整體論了。雖然杜韓－蒯因論點的邏輯仍然無懈可擊，但它不再與證成相干。發展學派的哲學家，永遠從中途出發，只為**改變**信念尋求充分的理由。雖然參與比較的立場，有著共享的信念，它們對雙方的論證都至關重要，可是它們的證成與科學家必須在那些立場中做的選擇沒有關係，而科學的認知地位取決於那個選擇。

要是你問：接受當前的科學作為進一步科學研究的基礎，有正當的理由嗎？發展學派的學者只能以另一個問題答覆：你甚至想得出任何理性的替代方案？有人以為，最接近的進路可能會由歷史研究提供：追溯現有信念組的歷史沿革，為一路上所做的每一個決定找正當理由。但是，相干的歷史決定不是每一個我們都能理解的。無論如何，在那些我們能夠理解的選擇裡發現一個非理性選擇的例子，既不會使目前的信念組變成非理性的，也不會使時鐘逆轉，發現另一條發展之道。當爭議點涉及整個信念組的時候，證成完全不是問題。

一個科學家**必須**接受自己社群的大量知識主張，因為它們構成社群的實作，以及生活形態，我是說一個常存的部落的生活形態。拒絕接受它們，無異謝絕那個部落的成員身分，進而拒絕那一科學行當。雖然一個特定部落——例如物理或化學——的成員彼此可能有許多意見相左之處，但那些齟齬之所以可能、可以辨識、可以討論，是因為所有成員共享一個更為龐大的信念組，那些信念將他們結合成一個特定的部落。在一特定時間裡，那一信念組對所有成員都是現實的一部分。為了再現一個古老思想模式的完整性，歷史學者必須發現當年的現實的內容。如果現在有更多時間討論歷史學者如何達成這個任務，「構成社群的實作」之類的說詞就不會聽來只是口頭禪了。

不過，我說這些只是想指出證成問題的傳統形式並無融貫的邏輯。它源自基礎主義，兩者都假定在部落之外、歷史之外有一阿基
11 米德平台，供有意從事理性評估的人立足。但是這種平台提供的全知觀點，著眼於歷史的進路並不需要。它也沒有空間放置那種平台。雖然批判的評價對部落的進一步發展非常重要，不過批評只能來自部落內部。

到目前為止，我討論的是將證成的目標從信念轉移到信念變遷

的三個結果。第一、評估判準成為比較的，不須要設定接受與否的合理門檻。第二、與發現脈絡、證成脈絡相關的考量逐漸重疊，因為現在須要證成的只有已經被發現的，與已經改變的信念相關的那組述句。第三、以上兩點的結果是，整體論的難題消解了，因為除了已經改變的信念，要求證成任何其他信念都不再理所當然。這些變化都茲事體大，但是不止於此。正如我前面使用的隱喻——部落與部落成員身分——可能表明的，證成的**結構**並沒有完全隨著轉向發展路數而全盤改變。基於同理，現在我要主張，支持信念本身與信念證成程序的權威，本質也不會變。在轉移過程中消失的不只是基礎主義與整體主義，還有方法論的唯我主義。

根據靜態傳統，一個信念的權威來自它成功通過的證成程序，
而且任何有理智的個人都能施行那些必要的測驗。雖然沒有人懷疑
過實際上許多信念都是聽從權威習得的，例如父母或老師，但是它
們不一定就是那麼來的。原則上，每一個信念在得到認可之前都接
受過評估，因此哲學家對於習得信念唯一感興趣的方面就是評估。
所有其他的方面都可留給心理學與社會學——傳統的科學哲學已經
將與發現相關的考量因素交付它們。不過，在發展路數中，科學甚
至在原則上都不再是個人的遊戲，而是社會實作。現在守護信念的
合理性是群體的責任，而不是個人的，而大部分群體守護的信念， 12
由於構成了社群的生活方式，根本不是證成的對象。說到底，心理
學者、社會學者，尤其是人類學者的觀點變得與哲學相干了。

當然，我現在正在繞圈子，從實作到構成實作的信念，然後回到原點再度出發。但是那個圈子一點都不算惡性。它只包含一個核

心，其中是一給定部落在一給定時刻的信念與實作，一旦掌握了它們，其他的大部分就順理成章。[4]首先，在某個選定的時間點進入圈子，歷史學者必然會這麼做；重建當時決定實作的信念，以及決定信念的實作；從選定的時間起點，觀察信念與實作一齊發展的方式。那個起點，正因為它是起點，必然只是歷史局勢的一個偶然集合。但是從那一時刻前進的每一步，都可視為選擇的產物——部落的情況容許的話。做出那些選擇，只因為它們保證能解答當時的實作企圖解決的問題。科學哲學的發展路數與它的前輩一樣，假定理論選擇是基於理性判準。但是現在那些判準是部落的；吸收那些判準是成為部落成員的條件之一；因此那些判準用來解釋部落實作的進一步發展倒是言之有物，但不能用來理解它當前的整個狀態。

至於那些判準本身，大體而言仍與過去一樣——觀測的符合程度、適用範圍的大小、簡潔、等等——只須稍加擴張，添上幾個時間依存標準，例如觀察的結果率。但是現在負有應用判準的終極權威的，不是有理性的個人，而是支持新觀點的群體。對發展路數，評估本身是個拉長了的過程。一個新理論剛問世時，採納它的理由不多，而且模棱兩可。舉例來說，通常它的適用範圍比屹立已久的
13 前輩窄多了，但是它能解決幾個前輩理論迄今仍然無法解決的問題而大放異彩。這麼一來，完全認可已確立的理論選擇標準的個人，對於選擇哪個理論可能會有不同的想法，因為他們對於不同的判準

4 我說的通常叫作**詮釋循環**，見Charles Taylor 對這種論述方式的精彩介紹。Charles Taylor, "Interpretation and the Sciences of Man," *Review of Metaphysics* 25, no. 1 (1971): 3–51 [reprinted in his *Philosophy and the Human Sciences: Philosophical Papers*, vol. 2 (Cambridge: Cambridge University Press, 1985), 15–57]。

賦予不同的權重。理論選擇取決於個人的判斷，於是理性的個人之間出現的判斷差異就成為關乎科學健全發展的重要因素。

假定理性真如傳統的科學哲學所料想的，會約束所有涉及理論選擇的個人根據同樣的證據做同樣的決定，那麼證據必須堅強到什麼程度，才能用來主張以最近出現的候補理論取代屹立已久的前輩理論？要是判準設得高，那麼新問世的理論就沒有時間證明自己的實力；要是設得低，已成立的理論便沒有為自己辯護的機會。唯我主義方法會扼殺科學進展的機會。以個人判斷做決定的常規，使社群分散風險——任何生活形態的選擇都會有的風險。

這個演講一開始，我勾畫了傳統科學哲學的靜態路數，將它的主要論點分成兩組。第一組是建立一個無可置疑的經驗基礎，以便在上面建築一個自然通則的結構，或者在那個經驗基礎上檢驗那種結構。第二組是建立一個以數學證明為模型的方法，為那一結構與它的基礎之間提供一串無可置疑的環節，對所有理性人都具有強制力。（要是那些環節證明是機率的而不是確實的，具有強制力的就是對它們的強度的評估。）在轉換成發展路數的過程中，基礎已經變成科學社群成員在某一特定時刻共有的信念組。以方法、邏輯、和理性與那一基礎連結在一起的，不再是某個較高層次的通則組，而只是同一社群後來的成員的信念，那些信念從社群在選定的起始時間共有的信念組演化出來，備受研究與評估批評的洗禮。還有，最後，評估批評的本質已經變成判斷，而不具強制性，它的發生地
在這個過程中從理性的個人轉移到一個群體——以維護科學已確立 14
的標準為職志的群體。瞧，這個轉變看來已完成了！但是只是看來

而已。傳統科學哲學的一個中心要素仍然闕如，以下我要討論那個要素作為總結。

闕如的要素是語言，或者更精確地說：傳統上假定可以表述堅實知識的經驗基礎的構成組件的語言。無論它的形式是感覺與料語言還是其他的語言，它都被認為是獨立於所有形式的信念，是能夠表述所有人類經驗——任何身歷其境又擁有正常感官的人都無法懷疑的經驗——的最小單元。存在這種中性又全能的描述語言，是靜態傳統不可或缺的要素，是實現它的主要宣稱的先決條件。這一要素在轉移至發展路數的過程中——仍然是進行式——發生了什麼變化？

在三個世紀毫無成果的努力之後，沒有人還繼續期盼會發現任何與感覺與料語言略微接近的物事。但是歷史取向的科學哲學家，對於科學家的日常語言可能足以勝任評估知識主張的需求，並未留意，因此沒有想過接受這個事實的後果。大多數人似乎覺得，雖然科學家使用的描述語言不可避免地多少有點受到他們的理論的約束，但它仍然與純粹描述語言非常接近，足以執行那一理想的功能。我相信純粹描述的理想本身就是必須討論的問題，放棄它到頭來也許會是科學哲學歷史轉向的後果中最深刻的一個。現在我要試著說明那怎麼可能，可惜我的時間太有限了。

先從顯而易見之處著手吧。一個人習得一套字彙，一套詞彙，不啻獲得一組複雜的工具，暫且不表別的用途，適合用來描述世界。更具體地說，把它當成隱喻也無妨，人習得一套分類：他必須描述的物事、活動、與情境，以及在識別與描述它們時有用的特徵，都有名字。此外，為了進行辨識，將名字與它們指涉的物件聯繫在一起，詞彙習得的過程也必須將物件的名字與它們最顯著的特徵的名字聯繫在一起。要是這個學習過程不進行到某個程度，描述 15
甚至無法開始。然而，到了描述能夠開始的時候，人學會的已經不只是對描述有用的語言：人已經對那一語言對應的世界非常熟悉。我相信，詞彙習得的那一方面，對於大學科學課堂裡的學生與幼稚園裡的孩子，均為同功一體。兩者都在同時學習世界與詞彙。兩者都不能應用習得的詞彙，除非那個雙面學習過程已經進行到某個程度。一開始，根本沒有中性的、純粹描述性的字彙供描述之用。

我已短暫地離開歷史，但是會立即回到歷史。這些關於語言的論點很重要，因為歷史上反覆出現過這類例子：新知識的代價是改變描述語言。與詞彙同時習得的信念，有許多也許後來有充分的理由改變。科學發展的最終結果有賴改變，不僅關於世界的說法變了，用來訴說的詞彙也變了。這些必要的詞彙變遷位於一種現象的核心——我一度名之為**不可共量現象**（manifestations of incommensurability）。由於某些字詞的用法變了，舊科學的文本中反覆出現的一些述句無法翻譯成後起科學的語言，即使可能也不夠精確，讀者難以理解它們的意義。我先前描述過歷史學者的兩個任務，第一個是再現一個過時的科學傳統的完整性，而我剛剛點出的語言問題正是這個任務的肇因。

歷史學者閱讀過去的科學文件，一再遭遇不合理的段落。困難不在於它們包括了顯然錯誤的述句，因為那是意料中事，而是這些述句似乎既不通又無由，因此難以想像作者居然會是在其他領域被視為理性與智力的楷模人物。面對這樣的段落，歷史學者的任務是指出如何理解它們、如何解讀它們。通常，為了達成這個目標，必要的一步是發現這些段落中的一些字詞早已廢棄的用法，再教導讀者正確的讀法。

說明與澄清這個論點以及它最近的前身，須要更多例證，但是
16 我在這裡只能以一個簡單的例子點到為止——我在別的地方討論過一連串例證，這是其中之一的極短篇。[5]理解亞里斯多德物理學的必要條件之一，是認識到對亞里斯多德而言，英文譯者通常以「**運動**」（motion）一詞涵蓋的觀念，指涉的不只是位置的改變，還包括各種性質的變化；例如一粒橡子發育成一株橡樹、從罹病到復元、或是冰從固體轉變成液體。對亞里斯多德來說，這些都是同一自然範疇——「運動」——的不同例子。雖然這些例子彼此有別，分別屬於「運動」範疇之內的「次範疇」，但它們主要的共同特徵是：它們都有「運動」的特徵，而關於「運動」的主要通則對它們一體適用。那種統一性的來由，是把「運動」構思成「狀態的改變」，如同從一種東西轉變成另一種東西，像是具有兩個端點。[6]因

5 這個例子更為充實的版本與另外兩個例子，我在其他的地方討論過："What Are Scientific Revolutions?," in *The Probabilistic Revolution*, vol. 1, *Ideas in History*, ed. Lorenz Krüger, Lorraine J. Daston, and Michael Heidelberger (Cambridge, MA: MIT Press 1987), 7–22 [reprinted as chap. 1 in *The Road Since Structure: Philosophical Essays, 1970–1993, with an Autobiographical Interview*, ed. James Conant and John Haugeland (Chicago: University of Chicago Press, 2000)].

6 見亞里斯多德《物理學》卷三、卷五 [Aristotle, *Physics*, ed. and trans. P. H. Wicksteed and F. M. Cornford, 2 vols., Loeb Classical Library 228, 255 (Cambridge, MA: Harvard University Press,

此，用以識別或界定「運動」的特徵中，最突出的是它的兩個端點，起點與終點，加上從一點到另一點所需要的時間。

毫無疑問，那種以**運動**一詞描述自然的方式一定得改變，才能應用在牛頓物理學中。對牛頓物理學者，**運動**一詞指涉的是一種狀態，而不是狀態的改變。它最突出的特徵是速度與方向，即它在一瞬間具有的性質。這個詞不再指涉例如橡樹的成長、或從罹病到復 17
原的過程之類的改變。諸如此類的語意變化，只是許多密切相關的方面之一，再再展現了牛頓的詞彙切割世界的方式，與亞里斯多德的不同。只有在那一詞彙提供的新樹狀分類（taxonomy）中，慣性運動的想法才可能出現。對亞里斯多德門徒，持續線性運動（enduring linear motion）這個觀念由於缺乏終點，是用語矛盾。

請留意，我在這兒討論的，不是**運動**（motion）這個詞的正確或錯誤的用法。語言常規不可能有對錯，分類常規也不可能。但是，為了一特定目的，一套常規可能比另一套更有效——達成特定目的的較好方法。構成牛頓物理學基礎的語言變遷，理由之一是研究運動的目標在亞里斯多德與牛頓之間已經變了；為了達成新目標，牛頓的語言是更為強大的工具。**運動**一詞的新用途只是許多互

1957)]。這裡的討論涉及兩個希臘詞*kinesis*與*metabole*，現代英文譯者通常分別譯成「運動」與「改變」。沒有更達意的詞可用，只有*metabole*與用來翻譯它的「改變」指稱多少是一樣的現象。因此，要是「運動」與「改變」並列的話，嵌在亞里斯多德的希臘文與現代英文中的概念，有一個重要差異就會隱而不彰。亞里斯多德使用這一對詞，*kinesis*的每一個指稱都是*metabole*的指稱，反之不然。（*metabole*的指稱包括「出現」與「流逝」；*kinesis*的指稱僅包括一部分*metabole*的例子，指在變化過程中持續存在的某個物事。）另一方面，在現代英文中，運動也許是改變之因，但不必是改變本身：正在生長的生物，就事實而言，是一個改變中的生物，但是一個移動的物體不必是改變中的物體。

相關聯的變遷之一，它們都使那一語言更有效。

科學史提供了無數這類例證，雖然只有幾個影響重大，可與從亞里斯多德物理學到牛頓的轉變相提並論。歷史學者遭遇它們，是在嘗試理解一份過時的文本的時候；他們發現，為達目的就必須以他們不熟悉的方式使用某一組熟悉的字詞，讓那些字詞提供一個與它們的現代對應物不一樣的分類體系。認真看待歷史的科學哲學家有了那個經驗之後，也許會同意我的看法：以文本傳遞的科學知識不只展現在其中關於自然的述句中，還體現在當年用以寫作那些述句、現在已經過時的語言裡。為了促成另一套新發現，那個語言必須改造，這個過程一直持續至今。語言的演化，包括初級描述語言，是科學的一部分，與定律、理論的演化一樣重要。根本不存在純粹描述或僅僅是描述而已的那種東西，因而科學客觀性的傳統觀念的一個主要特徵岌岌可危。

說到這裡，我必須停下了，但是我會做個總結。科學知識是人類歷史的產物，我已經勾畫了認真看待這個明顯事實的第一批果
18 實。它們是第一批果實，因此仍有待進一步發育，而且至少在一些例子中，可能會腐敗。此外，它們全都引起了爭議。產生果實的發展動向會不會存活，尚在未定之天。但是我相信它會存活，而且我預測，如果它存活了，不只科學哲學會改變。自十七世紀以來，科學一直是可靠知識的主要範例。我們對科學的理解不可能發生重大的轉變，除非我們對知識的理解也轉變了。我相信，那個轉變也在進行中。

過去的科學風華
(希爾曼紀念講座講詞)

摘要

第一講:重返過去

理解科學知識的唯一法門,是把它當作一個歷史過程的結果, 19
那個過程涉及重大的觀念變遷。除非了解舊的信念組為何受到支持,證據為何,我們才可能理解它被放棄、取代的過程。科學史學者處理過去,當自己是異鄉人,像準民族誌學者一般地理解過去的觀念、信念。

以三個例子討論這種準民族誌式的科學史研究。

第一節　如果我們把亞里斯多德的物理學視為一個融貫的整體,只是觀念與我們的不同,我們就會理解為什麼亞里斯多德**非得**認為真空是不可能的。

第二節　伏特較早的電池示意圖,要是以後來的物理學眼光去看，似乎是錯的。但是，一旦我們找回關鍵詞在伏特寫作時的通行意義，那些圖完全合理。

第三節　普朗克討論黑體輻射問題的早期論文，不應該以後來的量子理論立場解讀；我們必須理解：普朗克使用的詞與自然的關係，不同於我們的。[i]

20 第四節　前面的例子證明一個社群的分類學提供了它的本體論——它的世界裡可能與不可能包含的物事，都得到了名字。分類系統與信仰系統形成一個交織體。因此研究科學史必須復原過去的信念，當它們來自觀念的異邦，但是是合理的，只是要在它們自己的歷史脈絡中理解它們。這一點很重要，不只為了史學，也為了哲學，以下兩講會證明這一點。

第二講：描繪過去

最好不要將不可共量性當作同時代的科學家的溝通障礙，而是正在盡力理解一個觀念異邦的科學史家的經驗。

第一節　科學史家的工作使他非得學習用以表達昔時知識的語言。這包括掌握與自己的詞彙不可共量的結構化詞彙。

---

i　譯註：普朗克是一九一八年諾貝爾物理獎得主。

第二節　習得一個詞彙，就是學習關於世界的事物。使用同一詞彙的人必然會把世界劃分成相同的自然類，將同樣的物件與情況歸入它們之中。有些自然類詞在所有的人類語言都有，但是有一些是針對特定社群的需求與環境而發展出來的，因此不同語言、不同文化、不同時代，都不一樣。自然類之間以相似、相異關係構成階層；它們不容重疊。一個與兩個類的成員有同等相似程度的怪胎，無異向已成立的分類體系挑戰；可能的解決方案是重新設計詞彙——這一觀念變遷可能最終會影響詞彙的廣大部分。

科學史需要類似民族誌學者所從事的那種詮釋，因為流行的分類體系與過去的不同，排除了保存真值的翻譯的可能。**真**、**假**之類的詞只能在社群**內**的選擇評估中發揮功能，因為那個社群已有類別的存有學，並有指涉它們的詞彙。

第三節　學習專門的科學詞彙，學習者非得調整先前來自大眾
用語的字彙不可。學習包括習得常用字詞的新意義與關於世界的新 21
信念。精通科學的自然類往往必須學習支配那些物件的行為的定
律；同時，理解定律的內容必須學習那些科學類的組成與分化。科
學定律與科學的自然類的定義都不是分析性的，而且最終可能會改
變。不同的人以不同的方式習得同一套結構化的詞彙。「世上有什
麼」這個存有學問題與「字詞的指涉如何認定」的認知問題是無法
分開的。

習得一個詞彙，人便肯定了一組可能的世界，它們共享一套自然類。在那一組可能的世界中發現真實世界，是科學家在常態科學

期間從事的工作。然而，科學發展有時必須調整詞彙中的某個部分，因而開啟新的門徑，進入過去無由進入的世界。

第三講：賦形過去

採用歷史觀點，將過去的科學視為異邦，認定過去的詞彙結構彼此不可共量、與我們現在的詞彙也不可共量，會有什麼哲學後果與難題？

第一節　**橋頭堡**難題：史家重建另一時代的信仰系統，成敗取決於兩者的共通性；需要多大的共通性才能成功？孔恩主張：最小的橋頭堡必須足以促成理解，而且理解不是透過翻譯達成，而是雙語能力。

第二節　相對主義難題：一個關於世界的信念，真假值可能依賴抱持那一信念的社群的詞彙嗎？如果同一個陳述，可以以不同的詞彙表述，那些述句必然有同樣的真值。但是並非總是這樣。相對的並不是真值，而是表述性。對詞彙本身賦予**真**或**假**的標籤並不合適，但是它們可以用其他的方式評估。就這一點而言，實用主義者
22 是對的：詞彙是工具，以實用程度論短長；選擇是相對於實利而定的。

第三節　實在論／建構論難題：科學發展導致「世界改變」的

說法真的只是最無稽的隱喻嗎？**《結構》**的表述方式也許誤導了讀者。它並不是說：社群不變而周遭的世界變了，結果先前的真陳述現在成了假陳述。事實上，世界與社群都變了，因為它們藉以互動的詞彙變了。構成對於世界的經驗，有賴心智的範疇。這個康德式的立場與康德的不同，在於那些範疇不是必要而普遍的——實情正相反——而是偶發的、局部的、有歷史脈絡的、會變遷的。

第四節　既然詞彙結構在構成世界的過程中扮演那麼重要的角色，詞彙怎麼能改變？一個社群關於世界的知識，有些方面表現在詞彙的結構中，有時新奇的經驗非得曲解內建的知識才說得通，不然就必須改變詞彙。以幾則歷史故事為例，論證這一聲明（亞里斯多德、伽利略、愛因斯坦）。

第五節　現在與過去如何連結的難題：如果過去的社群使用的詞彙使它的世界對後人來說像是異邦，那怎麼可能是**我們的**過去？我們需要兩種歷史：詮釋的、類似民族誌的歷史，它揭露了不可共量性，有很大的哲學價值；現在主義的歷史，也就是輝格史，形成現在的身分需要它，特別是科學家。詮釋敘事讓我們理解過去，輝格敘事讓我們古為今用。這兩種歷史敘事互不相容，但是就各自的脈絡、目的而言，都是必要而無可取代的。

過去的科學風華

孔恩

希爾曼紀念講座

倫敦大學

1987年11月23, 24, 25日

內容

第一講：重返過去

在這幾個演講中我要回到一組主題，它們是大約二十五年前， 27
我與幾位同輩首先提出來討論的。[1]我們的題材是科學知識的性質與權威，我們基於一個共同的信念處理這個主題，就是：要是我們更仔細地觀察科學家的實際作為，對這個主題長期占主流地位的觀點也許就必須大幅改變。我們盡力從各處蒐集有關科學家行為的資訊：有些來自我們自己的經驗；有些來自仍在胚胎期的科學社會學。但是我們用以抨擊科學哲學經驗論傳統路數的主要資訊來源，到頭來都是描述科學進展的歷史個案。我們認為，雖然其他的資訊來源可能一樣有用，但相關的歷史研究已經在我們手上，我們覺得有能力自行發展更多的歷史研究。[2]

回顧當年，我認為我們受到誤導，只把歷史當作資訊供應者。個案研究，特別是那些我們為自己的需求做的研究，不但提供了資訊，還提供了看待那些資訊的觀點。那一觀點貫穿了我們的資訊，

1 特別是費若本 (Paul Feyerabend, 1924 – 1994)、韓森 (N. R. Hanson, 1924 – 1967)、圖爾敏 (Stephen Toulmin, 1922 – 2009)。就以下討論的問題而言，前兩人的想法特別重要。

2 巴特菲德 (Herbert Butterfield, 1900 – 1979) 的《現代科學的起源》(1949) 前幾章對我們許多人都很重要，一來是他的論點，二來是，我們因而接觸到其他的研究。其中特別重要的是夸黑 (Alexandre Koyré, 1892 – 1964) 的《伽利略研究》(1939)。

28 但是它在我們的研究中扮演的角色，我們最多也只是隱約地察覺而已。對於有志創新的人，我們的處境是典型的。我們花了太多心力處理在我們企圖取代的觀點中演化出來的難題與觀念。我們批評傳統，卻經常錯過可能指引我們找到新門徑的線索。直到最近，我們才可能以比較清澈的眼光觀察我們的研究揭露的領域。

過去十年，大部分時間我都在重新探索那一領域，我愈來愈受一個信念的指引：理解科學的正確門徑是把科學知識當作歷史的產物，是在時空連續的發展過程中形成的。這幾場演講會聚焦那一探索的一個產物：與觀念變遷的性質、後果相關的一組難題。雖然近年來對這些問題已有許多討論，但我們要是把它們當作歷史的性質所造成的——而不是歷史提供的事實——就會有不同的看法。為了強調那個差異，我要以幾句簡短又武斷的話談談那個歷史觀點，當作演講主題的開場白。然後我會在演講過程中提供證據。[3]

以歷史學者的觀點觀察，所有關於自然的知識都來自先前的知識，通常是擴充它們，但是有時候是部分取代。那一通則不僅與發現脈絡有關，與所謂的證成脈絡也有關。就發現而言：先前的知識體系提供了觀念工具、操作技術，以及彰顯新奇認知不可或缺的大量經驗資料。就證成而言：同一個知識體系提供了唯一的比較標準，用以評斷繼起的候選者。也就是說，在科學中，未來知識的基礎是現在的知識，此外沒有其他——比較中性、又不那麼受限於情

3 見我的〈科學知識是歷史產物〉，將發表於*Synthèse*。〔編者按，孔恩指的是法國的科學史與科學哲學期刊*Revue de Synthèse*。不過本文從未在那裡發表。本文是一九八六年五月在東京一個講座宣讀的講稿，譯成日文後發表於一九八六年八月號的《思想》月刊（見本書〈導言〉註15）。英文原稿於本書首次問世。〕

境的——基礎。科學知識的創作與評估都是在特定歷史、文化情境
中發生的活動：一個人必須熟習一個社群的科學語言，以及那個社 29
群現在接受的許多真相，才能從事科學創作與評估。對於科學實際的發展之道，這個描述性的陳述只是點明了科學的歷史性，並無可觀之處。但是我認為它的意義不只是描述事實；它以某種方式與知識自身的性質有深刻的牽連。

我認為一個時代的科學的認知基礎，是緊接著的前一個時代的科學。要是我是對的，那麼為了提供例子讓科學哲學家分析，就必須完成兩個不同的任務。第二個任務眾所周知，看來不成問題：每個例子必須展現從舊的知識主張體系到後繼者的路徑，無論那是擴充還是修訂；追溯那種路徑的敘事是史家的主要產品。然而，在展開一個敘事之前，史家面臨的是前一個任務：他們必須為自己、為自己的讀者重返敘事的出發點——重返過去；也就是說，他們必須重建舊的知識主張體系，以及它令人信服的緣由。在這一研究階段，史家就像置身異文化中的民族誌學者，力圖理解與描述看來不合宜的當地人行為。

歷史的這一民族誌面向，注意到的人不多，遠不如史家後來完成的敘事作品，而我這三個演講都是討論它引起的難題。今天的演講大部分是介紹這些問題，我要以三個例子說明在史家著手敘事之前必須完成的民族誌工作。[4]這些例子無論個別還是合併看來，都

4 這些例子起先是為一九八一年秋季聖母大學的系列演講的第一講準備的，那時已粗具現在的形式。後來為了一個單獨的演講做過修訂，最近發表："What Are Scientific Revolutions?," in *The Probabilistic Revolution*, vol. 1, *Ideas in History*, ed. Lorenz Krüger, Lor-

展示了過去猶如異邦。而明天的演講——我會回到我曾以**不可共量**
30 **性**與**不完全溝通**這些詞描述的議題——則討論使過去成為異邦的因素，以及超越那種異邦感的可能幅度與方法。最後，我的第三講會處理由前兩講發展出的立場所引起的一些後果，我主張：經常歸咎於那個立場的威脅，犖犖大者如相對主義、唯心論，不是不相干，就是不得體的大驚小怪。

1

第一個例子來自我的經驗——我理解亞里斯多德物理學的起點——四十年前那個經驗初次說服我科學史也許與科學哲學相干。一九四七年暑假，我第一次讀亞里斯多德討論物理學的一些著作，那時我是物理學博士班的研究生，想針對力學的發展準備一份個案研究，供一門為不主修科學的同學選修的科學課使用。用不著說，我讀的是亞里斯多德的文本，成竹在胸的卻是牛頓力學。我期望答覆的問題是亞里斯多德懂多少力學，他留下了多少讓伽利略、牛頓等人發現。以那個方式表述問題，我很快就發現亞里斯多德幾乎一點力學都不懂。力學的每一個原理都是由他的後繼者建立的，主要是十六、十七世紀的那些人。那是流行的結論，甚至懂希臘文的學

---

raine J. Daston, and Michael Heidelberger (Cambridge, MA: MIT Press, 1987), 7–22 [reprinted as chap. 1 in *The Road Since Structure: Philosophical Essays, 1970–1993, with an Autobiographical Interview*, ed. James Conant and John Haugeland (Chicago: University of Chicago Press, 2000)]. 現在我認為那個題目一定會誤導人，發現它引起的困難對我而言是重要的學習經驗，我會在第二講簡短地回到這個論題。

者也同意（我不懂希臘文），按理說那也許是正確的。但是我討厭那個結論，因為我讀了亞里斯多德之後，發現他不僅不懂力學，還是一個非常蹩腳的物理科學家。特別是關於運動，他的敘述在我看來充斥著嚴重謬誤，無論是邏輯、還是觀察。

我覺得這些結論不太可能是正確的。畢竟亞里斯多德是廣受讚譽的古代邏輯大師。他過世後的將近兩千年內，他論述邏輯的著作相當於歐基里德《原本》在幾何學中的地位。此外，後人經常發現亞里斯多德是個敏銳非凡的自然觀察者。特別是在生物學的領域，他的描述著作提供了範本，在十六、十七世紀現代生物學傳統興起時扮演過重要的角色。他轉而研究運動與力學的時候，他特有的才器怎麼會完全離棄了他？同理，要是他特有的才器完全離棄了他，
他的物理學著作為什麼在他過世後仍然被認真研讀了許多世紀？那 31
些問題令我苦惱。我相信亞里斯多德曾經犯錯，但是我絕不相信他進入物理學之後會錯得完全離譜。會不會錯的是我而不是他？我自問。也許對他與他同時代的人，他有些文字傳達的意思與我們現在理解的不大一樣。

產生那種感覺之後，我繼續為那些文本絞盡腦汁——我的疑心終於獲得證實，而不是捕風捉影。那時我坐在書桌前，亞里斯多德**《物理學》**攤開在面前，手上拿著一枝四色鉛筆。我抬頭向上，心不在焉地讓視線穿出房間的窗子——我仍然記得那個視覺心像。突然間，我腦子裡的碎片以嶄新的方式自行理出了頭緒，各就各位，合為一體。我瞠目結舌，因為突然之間亞里斯多德似乎真的成了一位非常高明的物理學者，但是我從來沒想過世上會有那種物理學

者。現在我可以理解為什麼他會寫出那些文句，為什麼會有人相信。我先前認為充斥嚴重謬誤的陳述，現在看來充其量也只是在一個強大、通常很成功的傳統中發生的有驚無險的差錯。

那一種經驗——不斷加深的困惑、不滿，因為重新描述情境、重新整理、與重新組合部件而突然煙消雲散——是找回過去的早期階段常見的特徵。它始終還有許多細節必須填補，但是最重要的變遷不會一步一腳印地出現。正相反，它涉及某種突然而無章法的轉變：你正在設法理解的觀念、行為的一些方面，在其中自行以不同的方式組合在一起，展現與過去所見迥然不同的模式。

為了把我的經驗說得更具體一些，現在我要舉例說明我發現的亞里斯多德物理學讀法——使他的文本顯得合理的閱讀法門——涉及的一些因素。第一個例子許多人都會很熟悉。亞里斯多德的英譯本中，「運動」對應的希臘文泛指各種「改變」，不只是一個物體
32 的位置發生的改變。[5]位置的改變對伽利略、牛頓來說是力學的專屬題材，但對亞里斯多德只是「運動」之下的許多次範疇之一。其他的次範疇包括生長（如橡實轉變成橡樹）、強度的改變（如鐵棒加熱），以及更普同的性質改變（如病人痊癒）。用不著說，亞里斯多德知道眾多次範疇之間並不是在**所有**方面都相似；但是他認為，

5 事實上，英譯本譯者譯成「運動」，或有時譯成「改變」的詞有兩個：*kinesis*、*metabole*。所有*kinesis*的例子都是*metabole*的例子，反之則不然。*metabole*的例子包括「出現」、「流逝」，這些都不是*kinesis*，因為它們缺一個端點。Cf. Aristotle, *Physics*, book V, chaps. 1–2, esp. 225a1–225b9. 在這裡，我將以「運動」譯*kinesis*，排除從無到有、或從有到無的用例。

辨認、分析運動涉及的特質群適用於所有類別的改變。在某個意義上那不只是譬喻，所有這些不同類別的改變都被視為彼此相似，似乎來自同一個自然家族。關於它們的普同特質，亞里斯多德說得很明白：一個運動的原因，一個運動的主體，運動發生的時段，以及運動的兩個端點，亦即起點與終點。

亞里斯多德物理學的第二個方面——更難以辨認，可是更為重要——是在它的觀念結構中，性質或屬性扮演著核心角色。我的意思不只是它旨在解釋性質與性質的改變，因為其他種類的物理學已那麼做了。而是亞里斯多德物理學顛倒了物質與性質的存有位階，與十七世紀中葉以降的標準模型鑿枘不入。在牛頓物理學中，一個物體是由物質粒子構成的，那些粒子組合、移動、互動的方式造成它的性質。亞里斯多德物理學則不然，物質的角色是次要的。物質是必要的，但只是中性的基質，性質存在其中，即使那些性質與時變化物質都保持不變。所有個別的物體、所有的實物都有基質，但是它們的個性並不是以組成物質的特性解釋，而是以物件中殖入的特定性質——熱、濕、色等。改變指改變性質，而不是改變物質——從某個特定物質移除某些性質，並以其他性質取代。在改變過程中，甚至好像有守恆率，有些性質必須遵守。[6]

運動即改變、研究性質改變的物理學這兩個觀念，是破解亞里 33
斯多德文本的可能法門。每一個都可能獨立發現：表面上，它們互

6 參考Aristotle, *Physics*, book I, and esp. *On Generation and Corruption*, book II, chaps. 1–4 [Aristotle, *Generation of Animals*, trans. A. L. Peck, Loeb Classical Library 366 (Cambridge, MA: Harvard University Press, 1942)].

相獨立。然而，一旦你認清了亞里斯多德觀點的這些與其他方面，它們就會開始整合在一起，相互支援，合而觀之產生它們個別缺乏的意義。我當初參悟亞里斯多德文本的經驗是：我正在描述的新觀念、以及它們融貫地吻合在一起，實際上是一齊顯現的。認出那種融貫性，是收復或再現過去的經驗的第二個特徵。事實上，**融貫**這個詞還嫌太弱。當你的切入點開始互相吻合之後，其他的論點似乎就會銜尾相隨，頗有破竹之勢。有時你預測一位立論者必然相信什麼，然後在後面的文本中發現他正是那樣說的。

亞里斯多德物理學的第三個方面會開始填補前面提到的兩個方面的關係。在沒有外界干涉的情況中，大部分性質的改變是不對稱的，特別是在生物領域裡——生物是亞里斯多德理解自然現象的模型。一粒橡實自然地長成一棵橡樹，反之則不然。一個病人往往會自行痊癒，但是需要外因使他生病——或是相信外因才會使人生病。一組屬性、變化的一個端點，代表一個物體的自然狀態，是它奮力達成的狀態，達成後就一直維持那個狀態。

整體而言，這些屬性（更正確地說，它們最典型的子集合之一）構成我們所說的物體本質。[7]這些必要的屬性，無論已經實現的還是潛伏的，決定一個物體的行為。特別是它們為物體的自然發

7　英文*essence*源自中世紀的亞里斯多德拉丁文譯本：在他的希臘文裡沒有意義完全相等的字。但是一個與essence相類的概念，在他的物理學裡扮演著核心角色，亞里斯多德著作的現代譯者往往情願引介對應的詞，通常用來取代*eidos*（更常翻譯成form）或*physis*（更常翻譯成nature）。亞里斯多德的立場有言語道斷的困難，缺少完全對應這一概念的詞就是一個例子。關於這一點，我會在下一個註裡進一步討論。

展提供了模式，即物體受本性驅使奮力達成的標的：橡樹發育成熟，實現了已經出現在橡實中的要素。位置的改變也展現了要素。 34
一塊石頭或其他重物奮力實現的性質是宇宙的中心位置；火的自然位置是在周邊。因此石頭才會朝中心落下，除非遭到阻礙；而火是朝向天上飛去。它們都在實現它們的本性，正如橡實通過發育長成一株橡樹。考慮到這一要素觀念，先前各自獨立的兩個觀念——運動即改變、研究性質的物理學——就變成一個整合觀點的兩個方面，彼此密切關聯。

那一相互關聯的基礎是：將物體的位置（或地方）分類成它的一個性質。位居中央的地方對於石頭，葉片的大小、形狀對於長大的橡樹，脈搏率對於健康的男女，關係是一樣的。這些性質不必然會實現（石頭也許位於山頂；一棵橡樹沒有葉子；疾病擾亂了脈搏率）。但是所有這些物體必須以某個相稱類別的性質作為特徵，而且必須奮力實現對它們最自然的那一個。將地方視為這種性質之一非常重要。[8]一塊落下的石頭在移動時，性質就變了：它的初始態 35

---

8 斷言亞里斯多德把地方視為性質，太過於獨斷。他的立場既複雜，又不時看來前後不一貫。組成一個實物（*hyle*）的性質必然存在於物質中，全部性質合計就是對應物體的形式（*eidos*）。而地方（*topos*）是不是性質的問題，是問一個物體的*topos*是不是它的*eidos*的一部分。亞里斯多德給了兩個不同的答案，分別對應*eidos*的兩個不同用法。

第一個用法是，一個物體的*eidos*指它在某一時刻的所有性質。有些是附帶的（*symbebekos*），像是人或動物的毛髮顏色：它們可能會變得不一樣，例如在不同的時間，而那一實物維持不變。其他的則是本質的（*kath ‘auta*或*to ti esti*），例如石頭裡的重質或人的理性：如果它們不同，實物就不屬於認定的類別。要是發生了與*eidos*相關的改變，涉及的就是*eidos*的第一個意義，它明確排除了地方（位置）。而*kinesis*可能涉及*poion*（性質）、*poson*（數量多寡，大小）、或*topos*（地方），只有第一種涉及*eidos*的改與最終態的關係，就像橡實（或橡樹苗）與橡樹的關係，或年輕人與成年人的關係。因此，對亞里斯多德，局部運動（local motion）是改變狀態，而對牛頓，那就是一種狀態。那麼一來，牛頓第一運動定律，即慣性原理，就變成不可思議，因為在不受外力的情況下能夠持續不變的只有狀態。如果運動不是一種狀態，那麼持續的運動就需要持續的外力介入。

你可以這樣繼續下去，使亞里斯多德物理學的各個論點在一個整體中各就其位、相互支援。但是我想再舉一個例子，以結束對第

變。尤其是，亞里斯多德說*topos*（地方）不可能是*eidos*，因為一個物體不可能脫離它的性質，可是卻能脫離（離開）它的地方。(Cf. *On the Heavens*, IV, 2, 310a24 [Aristotle, *De caelo*, trans. J. L. Stocks (Oxford: Clarendon Press, 1922)], and *Physics*, IV, 2, 209b23.)

但是亞里斯多德也常常將*eidos*限縮於本質的或界定性的性質，它們決定了物體的個性、不會改變。(Cf. "to eidos to kata ton logon," *Physics*, II, 1, 193a30–33.) 這樣設想，*eidos*就是改變的形式因，對應的詞往往可與*physis*（本性）——指物體內建的運動原理——互換使用。*eidos*的這個用法，後來提供了被稱為*essence*的概念；在這個用法中，提供運動標的的*topos*成為*eidos*的一部分，例如一塊石頭的潛在位置是中心。這樣使用*topos*的話，亞里斯多德有時會提到一個物體的*auto topos*（本身的地方）或*oikeios topos*（當時的地方，亦即那個物體的所在）(Cf. *Physics*, IV, 4, 211a6, 211a29; V, 6, 230b27.) 但是*topos*的不同用法的區別，就像相關的*eidos*的不同用法，並沒有成為定式；而沒有分別它們的不同用法，有時似乎正是亞里斯多德的論證基礎。

例如亞里斯多德的這一句話，使用的是*eidos*的第二個用法：「每個物體移動（運動）到本身的地方（*topos*）就是朝本身形式（*eidei*）移動」(*On the Heavens*, IV, 2, 310a35)。更清楚的例子是：「因為，一般而言，移動的物體是從某物改變成某物，起點與終點在形式上（*eidei*）都不一樣。例如痊癒是從生病到健康的改變，增量是從小到大的改變。移動必然也一樣：因為它也有終點與起點——因此自然運動的起點與終點形式（*eidei*）不同。」(*On the Heavens*, I, 8, 277a13–21, quoted from the Oxford translation by J. L. Stocks).

這種雙重用法引起的困難，在亞里斯多德對地方（*topos*；位置）下的定義中卻顯得格外清楚，他說：「包容物體並與物體相接的周界。」(*Physics*, IV, 4, 212a5). 這裡，地方與物體現有所在明確相關，同時，亞里斯多德堅持，那個物體可以脫離它的所在，向外移動。

一個個案的討論，那就是亞里斯多德對於真空或虛空的看法。它特別鮮明地展示：有些論點個別看來，只是想當然耳，可是卻可能形成一個結構，在其中每一個都能獲得支持。亞里斯多德說虛空是不可能的，但他沒有明說的立場是虛空這個觀念本身就是胡扯。現在你應該可以看出他可能的理由是什麼。如果位置是一個性質，而且性質無法脫離物質存在，那麼有位置的地方就有物質，無論物體在哪裡。但是那就是說沒有物質就沒有地方：於是虛空觀念就變成自相矛盾的措辭，與方圓（square circle）觀念是近親。亞里斯多德是這麼說的：「因為虛空（如果存在的話）必須被構想成一個地方， 36
那裡可能有物體存在但是現在並沒有，很明顯，這樣構想的話，虛空根本不可能存在。」[9]

當然，構想虛空還有其他的方式，有些方式可以消除自相矛盾的觀感，但是亞里斯多德無法在其中隨心所欲地選擇。他選擇的那一個，大體而言是由他對運動的構想決定的，他的物理學的其他方面也依賴運動即改變狀態的觀念。要是虛空能存在，那麼亞里斯多德的宇宙就不可能是有限的。正因為物質與空間共同存在，所以物質的盡頭就是空間的盡頭，在恆星天以外什麼都沒有，沒有空間也沒有物質。但是，如果宇宙無邊無際，那麼運載恆星旋轉的天球就必須是無限的，這成了天文學諸多重大難題的一個源頭。更大的難題是，在一個無限的宇宙中，空間中的任一點都可以是中心，與其

---

9 *Physics*, IV, 7, 214a16–20, quoted from the Loeb translation by Philip H. Wicksteed and Francis M. Cornford. 正如前註結尾所指出的，我對這個論證的摘要少了一個成分：亞里斯多德對地方下的定義，恰在我引述的這段文字之前發展出來。

他的點沒有分別。那麼一來，就沒有供石頭和其他重物各自實現自然性質的特殊位置了。或者以另一種方式來說，在虛空中一個物體無法發現自身自然位置之所在。一個物體能找到完全實現自身自然性質的所在，是因為宇宙中的所有位置都透過一個物質鏈聯繫在一起。物質的存在為空間提供了結構。[10]因此，要是拒絕亞里斯多德對虛空的構想，他的自然運動理論與古代的地心天文學都會陷入困境。想「修正」這一點又不必大幅改組他的物理學的其他部分，門兒都沒有。難怪到頭來哥白尼的無限宇宙、伽利略與牛頓的力學、以及第一批地表真空實驗會一併出現。

2

以上的論點，雖然簡化、又不完整，但也應該足以點出：亞里
37 斯多德對物理世界的描述，彼此呼應、形成一個整體。那個整體在
觀念詞彙的歷史發展中屢經打破、重組。一開始我是一個以我族為中心的史家，試圖以那一歷史產物強解亞里斯多德的文本。現在我不再發揮那些論點，接著我要討論第二個例子，這個例子發生在十九世紀剛開始的時候。

西元一八〇〇年伏特發現電池，是那一年的重大事件之一。伏
38 特在寫給倫敦王家學會主席班克斯爵士的信中首次宣布那個發
現。[11]那封信是為了出版而寫的，附有一張圖，我複製在這裡，是

---

10 這一點與密切相關的論證，見 *Physics*, IV, 8, esp. 214b27–215a24.

11 Alessandro Volta, "On the Electricity Excited by the Mere Contact of Conducting Substances of

為圖一。對現代觀眾來說，這幅圖有些古怪，雖然很少人注意到古怪之處，甚至歷史學者也沒注意到。請看這幅圖下二列中的任何一個所謂的（硬幣）堆，由右下方往上讀，一枚鋅幣，Z，然後是一枚銀幣，S，然後是一片潮濕的吸水紙，然後是第二枚鋅幣，等等。鋅幣、銀幣、潮濕的吸水紙，反覆堆疊整數次；在伏特的原圖裡是八次。現在假定有人請你看那幅圖，而不是請你解說，然後讓你將圖放到一旁，請你憑記憶畫出那張圖。幾乎可確定的是，即使是只懂得最基礎的物理學的人都會先畫一枚鋅幣（或銀幣），接著是潮濕的吸水紙，接著一枚銀幣（或鋅幣）。因為我們都知道，在電池裡，液體應置於兩種金屬**之間**。

很明顯，這一辨認難題源自於以後來的物理學提供的觀念眼鏡觀看伏特的插圖。但是，要是你真的認出了異常之處，想藉伏特的文本解讀那些異常，就會發現兩個相關的誤讀必須同時更正。對於伏特與他的追隨者，電池（battery）指的是整個伏特堆，而不是其中由兩種金屬、一份液體組成的單元。此外，那些單元伏特稱之為**「對」**（couples），根據字義並不包括液體。對他而言，兩片相接觸的金屬構成一個單元。它的電力來源是金屬介面——伏特先前發現兩種金屬接觸後會產生電壓。（現在電壓的單位叫伏特，即是伏特

Different Kinds," *Philosophical Transactions* 90 (1800): 403–31. 關於這個問題，見Theodore M. Brown, "The Electric Current in Early Nineteenth-Century French Physics," *Historical Studies in the Physical Sciences* 1 (1969): 61–103.〔編者按，孔恩在這裡做了這個提醒自己的註：「在法國，大多物理學者都在研究電池，我必須增添一些討論。在英國，情況就不一樣。感謝June Fullmer；引用 Geoff Sutton」。〕

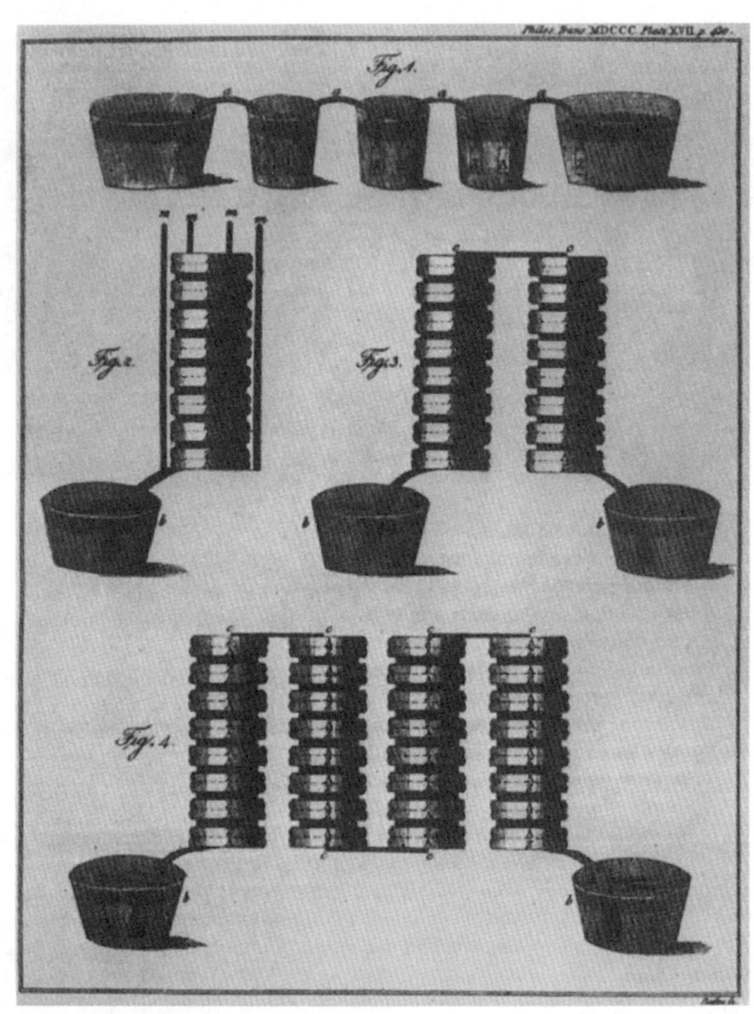

圖一

姓氏的化身。）液體的角色只是將相鄰的兩個單元連結起來，而不會產生有中和效果的接觸電位。

這些特點全都緊密地相互關聯。伏特使用的battery，借自砲
兵術語，在軍中指一群火砲齊發，或迅速陸續發射。到了伏特的時 39
代，以這個詞指稱一組串連的萊頓瓶或電容器已是常規。萊頓瓶串
連後，個別萊頓瓶的電壓（或電擊效果）便能加總，威力大增。伏
特以這一靜電學模型理解他的新裝置。每一個雙金屬接面都是自動
充電的電容器或萊頓瓶，將它們串聯在一起便構成電池。為了證明
我所言不虛，請看伏特插圖的第一列（圖一中的Fig.1），那一安排
伏特稱之為「杯子王冠」：每個玻璃杯裡有兩片金屬，鋅、銀各
一，以導線將相鄰杯中的不同金屬連結起來，跨杯的導線即「王
冠」。這幅圖與現代科學基礎教科書中的插圖極其相似，但是，同
樣有個古怪的地方——為什麼那一列杯子中位於兩端的兩個只放了
一片金屬？那兩個位於端點的電池並不完全，顯而易見，怎麼回
事？答案與過去一樣。對伏特而言，杯子並不是電池，只不過是盛
液體的容器，那液體將組成電池的單元連結在一起，每一單元包括
「一對」不同金屬的馬蹄條。在兩端的杯子裡，有個看來沒有利用
的位置，我們會認為是裝電池接線端子（或接線柱）的地方。令我
們困惑的不完全安排其實是我們自己造成的。

正如前一個例子，這個電池理論造成了廣泛的後果。例如，請
看圖二，從伏特的觀點轉換成現代觀點，電都得倒流。現代電池的
圖示（見圖二下）可以從伏特電池（圖二左上）變化出來，只是得
由內向外翻轉（圖二右上）。翻轉之後，原先的內電流成為外電 40

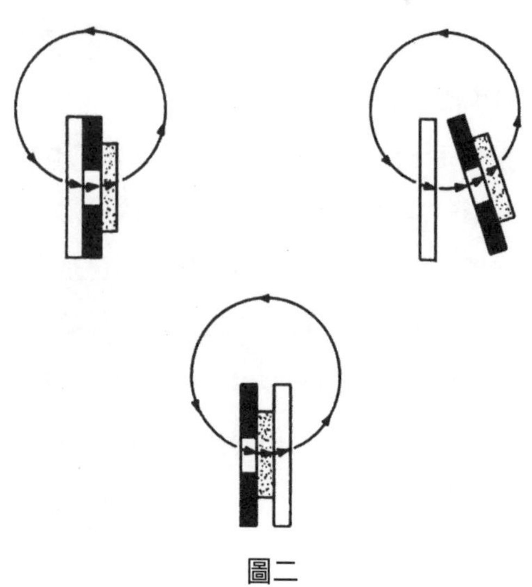

圖二

流，外電流成為內電流。在伏特的圖裡，外電流從黑金屬流到白金屬，於是黑金屬是陽極。在現代的圖示裡，電流方向與極性都逆轉了。觀念上更為重要的是電流來源的變化。對伏特，金屬的介面是電池的必要元素，而且必然是電流的來源。電池由內向外翻轉之後，液體以及液體與兩種金屬的介面成為電池的基本組件，電流的來源變成在那些介面發生的化學效應。在一八二〇、一八三〇年代，這兩個觀點曾在科學社群中短暫共存，第一個是電池的接觸理論，第二個是化學理論。

把電池視為靜電裝置，那些只是最顯而易見的後果，其他的有一些在當年甚至更重要。例如伏特的觀點壓抑了外部電路的觀念角色。我們眼中的外部電路只被當作放電路徑，就像萊頓瓶的接地短路。結果，伏特傳統的早期電池圖示並不會將外部電路畫出來，除非某個特別效應在那裡發生了，例如電解或加熱一電線，不然經常電池都不會畫出來。直到一八四〇年代，現代電池圖示才開始在電學的書裡常規地出現。那些圖裡，至少會把外部線路或外接端子畫出來，請見圖三、圖四。[12]

圖三

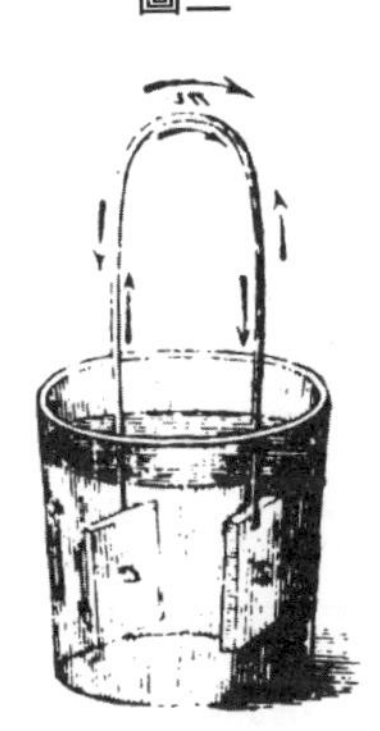

圖四

12 這些圖來自Auguste [Arthur] de La Rive, *Traité d'électricité théorique et appliquée*, vol. 2 (Paris: J.-B. Baillière, 1856), 600, 656. 法拉第自一八三〇年代早期起做的實驗研究，使用了結構相似的示意圖〔見他的“Experimental Researches in Electricity,” *Philosophical Transactions of the Royal Society of London* 122 (January 1832): 130–31〕。我選擇一八四〇年代作為這類圖解已成標準的時代，那是我查閱隨機找來的電學文獻得到的印象，更為系統的調查將會把英國、法國、德國的科學家對電池的化學理論的反應分別開來。〔編者按，孔恩表示他希望改寫這一腳註。很不幸，他並沒有說明理由如何改、為什麼改？〕

最後，電池的靜電觀導致的電阻觀念與現代的標準觀念非常不
同。電阻的靜電觀確實存在，或者說在這段歷史中曾經存在。對一
個給定截面積的絕緣物，電阻是這樣定義的：在給定電壓下，阻力
41 仍然挺立（就是不會漏電，即維持絕緣）的最短長度。至於一個導
體的電阻，則是測量它通電後不至於熔化的最短長度。這樣構想的
電阻，是可能測量的，但是得到的結果不符合歐姆定律。要是想做
出符合歐姆定律的測量，你必須以比較接近流體靜力學的模型為基
礎，重新構想電池與電路。電阻必須變成像是水管中的水流遭遇的
摩擦阻力。歐姆定律的發明與吸收需要那種非累積性的變化，那是
許多人難以理解與接受它的部分原因。一個重要的發現，起初卻遭
到拒絕或漠視，舉歐姆定律為範例，已歷有年所。

3

現在我要結束第二個例子，接著討論第三個例子，這個例子比
前面兩個更接近現代，更需要專門知識來理解。它涉及對普朗克的
42 早期研究的新詮釋，還沒有得到普遍的認可。當年普朗克研究的是
黑體問題。[13]一九〇〇年底，普朗克應用奧地利物理學者波茲曼許
多年前發展出來的古典物理學方法解答了那個難題。當時普朗克先

13 更完整的故事，以及支持的證據，見我的書 *Black-Body Theory and the Quantum Discontinuity, 1894–1912* (New York: Oxford University Press, 1978; repr., Chicago: University of Chicago Press, 1987). 對主要論證比較簡短的敘述，見我的論文 “Revisiting Planck,” *Historical Studies in the Physical Sciences* 14, no. 2 (1984): 231–52, reprinted in the University of Chicago Press edition of the book.

是宣布了現代物理學者熟悉的黑體分布率，幾個月後他才使用波茲曼的方法推導出那個定律。而那一推導，標誌了量子理論的歷史起源。量子理論與古典物理大異其趣：它假定微觀物體的能量侷限於離散的階層上，只能以不連續的跳躍變換階層。經過前面兩個例子的準備後，各位一定不會驚訝，許多年來普朗克的推導論文都被解讀成包含那些革命性的觀念——不連續性與離散的能量分布。其實那是後來的物理學將它們聯繫起來的。但是那一我族中心的讀法，造成了特別的困難，閱讀亞里斯多德、伏特的文本也碰上過，通常解決這些困難的辦法是將普朗克描述成一個夢遊者，他並不理解自己在做什麼。[14]例如在那些推導論文中，普朗克根本沒有談到不連續的能量變化，或可容許的能量階層的限制，而且他的推導就字面意義而言，與那些觀念並不相容。透過現代眼鏡閱讀普朗克會導致異常的印象，那就表示必須換個讀法才能恢復文本的觀念連貫性。

為了明白怎麼做才能達到那個目的，首先請看普朗克當作模型的推導先例，我們討論伏特時就是那麼做的。波茲曼討論過氣體的行為，他把氣體構想成一個容器中的許多微小分子，每一個都在快速運動，頻繁地彼此互撞，或撞上容器壁。波茲曼從前人的研究得知分子的平均速度（更精確地說，是速度平方的平均值）。但是用
不著說，許多分子的運動速度遠低於平均速度，其他的又遠高於平 43
均值。波茲曼想知道：速度為平均速度的1/2的分子，占比是多

14 前註引用的論文，第四部分包括另外兩個以我族中心觀點解說現代物理發展的例子，提出更多把這些解說歷史的方式視為我族中心主義的理由，並指出拒絕我族中心主義會造成哪些後果。

少？平均速度的4/3呢？等等。那個問題與他得到的答案都不新鮮。但是波茲曼透過一條新的路徑——概率理論——得到答案，那條路徑是普朗克解決黑體問題的基礎，他發表之後便成為標準法門。

波茲曼的方法只有一個方面我們現在必須討論。他仔細考慮了分子的總動能E。然後，為了援引概率理論，他在心裡將那一能量劃分成許多小單元，大小為ε，見圖五。接著，他想像分子是隨機地分配到那些單元裡的，例如以抽籤決定每一個分子的去處，然後排除總能量與E不同的所有分布。舉例來說，要是第一個分子就抽中籤王，進入最後一個單元（能量E），那麼唯一可以接受的分布就是指定其他的分子全都進入第一個單元（能量0）。毫無疑問，那是最不可能的一個分布。更為可能的是，大多數分子都有可觀的能量，而利用概率理論你可以發現最有可能的分布。波茲曼展示了那個方法，他的結果與他及前人先前以比較不牢靠的方法得到的結果，若合符節。

波茲曼在一八七七年發明那個應用概率理論的方法，廿三年後，就是一九〇〇年底，普朗克利用它解答一個看來非常不同的難題：黑體輻射。大致說來，那個難題是解釋受熱物體的顏色隨溫度
44 而變的方式。就拿一根鐵棒的輻射來說吧，它在溫度上升後，先是釋出熱（紅外線輻射），然後是晦暗的紅色，然後逐漸變成耀眼的白色。為了分析那個情況，普朗克想像一個布滿輻射的容器或空腔，其中有光、熱、無線電波，等等。此外，他假定空腔裡有許多他稱之為**諧振器**（resonators）的東西（請想像它們是微小的音叉，

O E

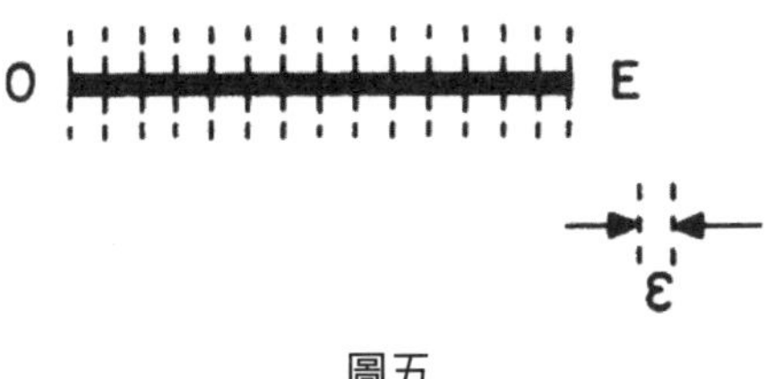

圖五

每一個只對一個頻率非常敏感），這些諧振器會吸收輻射的能量。普朗克的問題是：每個諧振器採擷的能量如何依賴它的頻率？在諧振器之間能量的頻率分布是什麼？

以那個方式構思，普朗克的問題就與波茲曼的非常接近，於是普朗克應用波茲曼的概率方法解答。大致說來，他使用概率理論發現分布於各個不同單元裡的諧振器在全體諧振器中的占比，就像波茲曼以那個方法發現分子的占比。普朗克的答案與實驗結果密合的程度，高於當時與此後的報告，但是後來發現他們的問題有一個始料未及的差異。對波茲曼，單元大小ε可以是許多不同的值，不會改變結果。雖然容許值受限，不可太大或太小，但是其間可用的數值不計其數。普朗克的問題就不同了：物理學的其他方面決定了ε。它可能只有一個數值，由著名的公式$\varepsilon = h\nu$決定，其中ε是諧振器的頻率，h後來叫做普朗克常數。當然，普朗克對單元大小受到的限制曾苦思冥想，不過他胸中自有丘壑，對其中的道理已有強烈的直覺，不久便試圖發展。但是，除此之外，他已經解決了他的問題，他的方法仍然非常接近波茲曼的。尤其是——這是我現在要討論的重要論點——在他們兩人的解法中，將總能量E分割成大小為ε的單元，純粹是為了統計目的而在心裡完成的。分子與諧振器可以落腳於沿線的任何一點，受古典物理所有的標準定律支配。對普朗克，單元大小所受的限制並不意味著個別諧振器的能量受到了限制；它們的能量與時俱變——連續地變。

普朗克論文的那種讀法，消除了前面提到的異常印象，而且收復了一頁歷史。至於重建造成的問題，對接著發生的事做個簡短描述，大家就明白了。普朗克的論文是在一九〇〇年底發表的。六年
45 後，一九〇六年中，另外兩位物理學者指出：普朗克得到的結果無法用普朗克的方法推導出來。普朗克的推導中有一個不起眼的錯誤。為了使推導成功，必須做一個小修正，不過那絕對是必要的修正。諧振器不能落腳於連續的能量線上任何一處，而只能在單元間的分界上。也就是說，一個諧振器的能量也許是0, ε, 2 ε, 3 ε，等等，但不會是1/3 ε, 4/5 ε, 等等。一個諧振器改變能量時，不會連續地變化，而是不連續地跳躍，幅度是ε，或ε的倍數。

經過那些改動後，普朗克的論證既與過去大異其趣，又看來沒什麼不同。數學方面幾乎沒有改變，因此閱讀普朗克一九〇〇年的論文，很容易以為他鋪陳的是修正過的論證，那個論證至今仍站得住。但是就物理而言，普朗克的推導所指涉的元項大不相同。特別是單元ε從總能量的一個心理單位變成了分離的能量原子，每個諧

振器可能有0, 1, 2, 3個，或其他數量。圖六想表達的就是那個變化，使用的表現方式是提醒各位它與我前一個例子的相似性：伏特電池必須向外翻轉才能變成現代電池。這裡也一樣，變化難以捉摸，很難看見。還有，那也導致了同樣重大的後果。諧振器從一種受標準物理定律支配的熟識元項，變成一個陌生的玩意兒，它的存在與物理學的傳統進路並不相容。正如你們大多數人都知道的，同類的變化在此後二十年繼續出現，在物理的其他領域都發現了同樣的非古典現象。

我不會討論那些後來的變化，而是打算結束這個例子，這是最後一個，我要指出發生在早期階段的另一種改變。在討論先前的例子時，我指出在閱讀文本時，消除異常必須改變**運動**、**電池**之類的詞與自然的關係。在這個例子裡，史家必須注意的改變就表現在語詞上。大約在一九〇九年，普朗克終於承認不連續性是物理現象的

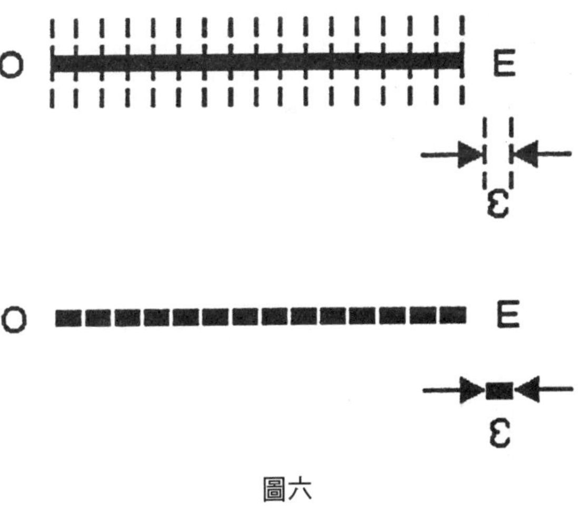

圖六

一個特質；他轉換了詞彙，那個詞彙此後成為行內的標準用語。新詞彙突顯了他對他的理論所處理的物理情況，看法已改變。先前他通常把大小為ε的單元稱為能量單元。到了一九〇九年，他開始經常提到能量量子，即日耳曼物理學界使用的*quantum*（譯按，量子），指涉一個可分離、不可分割的組件，一種類似原子、可獨立存在的元項。在過去，ε只是一個心理單元的大小；它不是量子，而是單元。

46 在一九〇九年，普朗克也放棄了聲學的類比。起初他名之為**諧振器**的元項，現在改名**振盪器**（oscillators）——一個中性的詞，指一個規律地來回振動的東西。相形之下，**諧振器**最初指涉的是一個聲學元項，泛指會逐步反應刺激、振動幅度隨刺激大小而連續增減的東西，例如音叉。要是你相信能量的變化是不連續的，**諧振器**就不是合適的詞，於是普朗克在一九〇九年放棄了它，不再使用。除了那個用詞改變以及隨之而來的觀念轉換——從**單元**到**量子**——普朗克黑體理論最關鍵的方面都體現在此後用以描述它的詞彙中。有半個世紀之久，科學家與科學史家以那一詞彙解讀普朗克的早期論文，用以翻譯普朗克對諧振器與能量單元的說法，才會在那些論文中發現寫作時還沒有發明的概念。

4

我以前面那句話結束我的第三個例子。我不再舉其他的例子
47 了，我想很快結束這一講：我要提醒各位那些例子展示了什麼，並

指出它們共同的一個核心特徵，即使那只是我的初步嘗試。

這場演講一開始，我便指出史家研究自然的知識的發展，肩負兩重任務。對於相互關聯的一組自然現象，人的想法往往會變，科學史家對那個變化過程必須提供實事求是的詮釋敘事。但是，在著手那麼做之前，他們必須從事的另一個任務，留意的人就沒那麼多了。關於發展的敘事必須在某個時間點開始，而且科學史家從那個時間點講變化的故事之前，必須先搭建舞台。那就是說，他們必須讓觀眾知道那時的人相信的是什麼，他們不能只是引用那些人說過的話。我的例子已經證明，在文本中尋章摘句往往不得要領。科學史家處理舊時的想法，必須套用民族誌方法，那個方法旨在解說為什麼對當時的人而言那些想法互相連貫而且可信。理解了舊時的信念組何以成立、證據為何之後，你才有望敘述、分析、評估它被放棄、取代的過程。科學史家必須從事那個準民族誌任務、以及可能的收獲，我討論過的三個個案都是具體例證。就這一點而言，它們的重要性也許看來僅限於史學，但是在後續的兩講中，我會試圖證明它們對哲學同樣重要。至於重要在哪裡，讓我先簡短地透露一些。

在這些例子裡，每一個我都描述了一組關於自然的某一方面的舊時信念。不過，為了達到那個目的，在每個個案裡我也得描述幾個詞的意義，因為那些信念是以它們述說的。此外，這些詞通常屬於一個特殊的類別；它們分布於分類範疇的名稱之間，使用它們的語言社群的成員都會使用那些範疇名。它們傳遞社群的存有學，為那個社群的世界裡能或不能包含的東西提供名稱。它們十分像彌爾描述過的一種詞，他名之為自然類的名稱。我最近才發現彌爾對那些詞的描述，他的描述對我的影響愈來愈大。[15]

48 在一些個案中，這些成問題的詞仍然流通，但是意義不同：如十八、十九世紀之交的電學名詞battery（**電池**）、resistance（**電阻**）；而motion（**運動**）、matter（**物質**）本是翻譯者用以表達亞里斯多德的概念的。在其他個案中，詞變了，但是使用的方式很容易令人誤以為它們與現代術語等價。出現**振盪器**、**量子**的文脈，與普朗克先前使用**諧振器**與**單元**的文脈非常相似，但是後來的詞與先前的意義不同；流行的讀法將先後不同的詞當同義詞，歪曲了普朗克寫作早期黑體論文時的信念。

為了把論點表達得清楚，我對這些個案的鋪陳儘可能地將描述意義與描述信念分開。但是我的劃分既不徹底又很做作。在生產這些個案的詮釋工作中，從頭至尾信念與意義都是一齊遭遇的，兩者難解難分。每個重新詮釋都始於困惑，大體而言，是以信念述句表達的，可是那些信念非得重新釐清意義才能理解。而同一組令人困惑的信念述句為重新釐清意義的工作提供了必要線索。難怪這類努力有時被描述為試圖破解詮釋循環。

在下一個演講，我要論證：信念與意義的這種糾結是知識的固有性質。在學習陳述知識的語言過程中，需要一部分當時被當作知識的資訊。一個社群對於自然的知識，體現在那一社群的成員共享

15 [John Stuart Mill, *A System of Logic, Ratiocinative and Inductive, Being a Connected View of the Principles of Evidence and the Methods of Scientific Investigation*, vols. 7–8 of *The Collected Works of John Stuart Mill*, ed. John M. Robson (London: Routledge and Kegan Paul, 1963–1974).]

的詞彙結構中。習得一個包括**運動**、**地方**、**物質**等亞里斯多德術語
的詞彙，就是學習關於世界的情事：一塊落下的石頭就像一棵正在
長大的橡樹；在自然界發現真空或慣性運動的可能性，與發現方圓
的可能性是一樣的。以靜電學詞彙描述伏特電池（當時沒有其他詞
彙可用來描述相關現象），就會使電池像萊頓瓶，把電流來源定位
於金屬介面，並據以規定電流的方向。像普朗克一樣使用**諧振器**與
單元，就是把黑體輻射再現成聲頻輻射；能量單元ε是分割一連續 49
體的產物，而不是分離的能量原子。在這些個案中，描述現象都必
須託付一個詞彙，隨之而來的，是那個詞彙對於那些現象可能是或
不能是什麼的限制。要是後來發現自然違反了那些限制——例如發
生在我的個案中的那些——詞彙本身都會受到威脅。排除那個威脅
不僅必須以新信念更換老信念，還得更動陳述先前信念的詞彙。

由於那種詞彙的改變隔開了我們與過去——在某些領域甚至是不久之前的過去——我們無法以現在通行的詞彙完全再現過去的科學。那是我今天的演講所想表明的立場。明天，我要勾畫一個說明詞彙運作的模型，為這個立場提供一個比較有分析性的基礎，它將建議再現過去的法門，並揭示我今天喋喋便便、所為何來。在第三講，我的主題會轉向前兩講採取的立場所引起的問題，其中舉舉大者如相對主義、客觀性、以及真理。如果那些問題還不夠顯而易見，請容我向各位提出一個指向它們的問題：亞里斯多德對真空的看法錯了嗎？他說自然界不可能有虛空，他的說法完全為假嗎？

第二講：描繪過去

50 上個演講一開始我就指出，關於知識發展的某個方面的敘事，史家必須在開場之前搭建舞台。敘事的前提，無論對史家還是他們的讀者，是在敘事開始時就把當時的社群視為知識的東西做一個準民族誌的詮釋。然後演講的主要內容是以三個例子說明那個詮釋任務。在結論中我強調了它們的一個共同特徵。在每個例子裡，核心工作都涉及一種描述，不只描述社群成員的信念，還有用以表達那些信念的一些字詞的意義。那些語詞，有一些後來失傳了。其他的雖然仍然流通，但現在功能已經變了，傳遞的意義不同，除非恢復它們的古義，否則紀錄古代知識的文本中許多文句都像是胡扯。為了讀懂它們，詞義以及信念都必須研究。

討論起先將史家與過去分隔開來的詞義變動，我回到了觀念發展的一個方面——費若本與我在四分之一個世紀前不約而同地名之為不可共量。[1]我當年使用那個詞，主要用來描述前、後科學理論

---

1 我相信我們不約而同地採用了不可共量（incommensurability）一詞。我依稀記得，但是不確定，當年費若本在我的一篇未定稿上發現了這個詞，告訴我他也使用了它。但是費若本所說的不可共量僅限於語言；我還談到「研究方法、問題的領域、以及答案判準的源頭」的差異，現在我不會那麼做了，除非大體而言後者的差異是詞彙習得過程的結果，見以下的討論。引文出自 *The Structure of Scientific Revolutions*, 2nd ed. (Chicago: University of Chicago Press, 1970), p.103; 亦見本書第一版 (1962) 。譯者按：譯文出自本書中譯本《科學革命的結構》第四版（台北市：遠流出版公司，2021），頁219。

的關係。在那個用法中，字詞的意義發生變化可以解釋競爭理論的 51
提倡者遭遇的典型困難——彼此難以溝通。相應的概念變化是我討論隨理論變化而發生的格式塔轉換的基礎。回首過去，我認為那個觀點看來在大關大節上仍然正確，但是細節必須做相當大的修訂。那一修訂的一個方面與我的演講特別相關：過去我試圖將回到過去的史家的經驗套用在正走向未來的科學家身上，幾乎不留餘地。[2] 我前一場演講舉出的例子，闡述的是史家經驗，不是科學家的，現在我要以史家的經驗重新介紹不可共量性這個論題。

1

不可共量這個詞是從古希臘數學採借來的，本義指兩個量之間的一種關係：它們沒有公約數——那是說，兩個量都不是同一單元的整數倍。等腰直角三角形的弦（斜邊）與直角邊是最有名的例子；另一個是圓的半徑與圓周。拿它當隱喻描述前、後科學理論的關係，**不可共量**的意思是沒有共同的詞彙，沒有一組語詞能夠將兩
個理論的所有組件都完整而精確地陳述出來。[3] 今天，蒯因的《字 52

2 因而產生了幾個困難。第一，史家通常在一個跨步內涵蓋歷史上一系列以小步幅前進的變化。第二，朝未來前進的是（科學家）群體，而回首過去的是（史家）個人，同樣的描述詞不能不分青紅皂白地施用於兩者。舉例來說，一個人能經驗格式塔轉換，但是說一個群體也有同樣的經驗就是範疇錯置了。這兩種錯誤，使得描述在理論選擇時爭論各方所能採取的程序，不必要地更為困難。

3 這裡和其他地方我談到詞彙、語詞、與述句。但是我在意的其實是更為普遍的範疇——觀念的或內包的——例如也許可合理地當作動物的或知覺系統的屬性的那些。人形成觀念、分類事物的能力在語言中展現得最清楚，但是語言蘊含的能力不只形成觀

與物》問世已四分之一個世紀，就費若本與我想表達的意思而言，**不可翻譯**是比**不可共量**更好的詞，我將在這個演講中使用。[4]舉例來說，我不會說：我在前一個演講討論亞里斯多德物理學，證明它處處與牛頓物理學不可共量。我會說，我發現亞里斯多德的信念中有一些無法用牛頓的詞彙或更後來的物理學詞彙翻譯。

我承認，我只是用一個隱喻取代了另一個，但是現在那個隱喻是蒯因的，而不是我自己的。我想指出的是，保全真值的翻譯不會總是成功。以現在流通的語詞取代早先文本中的那些，構成述句，並使它們的真值適用於原文，通常不可能。

為了明白那是怎麼一回事，請想一想文學翻譯，例如詩或者戲劇。說這些翻譯不可能精確，說原文使用的字詞引起的聯想與翻譯的文字中最接近的對應字詞只有部分重疊，都是老生常談。因此譯者必須妥協從事，對每一部作品都要決定原文的哪些方面非常重要，非得保留不可，哪些視情狀可以放棄。關於這種情事，不同的譯者也許有不同的想法，而同一位譯者對於一個語詞應該如何翻譯，在不同的地方也可能會做不同的決定，即使那個語詞與替換它的任何一個語詞意義都不模糊。我的意思是，翻譯科學的困難比翻譯文學大得多，與流行的看法正相反。此外，翻譯科學與文學，相關的困難不只出現在從一個文字譯成另一個文字的時候，把同一個文字的早期文本譯成後來的文體也同樣困難。[i]

念，形成觀念的能力在習得語言之前也有不同的表現方式。

4 我們第一次公開使用不可共量一詞的時候情況可不同，那是一九六二年，《字與物》兩年前才出版 (*Word and Object*, Cambridge, MA: MIT Press, 1960)。

i 譯註：例如將文言文譯成白話文。

上一次演講討論的三個個案都是這些困難的範例。要是缺乏涵 53
蓋面夠廣的民族誌詮釋——那種詮釋不只是復原先前文本裡幾個語詞的陌生古義——我舉出當例子的文本每一個都會系統地誤導讀者。對作者顯然非常重要的應景段落，取代的段落沒有捕捉到它們的意義。在那些段落裡，一些句子在原文中必然不是真就是假，現代譯文讀來卻非常彆扭，連它們似乎在說的事究竟能不能支持真值都成了問題。我說我想以**不可翻譯**取代**不可共量**，心裡想的是這一類句子或陳述。從現在開始，我在演講中要是說到可翻譯或不可翻譯的陳述，我指的是保存真值的翻譯。

那個論點可以用另一個方式表達，只是以後必須做更詳盡的闡述。大多數人都假定，能以一種語言說出的任何事，都能以任何一種其他的語言說出來——至少那些適當地充實過詞彙的語言辦得到。這就是「語言表述可能論」（linguistic effability thesis）。如果它是正確的，那麼以一種語言說出的任何事，翻譯成另一種語言後都會將真值帶過去。不然的話，一個陳述可能在一個語言裡為真，翻譯成另一個語言後就變成假了，這種語言相對論我會堅決主張不能接受。但是另一種語言相對論就不見得不能接受了。一個陳述，在一個語言裡可以判斷是真是假，在另一個語言裡可能完全無法判斷真假。[5]我現在要據理力爭那種事例的確存在。（那就是為什麼我

5　哈金對相對主義的類型做了類似的區分：第一種指一個命題的真值是相對於思想風格而言的；第二種是說只有在命題的真假成為待定項之後，它的真值才是「相對的」。他像我一樣拒絕第一種，認為那是「空洞的主觀主義」，但是他認為後者是真的。不過哈金認為思想類型變遷的後果是累積性的。見他的論文 “Language, Truth, and Reason,” in

54 在上一講結束時會問：亞里斯多德宣稱真空不可能存在，他錯了嗎？）雖然許多陳述能以不同語言的詞彙表達，或是同一個語言不同時期的詞彙，但其他的陳述就無法跨越語言，即使以充實過的詞彙加持也辦不到。[6]儘管如此，我們仍然能懂得那些陳述的內容，只是必須透過語言學習，而不是翻譯。[7]

在我能夠解讀上次討論過的文本之前，那是我必須做的功課，也是我必須不時要求各位在聽講時所做的事。也就是說，我上一場演講，大部分都在說我的獨門日常英文，用它傳遞我討論的那些科學家的許多信念：亞里斯多德、伏特、普朗克。在亞里斯多德文本的英譯者使用**運動**與**地方**、或**物質**、**形式**、**虛空**等我們熟悉的語詞的地方，首先我必須提供那些語詞大家不熟悉的意義，再以復原的說法傳達亞里斯多德的信念。伏特使用**電池**或**電阻**的段落，普朗克

Rationality and Relativism, ed. Martin Hollis and Steven Lukes (Cambridge: MIT Press, 1982), 48–66.

6 請與我這篇論文比較："Possible Worlds in History of Science," in *Possible Worlds in Humanities, Arts, and Sciences: Proceedings of Nobel Symposium 65* [ed. Allén Sture (Berlin: Walter de Gruyter, 1989), 9–32; reprinted as chap. 3 in *The Road Since Structure*]. 在那篇論文中我主張不同的詞彙是進入不同的可能世界組的門徑。

7 將這個立場應用到蒯因的也許會獲益匪淺。他想像的人類學家（譯按：蒯因想像的其實是語言學者，見：W. V. Quine, "Speaking of Objects", in *Proceedings and Addresses of the American Philosophical Association*, 31 (1958), 5-22, 以及 chapter 2, *Word and Object* (1960).），一位徹底翻譯者，事實上根本就不是翻譯者，而是學習語言的學生。蒯因將「語言表述可能論」視為理所當然：要是人類學家能學會當地的語言，那個語言就能夠被翻譯成人類學家自己的語言。蒯因想當然耳，並沒有反思。他檢視了翻譯者所能獲得的那種證據之後（譯按：指語言使用者的行為，以及那些行為造成的情境變化），便用以論證翻譯的不確定性，但是他的大部分論證同樣可以用來支持翻譯的不可能。那些論證大可用來證明普遍性與翻譯的確定性並不相容，但是對於哪一個必須擱置一邊，並無顯而易見的關聯。

使用**共振器**、**能量元素**的段落，也都需要同樣的改動。這些語詞應用於自然現象的方式，沒有一個與後來取代它們的詞相同，包括後起語詞的詞彙，也不能用來提供可替換它們的字、詞。

我們的現代詞彙也無法用來存放那些古代語詞，除非你是指存放特別的專門語詞，例如古德曼*的**grue**（green+blue）、**bleen** 55
（blue+green）。正如昨天我在結束時強調的，我必須教各位的語詞是基本的分類範疇的名稱，它們是社群的存有學載具。它們的功能是可投射的語詞，就是種種可能出現在自然律、反事實條件句、或準歸納通則中的語詞。換言之，它們都有自然類詞的特徵，其中兩個是我現在的論證不可或缺的。第一，指稱明確的自然類——無論是指狗和貓、金和銀、或恆星和行星——的語詞，指稱的對象不會重疊，除非其中一類完全包含在另一類之中。換言之，沒有一個指稱的對象可以是兩個不同類的成員，除非它們之間有屬與物種的關係**。第二以及同樣重要的是：要是語詞的指稱對象有那種特徵，或者被認為有那種特徵的話，那些語詞便**在詞彙中**有特別的標籤，那個標籤表明你可能對它們有什麼期盼。[8]想當然耳，一對語詞（如

---

* 譯按：Nelson Goodman, 1906 – 1998。

** 譯按：一個屬往往包括一個以上的物種。

8 彌爾認為「無共同成員」與自然類標籤是自然類詞——即他所說的「基層種」——的必要條件。我接受他的想法。彌爾特別強調的另一個特徵是：自然類的成員必須共有不計其數的大量特徵，其中一些在任何一特定時間都已為人所知，其他的仍有待發現。我談到自然類詞的時候，心裡想的是：指稱有這些特徵的任何語詞。因此我將運動一詞包括在內（指亞里斯多德定義的運動——與靜止相對——而不是牛頓的）。[J. S. Mill, *A System of Logic, Ratiocinative and Inductive, Being a Connected View of the Principles of Evidence and the Methods of Scientific Investigation*, in *The Collected Works of John Stuart Mill*, ed. John M.

亞里斯多德的詞motion與牛頓的詞motion）要是指稱有重疊，就不能同時當作自然類詞。如果它們出現在同一個詞彙中，那麼最多只有一個負有投射標籤，讓它有資格出現在自然律中。牛頓的詞彙如果納入亞里斯多德的語詞，就必須剝除它們過去的投射標籤。

2

我這些主張以現在的形式而言，就像一張我不可能在這幾場演
56 講裡完全償付的期票。但是我期許自己把它們說清楚講明白，以方便討論一些它們引起的問題。首先我要發展一個有關詞彙的初步模型，並舉例說明：詞彙託身於一個語言社群的個別成員，也託身於整個語言社群，兩者不同。雖然那一模型目前只能撮其大略，過於簡淨，但仍然足以展示任何更為嚴謹的說法都必須展現的特徵。特別是它對我在這些演講一開始就簡略勾畫過的文本詮釋難題，有因應之道，當然，還有源自思索那些難題而產生的難題。而且它會指出一條建立一個意義觀點的明路——將語詞的意義與決定指稱的方式聯繫起來——並且在那個過程中不會因為檢證理論遭遇過的困難中途而廢。

我關切的是詞彙中包含推定是指稱詞（大部分是名詞）的那個部分。那些詞每一個都與對辨識指稱有用的屬性或特徵的名稱（大部分是形容詞）聯繫在一起。那種詞彙體現一個語言社群的樹狀分

Robson, vols. 7–8 (Toronto: University of Toronto Press; London: Routledge and Kegan Paul, 1963–91) book I, chap. vii, §§ 3–6; III, xxii, §§ 1–3.]

類結構，所有社群成員都使用它。它為出現在他們的自然與社會世界中的各類東西、行為、情境命名，而且也為那些類別比較突出的特徵命名——即它們的辨識特徵。因此詞彙體現的知識，一方面有關語言、有關世界、有關物事與屬性的名稱，另一方面也有關那些物事與屬性。毫無疑問，它們的演化起源是在語言出現以前（人並不是唯一會部署樹狀分類結構的動物），但是我關切的是那一樹狀分類結構納入語言時所採取的形式。

詞彙中的一些範疇必然是天賦的，由基因決定，由所有的人共享。個別的自然物事可能可以當做例子，像人對知覺到的顏色有範疇焦點一樣。[a]其他的範疇雖然不是天生的，但也可能是物種通用的，因為所有成員生活的自然環境都有共有的方面。很難想像有一個語言會沒有指稱太陽的詞，或沒有指稱日與夜的詞、沒有指稱包涵恆星的詞。但是還有一些詞彙範疇是特定社群為了因應不斷發展的需求而演化出來的，它們也許隨時空而變，隨相關的社群環境而變，隨社群成員和那一環境的互動方式而變。這種範疇也許在文化 57
與文化之間、語言社群與語言社群之間都不相同，或者，在一特定社群內隨時代不同而變遷。[9]這些不斷發展的差異透過語言社會化的過程代代相傳，限制了不同詞彙群體的成員可能的溝通程度。同樣的差異限制了與過去的溝通。以現代的詞彙敘述過去的科學信念

9 我認為杭士基對於語言普同性的論證，就語法甚至成分語義學而言，非常有說服力。[例如 Noam Chomsky, *Language and Mind*, 2nd ed. (New York: Harcourt Brace Jovanovich, 1972); an updated, 3rd ed. was published in 2006 by Cambridge University Press.] 但是我還沒有看見任何證據支持將那些論證應用在個別語詞與片語的詞彙語義學。

特別難以達意。

為了說明我對詞彙及詞彙變遷的想法，我舉個例子吧，比較一下古希臘人用以分類星空觀測的樹狀分類結構，與十七世紀中葉起流傳的修訂版本。在古代，只有兩種天體，行星與恆星。它們大部分我們只能看見光點。它們是永恆的，大部分夜晚都看得見，不捨晝夜地規律運動。夜空中可見的其他現象——彗星、流星、銀河——都沒有這些特徵，不視為天體，被置於單獨的範疇裡——meteors，但是它還可以進一步細分。在天體中，行星與恆星因許多其他特徵而分別開來。行星往往比恆星亮，只出現在天上的黃道帶，亮度穩定，不像恆星閃爍搖曳。更顯著的是，雖然恆星與行星一齊繞天軸穩定地向西旋轉，不過行星另外還有一種運動：在恆星之中——之間——非常緩慢地向東移動。利用這些有鑑別力的特徵，古希臘人認出了七顆行星：月亮、水星、金星、太陽、火星、土星、木星。

如同我上一次闡述過的那些例子，這一個討論的也是自然現象
的樹狀分類結構，只是那些現象屬於不同的領域——天文。此外，
它也涉及陷於糾結中的詞與物事。（那就是為什麼我討論詞彙的報
58 告往往像是在討論世界，反之亦然——這看來有點懸羊頭賣狗肉之
嫌，我打算在這場演講結束時討論這個問題。）這個個案涉及的詞
也有兩種。一方面，它們命名的是類，大多數是自然類（行星），
但是也有符合相同條件的人工類（電池）。另一方面，它們命名的
是屬性——最先學會的類詞組的指稱有哪些屬性，以及它們的名
稱。新加入社群的成員，想學習社群對自然現象一特定領域的分類

方式，不妨套用先前在其他脈絡學會的屬性與語詞。以天體為例，運動與旋轉、日與年都是可能的例子。但是其他的有用屬性（例如閃爍的光芒）對這位陌生人可能就是新鮮事。這些屬性是當地分類樹系統的構成元素，學習識別它們是習得那一分類樹的分內事。[10]

接著請留意這些突出的屬性如何執行它們的分類功能，雖然我舉出的天文學個案並不完全合適於這個目的。它們提供了有用的分類指引，但是它們不必具體指出決定類別的充要條件。希臘人當作行星的天體，並不是個個看來都是夜空中的光點；它們也不特別明亮；它們也不是唯一會不時在群星間緩慢而規律地移動的天體。這些屬性並不提供充要條件，它們提供的是一個特徵空間，在其中類似的天體會糾集在一起。以這些屬性的集合為準，任何行星都比較像某個其他的行星，而不像任何恆星。[11]夜空中要是出現了一顆先前沒有注意到的天體，可以**在相關的特徵空間中**確定它的分類地位——與分類已知的天體比較。

說到這裡，各位可能會誤以為我在鼓吹意義或範疇化的堆理論 59
（cluster theory）：一個物件應歸入一特定範疇，若且唯若它展現了

---

10 對辨識物件或類別有用的特徵，不一定全都有對應的名稱。例如有助於辨認面孔的特徵，或者如分辨貓與狗的日常能力。

11 我這裡的討論很像維根斯坦對於遊戲（games）的討論，並不是巧合。但是我認為維根斯坦對於類差與對照集合的角色強調得不夠。辨識遊戲的能力不僅須要知道它們大致的共同特徵，還須要知道那些能區別某些遊戲與某些活動（如戰鬥）的特徵。[Ludwig Wittgenstein, *Philosophical Investigations*, trans. G. E. M. Anscombe (Oxford: Basil Blackwell, 1953); 4th ed., ed. P. M. S. Hacker and Joachim Schulte, trans. G. E. M. Anscombe, P. M. S. Hacker, and Joachim Schulte (Oxford: Wiley-Blackwell, 2009). 編者按，孔恩也許指的是第66–71、75節的論述。]

足夠的那一範疇的特有特徵。但是這個想法與我的在兩個方面有所不同。第一、我列舉的特徵並不專屬任一範疇。更確切地說，它們提供了一個空間，用以分別一整組互相關聯的範疇——因此，那些範疇必須一起習得。那些特徵的確提供了資訊，讓我們知道某個範疇的成員往往有哪些共同特徵，但是顯示不同範疇的成員彼此有哪些差異的特徵往往扮演了更重要的角色。這些辨異特徵在各種範疇的成員占據的區域中開闢了空蕩蕩的空間。第二、更重要的是，由於存在那個空蕩蕩的空間，便不必指明一物體必須具備多少特徵才能歸入某一範疇。那是我們討論詞彙中標明為自然類名稱的那些詞的關鍵。

我提醒各位，自然類不能重疊，甚至不能接觸：沒有一個物件可以是兩個不同自然類的成員，除非那兩類有屬與物種的關係。因此只要自然持續展現詞彙演化出來描述的行為，我們實際上遭遇的任一物件，在由詞彙提供的特徵空間中都會明顯地與一個類的成員比較相像，而與其他任一類的成員都不像。一個異常的物件，就是與兩個不同類的成員都一樣相似的物件，會威脅到那兩個自然類的地位。要是威脅難以消解，可能的後果就是詞彙的重新設計。[12]我先前就說過，自然的知識體現在詞彙中。要是那種知識受到威脅，

12 請留意，自然類別觀念的原型是生物物種觀念，可追溯到亞里斯多德在《範疇篇》對「次生實體」的討論。[See Aristotle, *Categories, in Categories. On Interpretation. Prior Analytics*, trans. H. P. Cooke and Hugh Tredennick, Loeb Classical Library 325 (Cambridge, MA: Harvard University Press, 1938).]不同的自然類別重疊或接觸造成的威脅，與演化論對於物種觀念的威脅，頗為類似。兩個類別一旦互相接觸，就不再自然：演化成兩個物種的物種不再是一個物種。

詞彙本身——而不只是藉詞彙表述的特定信念——也將處於危險之中。

在進一步發展這個詞彙模型之前，仔細觀察詞彙重新設計的後 60
果有助於後續的討論。為了這一目的，不妨拿古希臘人對天體的樹狀分類，對照哥白尼、克卜勒、伽利略、牛頓的研究導致的樹狀分類。在後者中，太陽成為恆星，地球加入行星的行列，然後為了月球與新發現的木星衛星創造了一個新的範疇——衛星。同時，彗星與銀河（但不是流星）不再是meteors，而是天體。簡言之，那是重大的分類改組，決定哪些天體彼此相似、哪些彼此相異。

容許或伴隨那一變遷的是特徵空間裡的一組變遷，大多數都很小，可是影響卻不小，因為涉及不同類別的天體成群糾集的方式。以恆星來說，過去的特徵仍然確當，但是加入了一個特別突出的新特徵：自體發光，不發光就不是恆星。行星也一樣，過去的特徵仍然確當，但是它們在恆星之間移動——漫遊——的那種運動模式不再特別重要。於是月球不再是行星，重新分類為衛星，太陽重新分類為恆星。不過，那些重新分類依賴第二個新增特徵，它是理論性的，很難找到適用對象，像自體發光，但是非常重要。一個天體要是不繞恆星運行，就不是行星。為了容納那些繞行星運行——而不是恆星——的漫遊者，開啟了「衛星」類目。其他的改變，有一些隨望遠鏡的問世而來，也促成了後哥白尼天文學特徵空間的興起，但是就現在的目的而言，以上的鋪陳已經足夠。

我說自體發光與繞恆星運行是「理論性的，很難找到適用對象」，這個說法引介了一種新型的特徵——感官無法直接接觸的特徵。關於科學家怎麼知道它們、如何利用它們，我打算一會兒討論。但是請讓我先描述這個詞彙模型的另一個特徵。到目前為止，我已經指出：早期現代對天體進行重組的基礎是，用來分類的特徵發生了變化。但是，用不著說，並不是任何改變都會導致重組。要是自然不是這個樣子，托勒密天文學的實作因襲延續下去，可能會
61 對希臘天文學的特徵空間有所增益與精煉，但是不會重組天體，牽動所有範疇。例如伽利略的望遠鏡也許不會揭露木星的衛星，或者將銀河解析成無數顆粒分明的恆星。果真如此，詞彙變遷便無從談起。

因此一個詞彙的特性並不由它動用的特徵決定，而是利用那些特徵造成的群集，無論是怎樣的群集。從古希臘到早期現代，天文學的轉變，首先以及最重要的，就是天體之間異同關係的變化。在古代，太陽、月亮與火星、木星同類；哥白尼、伽利略之後，太陽像恆星，月亮像新發現的木星的衛星。但是同樣的群集也許可以在許多不同的特徵空間中形成。原則上，一個語言社群的任兩個成員不必使用相同特徵中的任何一個將環境中的物件歸入同一自然類的集合中。實務上，他們使用的許多特徵無疑是相同的，但那不是必然的結果。[13]那是我的看法與堆理論有所不同的第三個方面，也許是最重要的一個。[b]

然而不同的個人根本無法任意使用任一特徵。一個語言社群的成員要是想把現象世界劃分到同樣的自然類中，將同樣的物件與情

13 問題不在他們是否識別同樣的特徵，而在他們是否以同樣的特徵識別一特定語詞的指稱。

境識別為那些自然類的成員，使用同樣的識別方式與世界、與彼此互動，就必須在兩個方面同心協力。第一、在他們各自的詞彙體現中，同一個詞必須以同一個自然類標示。第二、無論每個人的詞彙運用的特徵是哪些，每一個因而形成的特徵空間必須在類詞之間產生同樣的層級關係，在每一層級，語詞的指稱之間有同樣的異同關係。（你不妨說，它們必須有共同的親屬關係。）根據這個詞彙觀點，與一個語詞的意義相關聯的不是任一特定的特徵集合，而是詞彙的**結構**——此後我會以它指稱詞彙體現的層級關係與異同關係。 62
早期現代天文學者群體與希臘前輩間的語言隔閡，並不在他們使用不同的特徵識別語詞的指稱，例如**行星**與**恆星**，而是那些詞出現在相關結構不同的詞彙裡。

我認為，詞彙結構的不同阻礙了保存真值的翻譯。舉例來說，科學史家經常說（我自己也常這麼做）古希臘人認為「太陽是一顆行星」。他們這樣描述希臘人的看法並非無的放矢。我們的詞彙不允許意義更接近的翻譯。科學譯者像文學譯者一樣，面對不完美的處境，只能遷就，盡力而為。但是那個翻譯比不完美還糟。以我們的詞彙來說，「太陽是行星」是假的。因此我們會以為古希臘人錯了。但是以古希臘人的詞彙來說，太陽**那時**的確是行星；就是說，太陽比較像火星與木星，而不像任何一顆恆星。因此，相應的希臘文句是真的，而不只是因信成真。

我的主張，讓我再次重申，並不是那個句子對希臘人來說是真的，對我們卻是假的。我說的是，雖然兩個字串是一樣的，但是以它們造的述句卻不同，而且要是企圖以後來的詞彙翻譯希臘述句，根本無法保存真值。特別是，假定希臘人是以特徵定義「行星」的，再建構一詞串作為希臘文「行星」的同義詞，也行不通。根本沒有那種詞串：不同的希臘人也許會使用不同的特徵。總之，一位希臘人使用的特徵，提供的是一個相互關係的系統，而不是任一語詞的意義。最後，古希臘人使用「行星」一詞，是當它是詞彙中的一個自然類名稱，而在一個現代語言中，沒有一個特徵串既能提供自然類的標示，又能維持一貫性。舉例來說，將它加入詞彙中會使「太陽」成為兩個有交集的類的成員。

3

我會回到這些真值與翻譯的議題，但是我想先擴充這一詞彙模
63 型，涵蓋一種更為複雜的語詞與特徵。我選擇這個天文學個案當例子，自有思量，可是那些思量限制了這個案例的可能用途。特別是研究古代史的時候，這個案例只適用於一個由物件與屬性的名稱組成的詞彙——最接近純粹觀察語言的那一種。事實上，它並不純粹：恆星、行星、流星的劃分可以用其他方式完成；古希臘人的那個樹狀分類結構並不全由觀察決定。它也許完全是透過指點習得的：由老師或父母指著夜空中的特定物件當範例，同時說出相稱的名稱。除了天體的類名，什麼都不必說。大量的自然類詞必然能以這種方式習得：初學者在嚮導的指引下直接接觸世界，那位嚮導熟知他的社群如何將世界範疇化，並熟習那些範疇的名稱。那些詞雖然不是完全來自觀察，卻為社群的觀察語彙提供了重要的組成部

分。

昨天的演講討論過三個例子，它們像天文學的案例，也能表明體現在詞彙中的自然類樹狀結構，以及那些分類結構變遷的方式。此外，它們還展現了特徵空間的存在，在其中各種自然類詞的指稱糾集在一起，不過我對這一點幾乎沒有著墨。但是在那些案例中幾乎沒有一個自然類詞能夠透過直接指點習得（請想一想亞里斯多德的質料與形式，以及電流，或是普朗克的能量元素ε）。習得它們，甚至識別那些使它們糾集的特徵，需要特殊的儀器（如電流計），或特殊的計算（普朗克的能量元素）。習得這些語詞與相應的特徵，需要的不只是指點。指點之類的教導往往扮演一個角色，但是也需要先前習得的字詞。到那時候，我是說必須以語文引介自然類詞的時候，體現在詞彙中的知識，包括的不只是存在或不存在的類別，以及它們可能或不可能共享的特徵。

請想像你正在學校裡學習**電**這個類詞。也許，儘管有其他的方
法，你會要求接觸各種出現那個詞的指稱的情境。例如：摩擦過的 64
玻璃棒會吸引穀殼；將摩擦過的玻璃棒接近驗電器上端的鈕，箔片
會張開，離開則合攏；兩根摩擦過的玻璃棒會互相排斥；要是摩擦
過的玻璃棒真的接觸到驗電器上端的鈕，箔片不會再合攏；從玻璃
棒傳到地面的小火花可與閃電類比，當閃電是更大的火花。此外，
你還會要求接觸看來是電、其實不是的情境。例如磁鐵會吸引鐵
屑，不會吸引穀殼云云，不勝枚舉。

傳授自然類詞，諸如此類的演示特別有效，難怪在科學教育中它們扮演了那麼突出的角色。但是它們並不是絕對必要的。示範的

情境除了演示，也可以用口語向學習者描述，使用他們先前熟悉的語詞，就像我剛剛在這裡做的。但是，無論演示還是口頭描述，每一個示範情境都得伴隨一個或多個句子，其中包含**電**或者像**電擊**之類的詞，而且學習者一聽就明白它們的相關性。這些句子有一些必然會包括其他新的自然類詞，例如**電荷**、**導體**、**絕緣體**，都是必須與**電**同時學習的詞，學習其中任何一個都不得不同時學其他的詞。切當的句子包括：「摩擦玻璃棒，使它帶電。」「帶電的物體會吸引不帶電的物體。」「兩個帶電物體會彼此吸引。」「電通過導體流到驗電器與導體聯結的箔片上。」「因為玻璃是絕緣體，玻璃棒上的電荷不會流到地面。」諸如此類，不可勝數。

請留意，「吸引穀殼」、「放電（將一帶電物體的電荷釋放到地面）」之類的說詞是電的詞彙中的特徵名稱。我剛剛對大家說的，是人習得一個特徵空間的法門，以辨識諸如**電**、**導體**、**絕緣體**等自然類詞的指稱。就像**恆星**與**行星**等詞的案例，使用這些電學詞不需要一組特徵當充要條件；電學家社群的任兩個成員不需要接觸同樣的事例或使用同樣的特徵識別它們的指稱。但是所有社群成員必然
65 以同樣的方式運用那些特徵——自然類詞的詞彙結構是它們賦予的——識別同樣的物體為導體或絕緣體，同樣的情境為帶電還是不帶電。不然的話可能就會出問題，例如裝設避雷針的時候。

然而，用不著說，以這種方式習得這些詞的人在這個過程中學會了許多關於電的知識。習得必要的詞彙後，人習得的不只是電存在的事實，還有帶電物體會彼此排斥，但是會吸引不帶電的物體；不只是導體與絕緣體存在，還有一接地的導體碰觸一帶電驗電器的

鈕的話，會使箔片合攏。此外，任兩個社群成員對於電的知識不必完全一樣。他們也許透過不同的途徑、使用不同的例子習得自己的詞彙。但是只要他們的詞彙有同樣的結構，就能接收、吸收彼此的知識，而不會更動那一結構。

上一回討論電池的個案，我指出一個像我剛剛描繪過的詞彙在伏特的發現之前已經存在。那一詞彙不只沒有**電**、**導體**、**絕緣體**等詞，也沒有**電壓**、**電容器**之類的詞。那是一八〇〇年的電學社群的詞彙，伏特以一種再直截了當不過的方式拿它湊合自己的發現（或拿自己的發現湊合那個詞彙）。他說他發現了一個方法，組裝與互聯能自我充電的電容器。那個描述不能說錯。它與伏特組裝的儀器很般配。但是那個儀器不盡然是我們叫作電池的東西，而且它們的差別後來證明非同小可。例如在伏特的電池中，電流的方向與我們的電池相反。將他的電池互相聯結、放大電力需要導電液，而我們的電池使用金屬導體。發生在這些連接器中的化學效應對伏特來說只是副作用，等乾電池發展出來後就會完全消除。

在乾電池中，化學效應並沒有消除。伏特以先前的詞彙吸收他的發現導致無法實現的期望，打消那些期望需要的不只是更改單獨的信念。他的儀器本身必須重新構思，隨之而來的是識別電池的特徵空間也發生變化。（例如伏特的電池缺乏聯接外部電路的端 66
子——今日的外行人大概會把它當作電池最突出的特徵。）在一八三〇、一八四〇年代，與電學詞彙相關的特徵表擴張了，那一詞彙中的類詞結構因而發生變化。大多數描述靜電的詞彙——**電荷**、**電壓**、**導體**、**電容器**、**絕緣體**——保持原有的相互關係。但是**電池**被搬到距離**電容器**非常遠的地方；舊的詞**電阻**與**導電性**也被移動了；結構被進一步調整，以容納**電路**、**端子**等新詞。

詞彙發生了那些結構變化之後，閱讀昔時的電學文本就必須非常小心。伏特的信念——認為化學效應將會從他的液態連接器消滅——當年就可能被視為假，事實上在伏特提出那個看法的時候就為假。但是伏特說電從鋅流向銀，並不假，在伏特所謂的**電池**裡的確為真。當然，在我們的**電池**裡電從銀流向鋅，但是那與伏特所言並不牴觸。

最後一個例子也許可以澄清樹狀分類結構的高層體現在詞彙中的方式，那樣做還能讓我們對於隨它們的體現而來的知識類別有所理解。我在別的地方比較完整地闡述過這個例子，這兒我將省略推論並且只報導其中幾個論點。[14]我要從學習情境談起，像電學的例子一樣。我要問的是，學生如何習得牛頓力學的詞彙，特別是**力**、**重量**、**質量**？

答案的第一部分是，除非先掌握相當多的先前詞彙，並且能夠運用它們，否則無從開始。不過，與靜電個案不同的是，那個詞彙中有一些本身需要專門知識，是在先前的學校教育中習得的：一套數學詞彙，用以描述軌跡、物體沿軌跡的運動，以及很多的操作；一些物體範疇的詞。此外還有——雖然這些並不是不可或缺的——學生開始學習時已經習得的詞彙，通常包括常識，以及以下諸詞在
67 牛頓之前的版本：**力**、**重量**、**質量**，**質量**的對應詞也許是**物質的**

14 Kuhn, "Possible Worlds in History of Science."

量。教導牛頓力學，詞彙的這個部分必須重組，靜電案例中沒有相當的過程，因為學生學的都是新詞。

通常重組從**力**這個詞開始，主要的法門是使學生接觸受力運動與自由運動的例子。直接向學生展示實例或者以先前的詞彙描述那些例子是常用的方法。學生先前的**力**的用例扮演了一個角色，但是必須大幅重新分配。在學生先前的詞彙中，受力運動的範例是拋射體；不受力運動的範例是墜落的石頭、旋轉的飛輪、或陀螺。然而在牛頓詞彙中，這些全是受力運動的例子。不受力運動的唯一範例根本無法直接展示，又必須以先前就存在的詞描述。那就是等速直線運動，宣稱那是不受力運動就是陳述牛頓第一運動定律：若不施加外力，運動以直線等速持續下去。那個定律在特徵空間中為識別**力**的指稱提供了一個特徵，也指出了一些力的運作方式。它指向兩個方向：向外指向世界，向內指向詞彙，世界是以那個詞彙描述的；它既有分析命題的一面也有綜合命題的一面。

牛頓力學包括其他也有這種雙重功能的定律。力的觀念既是量的，也是質的；講解它量的方面，最好的辦法是透過彈簧秤（先前說過，以實物演示或語文敘述都成）。不過那要利用另外兩個力學定律：虎克定律與牛頓第三定律。隨著詞彙習得持續下去，從**力**到**質量**與**重量**，其他的儀器、定律也顯露同樣的雙重功能。例如**質量**與**重量**的指稱不同，使用盤天秤與彈簧秤得到的量也不同，可是兩
者密切相關。然後又得用重力定律解釋那個差異。這裡關於世界的 68
知識，與用以描述世界的詞彙的知識交織在一起，難分難解。諸如此類不能枚舉。

因此，我必須再一次強調：習得牛頓詞彙，並沒有一張可事先備妥的清單，明列學生非得接觸不可的用例或定律。牛頓的第一、第三定律也許不可或缺；虎克定律也許也不能不教，但是其他地方就有選擇的餘地。我在前面引用的論文裡討論過這個例子，這兒只是摘錄其中的一些論點。那篇論文對於從習得**力**的概念起到完整的牛頓詞彙，包括**質量**與**重量**，概括了三條不同路徑。第一條是在習得過程中設定牛頓第二定律，因為他的第一定律已經在確立**力**的過程中設定過了。一旦詞彙的結構以那種方式確立之後，它包括的詞就可以用來從觀察推導出重力定律。第二條是在詞彙習得過程中設定重力定律，然後就能以經驗推導出第二定律。第三條確立詞彙結構的路徑是設定測量質量的方法：一已知彈性的彈簧，一個端點掛上一已知重量的物體，再測量它的振動週期。[ii]實際上，學生在能夠駕馭必要的詞彙之前，通常都接觸過這三條路徑，但是原則上任何一條都足以成事，毋庸外求。換句話說，這三條路徑殊途同歸，都導致同樣的詞彙結構。浸淫於其中任何一個的人都以同樣的方式識別力、質量、重量，並對它們有同樣的知識。至少在牛頓力學的領域裡，他們彼此的溝通不會有問題。

現在我終於能夠處理先前提到過的懸羊頭賣狗肉的質疑了。我在演講中往復游移於質料與形式模式之間，對兩者的區別並不措意，昨天的演講偶爾有這個毛病，今天則是屢次三番變本加厲。或者換個方式說，我似乎將形上學或存有論的議題（語詞的指稱到底

---

ii　譯註：振動周期與質量的平方根成正比。

是什麼？）與知識論的議題（如何識別語詞的指稱？）合一爐而冶之。要是有人認為這個做法看來與循環論證無異，也是情有可原。現在我要據理力爭它不是循環論證，以結束今天的演講。

一開始，我要強調在習得詞彙的過程中，世界扮演了非常大的角色，相對地，定義之類的任何東西扮演的角色非常小。就**恆星**與 69
行星之類的語詞而言，那是顯而易見的，我先前說過，那些詞可以透過直接的指點習得，它們為社群提供了最近似觀察語彙的東西。但是指點同樣適用於習得高層類別詞如**電**、**力**，即使不是那麼顯而易見。那些詞是由脈絡引介的，出現在以先前的詞彙建構的陳述中。

那些陳述——時常稱為**脈絡定義**——的功能，向來的看法是：為新詞與舊詞建立關聯，以提供顯明定義（例如「單身漢是還沒結婚的人」）的部分替代品。但是我認為那個看法錯了。「一帶電物體吸引穀殼」之類的陳述是以另外一種方式產生功能的。它們的確在詞與詞之間建立了關聯，但是外在世界是必要的中介。正如我們能夠仔細端詳被稱作恆星與行星的天體，搜尋它們的異同，我們也可以仔細審查引介**電**、**導體**等詞的情境，即使它們是以詞語描述的。那時由先前習得的詞彙喚起的情景圖像扮演的角色，正是可能由情境本身扮演的。事實上，我已經說過，真實的情境與描述的情境往往可以互換。

那個說法正好讓我鋪陳我的論點。習得一個語言社群的詞彙依賴一個像是指點的過程，應毋庸議，因此習得過程必然要召喚真實世界，不是展示它，就是描述事情發生的方式。那是定律與其他描述性的通則涉入詞彙習得過程的途徑。但是習得詞彙的人，使用的時候並不受在習得過程中扮演過角色的通則或範例制約。那個角色並不會使那些通則的任何一個成為分析命題。

我說過，不同的人透過不同的門徑習得結構相同的詞彙。張三在習得過程中接觸的特徵，李四也許後來才習得，或根本不會習得。必須共有的是詞彙結構，而不是每一個社群成員都浸淫其中的特徵空間。有了那一共有的結構，每個人都能學會別人知道的事，他們也能一起學習關於世界的新鮮事。此外，那些新鮮事包括修正
70 在學習過程中遭遇的定律與通則。在詞彙習得過程中指點過的某個例子也許結果是幻象；有些描述性的通則也許根本為假，不過並沒有促成危機。系統中總有耍嬉的空間，也有調整的餘裕。舉例來說，雖然你不會同時質疑通往牛頓詞彙的那三條路徑，但調整其中一條或兩條，那一詞彙的結構可能還經得起折騰。

因此，透過一個詞彙，一個人並不只是對一個世界表態，而是一組可能的世界，它們共有自然類別，於是共有一個存有學。在那一組可能的世界中發現真實的世界，是科學社群的成員承擔的工作，他們的努力成果就是我一度稱之為常態科學的事業。但是向他們開放的那組可能的世界，受到社群成員賴以彼此溝通的共有詞彙結構的限制，科學發展有時必須打破那些限制，重組詞彙結構的一部分，進入過去無由造訪的世界。亞里斯多德與牛頓被好幾起那種事件分隔開來；法拉第與伏特之間發生過一次，普朗克的早期讀者與今日的讀者也有同樣的隔閡。我第一個演講一開頭討論的文本異常，是那些事件製造的，保存真值的翻譯無法消除那些異常。翻譯

行不通，還有其他門路，它是明天的演講的第一個話題。但是那一門路不許可動用**真**與**假**之類的詞。它們的角色只限於評估選擇——在社群的詞彙結構容許進入的那些世界中做選擇。

第三講：賦形過去

71 在這個系列演講的第一講，我鋪陳了三個我所謂的準民族誌詮釋的例子，歷史學者需要那種詮釋，才能理解一套過去的信念——使它看來合理而融貫。昨天，在第二講中，我指出我們需要那種詮釋，是因為史家當前的社會的樹狀分類結構，與當年寫作他研究的文本的社會大相懸絕。然後我提出了一個粗略的模型，說明自然類詞的詞彙提供分類範疇以及應用它們的方式，進一步論證：過去與現在的這些分類懸絕，排除了以現代語彙翻譯位於樞紐的昔時信念的可能，因為無法保存真值。我再進一步指出：那個論證不只適用於外語的翻譯，不同時代的本國語之間的翻譯也適用。我的結論是：判斷真假的角色固然絕對不可或缺，但是她是在歷史之內、而不是在跨越歷史的舞台上演出的。**真**、**假**之類的詞只能在評估社群之內的日常選擇中發揮功能——在那個社群中類別的存有學與相應的詞彙都已具備。

不過，我的演講也指出，評估真理宣稱的障礙不必是理解的障礙，而史家的準民族誌任務，目標就是理解。史家和他們的讀者必須習得被研究的社群的詞彙。他們必須吸收那一社群的自然類的樹
72 狀分類結構，否則只能憑想像在它的世界裡進入狀況。而且他們不必也無法切當地運用自己的詞彙與關於自己的世界的知識，對昔日

社群的真理宣稱做零星的評估。雖然他們對過去可以做判斷，那些判斷無法理所當然地以**真**、**假**語彙陳述。

用不著說，那個立場涉及許多難解的問題，我要拿其中四個當今天的話題。第一、橋頭堡問題：史家（或人類學者）重建另一個時代（或另一個社會）的信念系統需要多少普同因素才會成功？第二、相對主義問題：一個關於世界的信念，真與假是由抱持那個信念的社群的詞彙決定的嗎？第三、實在論問題：談論其他社群、其他文化的其他世界，能聽起來不像最無稽的隱喻嗎？第四、現在與過去，或過去與現在的聯結問題：要是一個昔日社群的詞彙使它的世界成為異鄉，那個世界怎麼能變成我們的世界？它怎麼能是我們的過去？那些都是重大的問題，而這是我最後一場演講。我不得不簡短，即使萬般無奈。

1

我已經指出，過去的信念是透過語言學習再現的，更確切地說，是習得陳述那些信念的類詞詞彙。一旦成功，那個過程產生的是雙語人，但是未必會產生翻譯者。學會的兩個詞彙甚至可能各自為政，互不相通。凡是有兩個以社群為基礎的語言之處，從未發現過那麼極端的各自為政的例子，一會兒我就會指出我們不妨假定那種狀況絕對不會發生的理由。正如反相對主義者一向強調的，會說一個語言的人似乎總能找到一個橋頭堡，藉以進入另一個語言，對於習得第二個詞彙，某個這樣的橋頭堡不可或缺。但是這種不可或缺的橋頭堡不必特別寬闊或結實。原則上它根本不必容許保存真值的翻譯。實際上，它容許某種保存真值的翻譯，毫無疑問，但是僅限於一個有限的範圍。

73 若要橋頭堡發揮功能，那麼一個詞彙提供的分類範疇，有一些必須與另一詞彙的範疇共享成員，至少成員必須大幅重疊。特別是那些透過直接指點便能習得識別成員的範疇。例如**恆星**這個詞在托勒密天文學與哥白尼天文學詞彙中的指稱，或**運動**在亞里斯多德物理學與牛頓物理學詞彙中的指稱。這類重疊當然是習得第二個詞彙的先決條件，但是這些例子也提醒我們，必要條件是成員重疊而不是成員一致。太陽在我們眼中是恆星，古希臘人則視為行星；對亞里斯多德，橡樹的生長是運動，他的牛頓後繼者則認為不是。

此外，在兩個詞彙中不需要在研究之前就保證有成員彼此重疊的範疇。昨天我說很難想像有一個文化居然沒有指稱恆星的詞，但也不是不可能。我們也許可以說天「閃閃發光」（指天有某種質地），而對於閃閃發光的物事不以言筌意表。試圖習得第二個詞彙的時候，恆星範疇很可能是尋找重疊的地方，但是發現重疊並不必要。對任何兩個語言，詞彙習得只需要在足夠的地方發現重疊，就能啟動學習過程。完全不需要一組共有的原始觀察句子（observational primitives），尋找它是白費功夫。

這些論點要是以負面表述，會很有用處。習得第二個詞彙的必要條件是學習者能夠形成假說——使用那個詞彙的人說出的某個詞或片語，指稱什麼特定物件或情境？——並著手測驗那個假說。同樣重要的是，有些物件或情境不僅在新詞彙中群集在一起，在舊詞

彙中也一樣成群。但是這些只是針對語詞指稱的條件；滿足它們並
沒有透露關於那些詞的意義的任何資訊。就意義而言，橋頭堡毋需
提供任何限制。確立意義需要另一個獨立的程序，昨天我討論習得
第一個詞彙的時候，花了不少時間描述過。學習者必須在召喚一給
定語詞的各種場合中發現它們的共同特徵，以及能將它們與其他場 74
合劃分開來的特徵，例如學習者預期會出現同一語詞，卻沒有遭遇
它的場合。任兩個學習者不必選擇同樣的特徵，但是他們選擇的特
徵必須能產生同樣的樹狀分類結構、同樣的詞彙結構，以及在自然
類詞的指稱之間有同樣的異同關係。不然的話，同一個詞就會有不
同的指稱，涉及那些詞的溝通就會崩潰。

我一直主張，詞彙結構的差異限制了保存真值的翻譯的可能。自然類詞必須是可投射的，也就是說，它們是一個工具，用以歸納以及用以陳述自然律，那個要求阻斷了顯而易見的補救方案。你不能只是把新詞彙裡的詞加入舊詞彙中，然後使用擴充的詞彙從事翻譯。正如我昨天強調的，指稱範疇的自然類詞，只要位於同一分類層就不得重疊。要是兩個詞有一些共享的指稱，就不得在詞彙中都標識為自然類詞。既然如此，我必須強調，一個群體的特徵集合與指稱那些特徵的詞就沒有理由不能無限地擴充。實情正相反，學習新特徵就是學習新的識別方式，**智人**共有的生物遺產使人想當然耳：任何一個健全的人使用的辨識法門都能被另一個人學會。

研究過去或浸淫於另一個文化導致的「豐富」詞彙，是用以辨識的特徵增加了，辨識方法也增加了。人人都能學會辨識特徵，才造就這種豐富性，這個天賦似乎保證了橋頭堡一定存在，使人得以

習得結構不同——樹狀分類結構相互牴牾——的詞彙。兩個詞彙可以在結構上處處不同；它們不必包括有共同空間的自然類詞；含有一個自然類詞的陳述，不必能夠翻譯成另一詞彙的述句。詞彙習得只需要一種能力：仔細審察以自己的詞彙命名的物件或情境，找出為了迎合新詞彙而重組那些物件或情境所需要的特徵——過去往往沒有識別的特徵。共有的特徵，無論真實的還是潛在的，是建立橋頭堡的充分基礎。

75 然而在實際上，正如昨天的演講指出的，以上的描述遠遠不足以概括橋頭堡的組成。至少在歷史發展中，只有在比較非常不同的時代或文化時，我們才預期會遭遇詞彙結構的重大抵牾，例如古希臘與十七世紀，甚至這些抵牾也不是全面的。無論如何，只有史家在回顧敘事起點的詞彙時才必須面對它們。隨著敘事向前推進——在發展過程中——結構變化會在比較小而孤立的舞臺上發生。通常僅限於詞彙的這個或那個局部區域：例如包括**力**、**質量**、**重量**的區域，或是**電池**、**電阻**、**電流**，或**振盪器**、**能量元素**。這些區域之外，已經改變的詞彙與尚未改變的詞彙同出一源，保存真值的翻譯不成問題。在真實的歷史轉折中，橋頭堡非常堅固。

不過，它只是個橋頭堡。詞彙中結構已經改變的那些區域怎麼辦？這些區域包括一門科學的基本術語，就像剛剛提及的那些，用來陳述構成那個領域的通則與定律。就像包涵那些詞的其他陳述，這些通則是無法翻譯的。不能用現代知識判斷它們的真假。適用於它們的真值，只能從用以陳述它們的詞彙中來。

2

我堅持構成一門科學的許多陳述，只有研究者社群才能分派真值。這使我的立場看來像相對主義，說不定真的是。**相對主義的**這個修飾語有許多用法，它的指稱可以用許多特徵識別，因此討論是或不是相對主義的問題，不太可能導致什麼成果。我想換個問題討論：有什麼值得保留的事物因而丟失了嗎？

我認為沒有，因為我的相對主義針對的不是真值，而是語言表述的可能性。要是能用不同社群的詞彙造出同一個述句，它們必然有同樣的真值。而我的看法一直是：有些述句在一個社群中是明顯 76
的真值候選項，在另一個社群卻無從言說。它們描述的情境，在那個社群的詞彙放行的任何可能世界裡都不會發生。這些述句我一向描述為不可翻譯的——意思是：不可能滿足真值評估的具體要求。

使用真實翻譯者因地制宜的竅門，你便能夠逼近這類陳述的內容，而你覺得必須下判斷的述句，往往是這些以自己的詞彙造出來的變通陳述。但是這樣做並不能成就任何事情。那種翻譯通常不能保存真值。拿某個那種經過變通的翻譯詢問它是真是假，對已經習得書寫原文的詞彙的史家來說往往覺得困擾，不知如何作答。拿我先前舉過的例子「太陽是一顆行星」來說，這一陳述目的在紀錄希臘人對於天的某個信念。使用我們的詞彙，沒有更好的方式傳達希臘人的信念，而以我們的詞彙來說，這個陳述分明是錯的。但是希臘人相信什麼究竟有什麼干係？根據體現在古希臘詞彙結構中的天體分類，太陽是行星。以我們的詞將他們的信念翻譯成「太陽是一顆行星」是權宜之計，卻會誤導讀者。我同意沒有更好的翻譯，但是這個陳述的真值應該是甚麼，最多只能說不清楚。它是真是假的問題有沒有答案又會造成什麼不同？

我剛剛提到的困惑，一個更典型的形式涉及我在第一講結束時提出的問題：亞里斯多德說自然界不可能有虛空，他完全錯了嗎？他的說法為假嗎？要是那一陳述中的詞是我們的，答案無疑是「對的，他的說法是假的」。我們知道自然界可能有虛空——沒有物質的地方。十七世紀，氣壓計與空氣泵浦提供了令人信服的證據。但是，你一定還記得，亞里斯多德所謂的**物質**（matter）與十七世紀才登上歷史舞台的微粒子哲學家所說的並不是同樣的東西。對他而言，物質是中性的基質，到處都有，只待形式（form），賦形後即構成一實物、一物體、一個東西。沒有物質的地方不可能有物體，門兒都沒有。以亞里斯多德詞彙的詞來說，「沒有物質的地方」這
77 個構想缺乏內在一貫性。學會了那些語詞的意思，習得亞里斯多德詞彙的必要部分，經驗過它的一貫性，我們還會說亞里斯多德的陳述是假的嗎？

我不會。但是我也不想宣稱那個陳述為真。一旦遭遇那個問題，我寧願採拖延戰術，避戰而不迎戰，先弄清楚題旨再說。我無法以我的詞彙重述亞里斯多德的陳述，再標明它是真是假，像對待我自己的或我同代人的陳述一樣。但是，如果我採用亞里斯多德的詞彙，試圖以它答覆問題，我享有後見之明之便。我知道正反雙方的論證。（它們不包括氣壓計與空氣泵浦，兩者只有間接的關聯。）我也知道雙方在歷史上的消長之勢。但是那些論證，各自在

當時，總是使爭端陷於疑義，排除了在真假之間做決定性抉擇的可能。它們的作用，加上許多其他事件與爭端的影響，對詞彙產生了壓力，那些壓力最終導致詞彙結構的變化：樹狀分類結構變了，用以討論物體與它們的性質，以及空間、運動的一組自然類也改變了。但是那個後果並不是亞里斯多德陳述的否證。而是構造與討論那個陳述的一些關鍵詞喪失了它們的意義。而且沒有辦法以取代它們的詞重述亞里斯多德心中之意。

這些論證沒有一個旨在將亞里斯多德詞彙置於超越判斷的境地。毫無疑問，十七世紀的新詞彙是更為有力的工具，能解決科學家特別在意的謎團。調整詞彙結構，使太陽成為恆星，地球為行星，月亮為衛星，使更大範圍的天象問題獲得更為精確的解答，成就前無古人。而伽利略之後指稱物質、空間、屬性的詞彙——縮限了運動範疇——對關於運動的問題造成了同樣的影響。但是評估詞彙，與對一個詞彙容許的個別述句分派真值，是非常不同的工作。詞彙的功能是描述現象、建構關於那些現象的理論，對述句分派真值只能在詞彙就定位之後從事。無論那個述句是「微中子沒有質量」、「月球繞地球運行」、或只是「雨正在下」，分派真值都必須 78
討論證據，而只有懂得那個述句的意思的人才能討論。

評估詞彙就不一樣了，因為詞彙不能切當地標識為真或假。它的結構，它提供的分類，視社會事實（或語言事實）而定，就像古希臘人使用的運動、恆星；伏特的電池、電阻；或普朗克的能量元素。詞彙也不能切當地被描述成「混淆的」（confused），雖然使用它偶爾會導致混淆。一個詞彙比起另一個，是更好的工具還是更糟，在詞彙之間做選擇——更好的說法是詞彙演化的方向——必然有賴那些目標。[1]

因此，關於詞彙，我的意思是：實用主義者大體上是對的。詞彙是工具，效能——促進目的的程度——是評價的判準。在詞彙之間做「選擇」，攸關利益。關於詞彙，我的立場是將它視為工具，以相對利益論成敗。但是關於詞彙的相對主義不必夾帶關於真理的相對主義，而且我認為有必要不容那麼做。一個社會的成員生活在一起，一時又一時、一天又一天，那種緊密的程度是以真值遊戲——其中以矛盾律為樞紐——維繫的。遵守那一定律，異見便成為可以討論的議題，並可預期達成基於證據的協議。要是利益介入，便會啟動社會分化，討論便會發生問題，難以達成基於證據的協議。但是，要是真值遊戲的功能的確是促進社會團結，那麼實用主義者對於真理的看法必然錯了。真理不能是有保證的論斷，一個社群的兩個成員可能會有憑有據地力爭彼此牴牾的看法，但是根據真值遊戲的規則，他們只有一人是正確的；違犯那一規則，社群就會開始解體。真理也不能是理性探究過程的終極產物，那樣的話功能就太有限了：真理是論述與協商不可或缺的主要條件，日常生活
79 需要它；將它置於目前在原則上無法企及的境地，限制了它的功能。我的意思是：人類的社群是論述的社群，因此真值遊戲不可或缺。那在科學社群內最顯而易見，無論違反還是遵守現行的真值遊戲都得論述，但是我認為它適用於所有的人類社群。

1　在某些方面，理論處於中間位置。它們有助於決定一個詞彙，因此可以視為工具。但是它們也決定真假待決的個別陳述。

3

雖然我剛剛勾勒的立場有它的難題，但我覺得以相對主義概括它們似乎並不正確。在社群的日常生活中，真理宣稱與它們的評估仍然處於需要它們的地方。在詞彙結構不同的社群之間，往往不可能做真理宣稱的評估。但是，另外還有橋頭堡，可藉以對另一個社群的詞彙容許的生活方式（或從事一門科學的方式）下判斷。要是那一生活方式就你看重的事而言（例如它能解決一些先前無法解決的技術問題）似乎比較優越，你可以遷入那個社群，習得它的詞彙結構，然後歸化為那裡的成員，放棄你從小習得的詞彙。至少當譬喻講，大部分科學進步都是那樣發生的。而我可不願質疑進步的真實性。

但是那種進步都是工具性的。雖然真實，卻不是朝向實在界的進步。科學的確提供了愈來愈有力的樹狀分類結構讓我們理解世界，但是那不是因為科學發現了獨立於詞彙之外的真理。我們不能理所當然地說古希臘人把太陽當行星是錯的。我們也不可以說伏特搞錯了電池裡的電流方向，或牛頓假定兩個事件的同時性獨立於觀察它們的座標系統之外是錯的。在當年，這些信念每一個都是以結構不同的詞彙表述的，或從那些述句所推導出來的。那些陳述無法翻譯；不能個別地與我們可能會作的陳述比較；我們的真值判斷無法施用於它們。

對這些陳述以及類似它們的陳述，我們也不能說它們是真
理——科學發展不斷逼近的目標——的近似物，雖然那樣說未必大 80

錯。既然不可能作比較，那麼「愈來愈接近真理」的說詞能有什麼意義？此外，所有那類說詞——「瞄準（自然）」、「在比較接近自然的關節處解析自然」[i]等等——意味著一個陳述能比另一個陳述更真實，它們因而違反了無矛盾律。真與假不能以程度論。容許以程度論真假，我說過，就是放棄了論述、協商的一個基本要件，由論述、協商背書的社群亦難長存。此外，關於自然類、以及體現在詞彙中的存有論，科學史展現的與「瞄準」自然真相大異其趣。儘管解決問題，論數量、論精密都穩步前進，但由那些解題方案推導出來的存有學，卻方向殊異變化萬千。至今還沒有人證明過：科學發展像一條逐漸趨近一個目標的漸近線。關於世界最終組件的性質，每個時代都有當時的最佳臆測，但是詞彙一變，它們就立足無地了。

諸如此類的斟酌，過去引領我說出：在革命事件中，世界變了（這裡我將革命事件定義為詞彙結構變遷之時）。有的時候，我的另一個說法是：革命之後，科學家在不同的世界裡生活、做研究。我這幾個演講也許已經說明為什麼那些隱喻似乎是切當的。但是「世界變了」的說法也有誤導之嫌，我就是被誤導的人之一。因此，我想指出一個方向，去追求一個比較實事求是又有說服力的立場，即使我現在並無把握。

「世界變了」的說法引起的爭議，是它招致了這樣的問題：「你的意思是，十七世紀有女巫？」或是「在十八世紀化學家的世

---

i　譯註：典故出自柏拉圖《斐德羅》（*Phaedrus*）討論分類的對話。

界裡有燃素嗎？」對這種問題，有時我的答覆是「是的」、「有的」，但是語氣總是模稜兩可、充滿困窘。現在我明白了，那時我應該做的是拒絕那些問題，理由是措辭不當。「世界變了」的說法會誤導人，因為它暗示社群屹立不搖，只是它周遭的世界變了，於是先前的真陳述在世界改變後成了假陳述。事實上，社群與世界都變了，因為它們賴以互動的詞彙變了。

拿**燃素**來說好了。在十八世紀中段，許多化學家拿它當一個自然類詞，它所屬的詞彙在結構上將它與**要素**、**元素**等詞指稱的類關 81
聯起來。在現代化學的詞彙中，這些詞不是消失了，就是改變了位置，而新詞彙的結構沒有容納它們的地方。例如化學要素過去是負載性質的自然類，在當年燃素是其中之一。[2]要是指稱它們的詞仍然是自然類詞，那麼現代詞彙中的許多類詞就不能存在了。兩個互有關聯的詞組中，只有一個能夠投射，並支持歸納。要是能夠在兩者之中做選擇，一個志在解決化學問題的人會選哪一個，毋庸置疑。為達到那一目的，現代化學是比較強大的工具。但是在那個選擇出現之前，包涵**燃素**、**要素**、以及**元素**古義的詞彙，的確成功地支持歸納，在其中可投射的詞是自然類詞，性質與它們的後繼者一樣。要是同位素、分子軌域、聚合物的世界是真的，那麼燃素與其他負載性質的要素的世界也是真的。

兩個世界不只都是真的，它們也都是客觀的、外在的，幾乎用

2 欲知其詳，請參閱我的論文 "Commensurability, Comparability, Communicability," in *PSA 1982*, vol. 2, ed. Peter Asquith and Thomas Nickles (East Lansing, MI: Philosophy of Science Association, 1983), 669–88 [編者按：收入 chap. 2 in *Road Since Structure*].

哪一個正規意義來說都是不移之論。指稱自然類的詞在兩個世界中都能透過「指點」學習，一開始是直接指出它們在外在世界的指稱，然後以先前共有的詞彙描述出現它們的狀況。以對應的詞彙（無論較早的還是後繼的）描述的世界都是結實的。關於它們包括的自然類，都能發展理論說明；從那些理論導衍出來的述句，真值能用觀察與實驗決定。對於真值的判斷通常都預期一致的結論，要是出現異議，要求解釋是應有之義。雖然涉及這些活動的個別社群成員可能主觀不同，例如品味或興趣，但那些差異很少影響他們的
82 真值判斷，而且絕不會無視有異議就必須提出理由的義務。簡言之，社群成員生活的世界是互為主體的（intersubjective）。

但是互為主體性就像建立共享真值的能力，只能擴展到社群邊界。在實在與客觀的常用判準中，獨立於心靈（mind independence）依舊不知所終，而且我認為以後也找不回來。眾人的心靈是構成世界的一個成分，沒有它們就不成世界。我說的不是此一人彼一人的心靈，因為世界不是主觀的。我說的也不是一個群體的心靈，因為群體沒有心靈。但是沒有一個世界不是由一群活生生的個人共同擁有的，他們以可預期的類似方式與那個世界互動，並且在彼此的互動中預設了它的存在。至少就較高等的動物而言，個體的行動都預設了將世界劃分為互相關聯的類的方式，而且那個劃分方式是族群成員共有的。對人類來說，那些類都有名字，可以在我稱之為詞彙的心靈結構中找到，它們的相互關係也是詞彙規定的。

到了現在，情勢將會明朗，我在摸索前往的立場依稀有康德的風貌。心靈的範疇是構成世界的經驗不可或缺的；沒有那些範疇便

沒有經驗。但是，要是這一立場如我所料有康德的風貌，卻與康德有兩個不同。第一，我所尋找的範疇並不是個人的，也不是全人類共有的。它們的所在是處於歷史中的社群，那是一個群體，它的成員共有一個詞彙結構，是向父母師長習得的，然後他們將那一詞彙傳遞給後繼者，詞彙的形式或許會改變也未可知。第二，我提到了改變，我的意思正是：這些範疇能夠變化，不是徹底改變，而是大幅度改變；於是群體與群體不同，在一個群體中也會與時俱變。

當然，社群不能創作成員想要的任何範疇。由一個詞彙描述的
世界是結實的。世界參與真值裁定，分辨真、假陳述。詞彙是人類
心靈運行——而不是嬉戲——的產物，它們必然有某個事情要做。
那一某個事情，保證了橋頭堡的存在，使異鄉人得以探索其他社群
的詞彙。但是關於那個某個事情，我們無從言說。就像康德的**物自**
體，它不可言說，先天地生——先於世界與生活在其中的社群。言
說不僅需要有某個事情可談，也需要某個人說、某個人聽。三者具 83
備，就有世界、就有言說的社群。兩者都處於歷史之中，透過詞彙
互動，兩者都由詞彙組成。至於哪一個比較重要，就無從說起了。
甚至連這個問題都不能問：「哪一個先出現，世界？還是其中的群
體？」

4

最後我要討論兩個問題，都是有關歷史發展的。第一，既然詞彙結構在組成世界時扮演了一個角色，詞彙怎麼能改變？第二，既

然詞彙改變導致了翻譯問題，那對現在而言，有哪些與過去的聯繫可以利用？過去又怎麼能是現代的一部分？第一個問題我已經觸及過。一個社群關於世界的知識，許多方面都內建在它的詞彙結構中，新奇的經驗有時會繃緊那個內建知識，力量大到只能藉改變詞彙才能消解。那種繃緊可以用不同的方式產生，但是一個簡單的例子就能表明我使用**繃緊**這個詞的理由。[3]因此我要再次——最後一次——回到亞里斯多德物理學，特別是他的運動觀念。

在第一個演講中，我說過：我們譯成「運動」的詞，亞里斯多德指的是各種改變：從生病恢復健康，或從橡實變成橡樹，以及從一地方到另一地方。因此運動是改變狀態，它最顯著的特徵是：它的兩個端點與從其中一個到另一個所耗費的時間。但是運動，或者至少是局部運動，另有一個顯著的特徵，我要叫它**持續模糊**（perpetual blurriness）。亞里斯多德討論運動的速度，不時會援引它。按說你不妨猜想，他認為速度與兩個端點之間的距離成正比，與運動必須花費的時間成反比，那個想法後來演變成我們的平均速
84 度觀念。然而，在其他場合，他談到速度在運動過程中的升或降，那個想法後來演變成我們的瞬時速度。不過，亞里斯多德並不認為它們是兩個觀念或兩種速度，而是同一觀念的兩個方面——一靜態、一動態——或兩個特徵。

亞里斯多德與他的後繼者經院哲學家，一向表現得他們認為這

3 參閱我的論文 "The Function for Thought Experiments," 收入我的論文集 *The Essential Tension: Selected Studies in Scientific Tradition and Change* (Chicago: University of Chicago Press, 1977), 240–65.

兩個特徵嚴絲合縫：任何運動，要是整體看來比較快，在沿途的每一段都比較快。那是嵌在他們詞彙中的關於自然的知識。在大多數情況下，它不會引起問題；在一個稍微不同的世界裡，例如所有運動都以等速進行，也沒有問題。但是有一些狀況，兩者會起衝突：以一個判準判斷比較快的運動，以另一個判準會比較慢。伽利略在《兩種主要世界系統的對話錄》（1632）毫不留情地利用過這種狀況中的一個，就在對話的第一天，那是詞彙改組過程中一個重要的事件。詞彙改組之後，運動成為一個狀態，速度不再是整個運動、而是運動在一瞬間的特質。[4]

在《對話錄》裡，伽利略請他的對話者想像兩個平面，一垂直（或接近垂直），一傾斜。（見下圖）將兩個球從平面上端同時釋放，伽利略問道：哪一個的運動比較快？起先的反應是異口同聲：沿垂直面而下比較快；對速度的直接動態知覺主宰了答案。但是伽利略提醒參與討論的其他對話者，那兩個平面的長度不同。為了補償那個差異，他在斜面下方標出相當於垂直面長度的一段，提議以那一段斜面測量到的速度為準。然後他再次問道：哪一個比較快？先前的答案都逆轉了。沿斜面而下比較快，因為距離一樣，花的時間較短。不過，這一次回答的語氣透露了不確定、不安、而且不自 85
然。然後伽利略在斜面上將代表垂直面長度的線段向上移動到上端，到中段，再回到下端，每一次都問：斜面上的速度比較快，還

4 其他的重要事件也有貢獻，有許多發生在更早的時候。例如分別運動的經度與緯度，以及一再發生的辯論 *a fluxus formae or a forma fluens*［流動的是一連串的形式，還是一個單一的流動形式？］。這兩個發展都出自經院哲學家，集中在十四世紀。

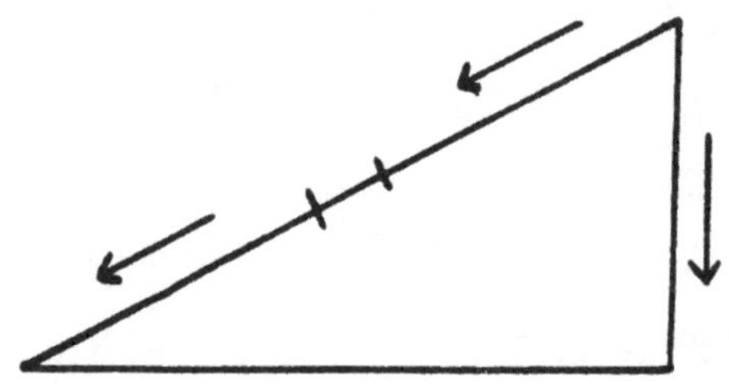

是垂直面？答案不再前後一致，他們不再異口同聲。參與者一再地反覆，最後覺悟或被告知他們遭遇的困難源自觀念。運動、速度、比較快等詞長期奉為圭臬的用法，不適合用來描述日常現象的某些方面。

閱讀伽利略的那個段落，我經常想起我在學生時代的一段經歷，也許在座的一些人也經歷過。老師告訴我，愛因斯坦發現了同時的相對性。我不懷疑愛因斯坦發現了它，但是我不也了解愛因斯坦發現的東西。我認為，那個說法依稀有些不合文法。用不著說，同時性就像真理：它不可能是相對的而不喪失意義與影響力。同時的相對性不像是人能發現的效應。老師到底教了我什麼？後來透過一個著名的思想實驗，我終於明白了：那是一列行進中的火車，兩端都被閃電擊中。火車外面的一位觀察者報導兩端被同時擊中，車廂內的觀察者報導的是前端先被擊中。但是我從那個實驗學到的不只是關於同時的事實，而是關於空間與時間、關於時鐘與量尺的一個事實，它同樣重要，但是更為深刻。這些課不只是傳授事實，雖然它們傳授了事實。同樣重要的是，它們也傳授了觀念與詞彙；關於空間與時間，我學到了不同的想法，以及指稱它們的詞彙的不同用法。老師說愛因斯坦發現了同時的相對性，為我習得那個詞彙變遷鋪了路，但是我不認為發現那個說法不合文法是我錯了。

這些例子並非典型。我引介第一個的時候說過，詞彙變遷還有 86
其他的門徑。但是這些例子有一個特別的優點，就是明白展現了詞彙涉入理論的革命性變遷。因此它們點明了革命變遷前夕的繃緊處所——詞彙。

5

剩下的問題就是這個講座的第三個也是最後一個演講的題目。那是幾個月以前定下的，當時我還不知道是不是有時間討論它。歷史敘事如何能在詞彙變遷之後彌縫其闕，而匡救其災？換個方式來說，如何能將過去輸入現在，將它納入現代的身分之中？我認為那些問題有兩個答案，兩個都無計回避，又彼此牴牾，略無通融。我就拿它們當話題，當我的演講的結語罷。

第一個答案預設了我在演講中一再描述過的那種歷史：開頭是以民族誌或詮釋方法重建過去某個時代的相關方面。它搭起舞台，讓演員、他們的詞彙、他們的世界登場。然後上演故事的本事，始終以虛擬現在式（specious present）述說，始終在一個同步螢幕上觀看。即時描述詞彙遭遇的繃緊壓力；展現因而造成的混淆；第一個試圖調整詞彙的隱喻問世；故事以建立新詞彙、新的生活形式、新的世界告終。一個敘事可以包括一個或一長串那樣的故事。它可以在過去的某個時間結束，也可以接近現在。

那是我一直試圖推廣的歷史類型，身體力行、教育學生，一以貫之。我信仰它，至於淪肌浹髓。論成功的程度，它滋養了新的鑑賞力，也打開了進入新世界的門戶。在這一方面，它就像任何一部成功的民族誌。但是由於它處理的是移動中的現在，它能做民族誌做不到的事。它揭露歷史演化的運行——總是盲目地邁向仍不存在
87 的未來。人類的知識是那種演化的產物之一，關於它們的性質，它也展示了一些。以這種方式實作，歷史其實就如以實例傳授的哲學。

但是有一個重要的功能這種歷史使不上力。我們能夠研究它，從中學習，但是始終當它是異邦異鄉的故事。我們的過去的故事，亦即使我們成為現在這種人的故事，必須以不同的方式書寫。在那個故事中，太陽始終是一顆恆星，運動始終是受牛頓第一定律支配的狀態，電池的電力始終是化學的產物，同時性始終是相對的，等等。對所有這些題材，人一度抱持錯誤的信念，在歷史過程中透過無畏的奮鬥對抗無知或偏執才糾正。這個觀點相信：我們能解釋為什麼人會抱持這些信念，儘管它們是錯的。[5]這種歷史無意習得、利用昔日社群的詞彙；它透過翻譯說過去的故事，放棄保存真值的努力，旨在保存恆常的真理。結果，這種歷史敘事並不盲目地開

5 原則上，關於過去的錯誤，這些解釋可以循我在演講中採取的理路，確認昔日的詞彙結構，但是堅持那些結構誤認了世界的本質，因而為假。於是那個路數與我一直在發展的路數的爭論，就會與當年針對特殊相對論的辯論特別相似：反對者堅決主張，真的有一個優先的參考系，此外，運動中的直尺真的收縮了，等等；它的支持者堅決主張，因為無法定位一個優先的參考系，比較合理的做法是放棄那個觀念，假定所有慣性參考系都是平等的，並據以改變我們對於空間、時間的想法。

展，而是一直受翻譯者——已經掌握未來，也被未來掌握——的判斷引導。這種敘事模式，有一個大家都知道的標籤，叫做**輝格史**（Whig history），它與我先前描述的比較類似民族誌的那種歷史，只有在詞彙結構最近一次變遷之後才會有一致的內容。而那個時期是否有歷史可以寫，仍有爭議。

要是你像我一樣，主要的興趣在哲學，那麼直接攸關歷史過程的本質或人類知識的本質，這些敘事模式你會偏愛哪一個，根本不成問題。我一貫地抨擊、嘲笑輝格歷史，遠近馳名。既然是我在意的事，我不會打算收手。但是，對我同樣重要的是，我堅信輝格歷史有一個不可或缺的人文功能，而我最相信的那種歷史執行不了那 88
個功能。它為社群成員提供了一個不是異鄉而是本地的過去，可直接吸收，可當作邁向未來的平台。

為了闡明我心裡設想的分裂情事，我要簡短地談談我從科學家轉行科學史的經驗。成為科學史家後，經常有人問我科學教育是否不該走歷史路線，我一向回答不應該，至少對於志在科學研究的學生不該那麼做。[6]這些學生必須精通本行當前通用的工具，無論觀念還是儀器；為達成那一目的，歷史充其量也是緩慢又無效率的方法。學習其他的可能性，例如亞里斯多德對運動與真空的構想，伏特對電池的構想，普朗克第一次導衍出黑體定律的構想，都是不相干的外求旁騖。想當然耳，那麼做甚至可能會削弱學生對於當前實

6　我勸告別做的事，是系統地使用歷史鋪陳學生會需要的題材。一兩個詳細的歷史個案，對未來的科學家也許會很有用，但是得在他們學過所涉及的科學之後。

作必要工具的掌握與信心。雖然我認為我的那種歷史實作應該教給各種行業的人，包括科學家，但它不適合當作進入科學專業的門徑。未來的職業科學家應該直接從他們的工具上手。

說到這裡，我的看法潛藏了一個無解的難題。職業科學家需要的工具是歷史的產物。使用它們的人必須把自己視為那一歷史過程的成熟參與者。他們像其他任何人，現在的身分需要一個相稱的過去。那種過去由一種敘事提供，最糟糕、可是並不罕見的做法，就是把每一筆當前的知識、當前教科書裡的條目，都分派給歷史人物，聲稱多虧他們的發現取代了無知或迷信，我們才進入現代。那種路數的缺陷，無論事實還是思路，反而是優點：為成功的科學實作建立所需的身分，是更為有力的源頭。要是那些缺陷是謊言的產物——我真的打算這麼提議——那也是高貴的謊言。

89 當然，我太誇張了，但是到了演講的尾聲，我還能做什麼？我描述的兩種敘事模式從未以純粹的形式現身；或多或少，它們總是水乳交融。儘管如此，兩者的分裂是真實存在的。例如它以比較低調的形式將研究本鄉本土的歷史學者與那些研究異鄉、異文化的學者分隔開來。需要歷史回顧過去的人與需要歷史前瞻未來的人，遭遇的阻隔就是那一分裂，而且它不會消滅。雖然它直到我的結語才亮相，因它而產生的憂慮卻貫串了這些演講。我無計解憂，請各位好自為之罷。

世界是複數的：一個科學發展的演化理論

摘要

前言

本書的企圖是回到《科學革命的結構》的核心宣稱、以及它所 90
引起但卻未解決的問題。它宣稱說把科學家想成是嘗試發現關於真實世界的客觀真理，是不一致的。認識到這個不一致的本質就打開了一條通向重新肯定科學的認知權威之路。[a]

第一部：提出問題

第一章　科學知識是歷史產物

把科學看成是一個在歷史情境中不斷改變的實作是本書的起始點。接下來將對計畫中的全書作一個簡短的一章一章的說明。

第一節。傳統的與發展的科學哲學有非常不同方式來提出對過往科學的歷史說明，並來將它們作哲學的使用。這會顯示在一個對比中：對於托里切利的發現說自然並不排斥真空，傳統的與發展的

說明會如何不同。

第二節。傳統科哲被兩個問題所纏繞：對一個中性的觀察語言
91 的需求，以及沒有任何測試的結果是具決定性的這個事實。而對科學的發展進路，不需要一個中性的客觀語言，也不需要對一個孤立的假設有著決定性的測試。

第三節。許多對發展進路的批評是來自哲學家對語詞像**客觀**、**主觀**、**理性**與**非理性**的奇怪用法。這些語詞所指的觀念，需要有系統的哲學檢查。關切理性的方法論相對主義，既非新說法也不是個問題。真正的問題也並不是關於真理本身，而只是關於作為對應的真理。

第二章　闖入歷史

科學知識是一個特殊的發展過程之成品；要了解它，科學哲學必須依靠一個解釋學的、民族誌的科學史。要展示這點，最好的方式是通過具體的例子。

第一節。如果我們把亞里斯多德的物理學理解成一個完整的整體，用著與我們不同的觀念，我們將了解為何他**必須**想說真空是不可能的。

第二節。當用一個後來的物理學所提供的眼鏡去看時，伏特關於電池的早期圖表似乎是錯的；但是一旦我們恢復了那些關鍵語詞在伏特書寫時代的流行意義，它其實完全合理。

第三節。普朗克早期對黑體輻射的工作，不應以一個經發展後的量子理論立場去讀；我們需要去理解說普朗克的語詞連結自然的

方式與我們的語詞不同。

第四節。在所有三個例子裡，一個歷史學家以歷史文本似乎包
含著謬誤的印象來開始，然後靠著恢復與歷史學家自己不同的、但
卻是該文本預設的詞彙結構與信念系統，來移除那些謬誤印象。不
可共量性主要得自在遙遠歷史中彼此不同的做科學的方式，而且主 92
要是一個給歷史學家的問題。在同時代詞彙結構的不可共量性一直
只是部分的，而且雖然它使得溝通困難，但不會阻止溝通。同時代
的人通常會儘量企圖對主要的議題提出異議，而非只是雞同鴨講。

第五節。對第一節的例子作一個更深入的分析，顯示亞里斯多德的觀念如**真空**、**運動**、還有**物質**是緊密地彼此連結，但與我們的非常不同。所以我們無法簡單地對他的陳述「真空不可能」作真或假的評價。

第三章　樹狀分類與不可共量性

類觀念的根源是前於語言的：人類與其他動物共享著區分類別的能力。

第一節。對於分析與綜合的問題化，或內涵與外延的問題化，有兩個回應的方式。蒯因（Quine）拋棄了意義或意圖的概念，為了要維持一個中性，獨立於文化之外的知識基礎。本書則走向分岔的另一條：科學有著局部化、歷史情境化、而且是可移動的基礎。若要維持這個立場，就會要求重新改裝意義這個概念；那並不採取必要與充分條件的老路，而要包括比外延更多的東西。

第二節。上一章的例子提供了兩個重要的線索來重新提出意義

的概念。第一，要求再詮釋的那些語詞都是類語詞（kind terms）。第二，類語詞通常都在在地化的群體中互相關聯，如果要達成一個一致性的讀法，它們必須一起改變。

類語詞有兩種：樹狀類與單子類。一個樹狀類語詞的意義是與其他在同一個集合中的類語詞的意義綁在一起；沒有獨立於其他的意義。單子類是思想的根本範疇：時間、空間，與個體化的物理物
93 體；也許還有因果、自我及其他的觀念。單子類不與類似的類糾集起來成為對照的集合：它們是唯一的。但是，它們也是互相依賴而必須在小的在地群體中一起來習得。在自然科學中，它們扮演核心的角色，單子類必須與普遍的、定律般的通則一起習得。

第三節。單一類與樹狀類都要服從**無重疊原則**（no-overlap principle）。對樹狀類而言，這意指在單一的對照集合中（contrast set）的各類彼此不會分享任何成員。對單子類而言，這原則更強且等於是一種形式的非矛盾原則。這非重疊原則適用於世界與語言——每一個都是另一個無法逃脫的結果，而且沒有一個有本體論上的優先性。但這不表示在字與物之間沒有區分。

語言社群的成員共享一個有結構的類集合（a structured kind set），它的根部是天生的，但它大部分是透過學習而取得。類集合的結構編碼成一個社群的本體論，而且大為限制了社群成員的信念可能是什麼。

第四節。掙扎去闖入一文本的一個歷史學家，他的技術與經驗很接近蒯因所賦予一個**極端的翻譯者**（radical translator）的內容。但蒯因仍然尋求一個固定的阿基米德平台來翻譯，而且希望找到一

個觀察語言的特選集合，它能夠單純基於感官刺激來評價。但這個基礎論式的、經驗論式的、跨文化的前提是錯的。

第五節。不可共量性阻礙理解，但是可以靠著學習一個新的語言來克服。雙語性先於翻譯：雖然雙語人可以理解兩種語言，而且在每種語言中可以回應所說的，但他們聽的、說的，並非一直都可以在兩種語言中表達。所以他們必須經常注意他們正在參與的是哪一個語言社群。共享的生物與環境的人類遺產使得雙語性成為可能。如果我們發現一個群體，認為它有語言，但卻無法學習那個語言，我們**不會**就說我們已經發現了一個無法接近的人類語言。

第二部：一個類的世界

這一部分的目的是提供類語詞（kind terms）的意義理論一個 94
基於經驗的基礎。

第四章　語言描述的生物性前提：軌跡與情境

對於人類知性裝備的發展性研究提供一個基礎給解釋語言習得（language acquisition）、語言之間的不可共量性、還有跨越不可共量性的理解。

第一節。對近來研究的一個回顧顯示嬰兒裝備了一個內在於神經的、原始形式的**物體觀念**：這物體有個封閉的區域，所有它的部分都一起動作。追溯嬰兒的反應，蘊含說對我們而言的這些觀念：空間、時間、與物體，在認知上並沒有分離。這些觀念只有在語言

習得時才分開。

第二節。基本的**類的觀念**也在嬰兒出生的幾個小時內就有證據存在了。類與物體的觀念所以有生物性的根源；它們廣泛地存在於動物世界。

第三節。在範疇感知領域中的研究提示，對物體與類的認識，不要求涵蓋一物體的所有呈現的知識、或一類成員所共享的共通特色的知識。認識是一個從對**差異性**（*differentiae*）的**感知**而來的非推論性過程，而非從共享的特色感知而來。差異性提供了最快且最確定的工具來區別在不同情境下所要求的不同行為反應。

第四節。經驗證據與演化的考慮支持這宣稱：從物體原型到恆定物體的觀念發展中，語言扮演著一核心的角色。

第五節。這一章把在第一章中對行為的詮釋，延伸到前語言行
95 為的詮釋。這個延伸展示了新的困難，因為對一個前語言嬰兒的成人詮釋，是極端有限制的。但我們仍然可以如此說，為了前語言生命而發展的神經裝置，約制了在任何語言中可以一致地表達的內容。

第五章　自然類：它們的名字如何有意義

本章開始發展一個類的理論，它把類成員看成是靠差異性與無重疊原則所建立起來的，而非靠類似特徵來糾集。

第一節。在日常生活所遇到活有機體的類之系統，其運作的方式與自然科學的類相同，除了日常的類，為了讓它們有充分的功能，所要求的條件遠不如自然科學的嚴格。

第二節。一個個體的再認定，只有在知道它的類時才有可能。而類的認定則是靠著安置它在一個階層中才有可能。

自然類的成員的性質能夠靠直接觀察而建立，但是實際上所觀察到的性質將會深刻地受利益與信念的影響。一個語言社群會要求它的成員可以達到關於物體可觀察性質的最終共識。

第三節。無論是一個觀察的有限集合，或是它們的邏輯後果，都不能決定一個自然類成員所有的共享性質。自然類的成員是無窮盡的，而它們的任何特色都不是必然的。

分類樹的範疇是受文化約束的：學習去歸類個體進入類別，就牽涉到學習一個文化的範疇。能力勝任的講話者都分享一個詞彙結構：他們都以相同的方式糾集物體。

在不同文化成長的人們有時會在特色詞彙（featural voca-
bularies）上有差別，因為他們的文化糾集物體進不同的類當中。但
是在實作中所經驗到的不可共量性，一直是個局部的現象。一個文
化的成員可以用另一文化的特色來豐富化他們的特色詞彙，而不會 96
損害到他們自己的。在任何兩個文化之間，許多的類以及特色詞彙
中的許多元素必需是共享的。

第四節。對一個類集合的約制是實用取向的。當對這個集合作評價時，唯一相干的問題是關於它是否成功地滿足使用者的需求，包括它們對共享觀察的需求。但是，從文化到文化，以及在複雜社會中不同的次文化之間，需求會改變。

一個奇怪的物體，它與兩個不同類的成員都同樣相似，會威脅到被接受的樹狀分類；可能的解答是詞彙的再設計，但有很多種方

式去做。一群專家就發展出來對這類工作負責，涉及去發現重要的相似與差異。社會對這類問題需要有智慧的答案，就給了這群專家權威。

第五節。物質（materials）與有機體共享三個重要的特色：在認定時的差異性角色；在安置恰當的差異性集合時的階層角色；觀察的角色——它的結果對一社群的成員通常一定要沒有異議。另外有四個相關聯的差別或說彼此平行也值得注意。第一，物質不是物體。第二，物質階層的底層不是屬於類的個體，而是類本身。三，物質的類在時間中不改變。四，自然類物質的階層比有機體的階層要簡單很多。

第六節。如果兩個文化的成員（或在單一文化發展中的兩個時段）有不可共量的類集合，它們之間的直接翻譯就不可能。如果在同一語言中不能陳述兩個彼此競爭的信念，那麼我們不能把它們直接用觀察證據來作比較。但它不是說，經過時間，沒有好理由來解釋為何它們中只有一個存活下來。那也不是說那些理由不是基於觀察。但它應該是說那標準觀念——基於觀察證據在兩個中**做選擇**——不能是對的。比較本身要求同時掌握那些被比較的東西，但在這裡它被無重疊原則所阻擋。

第六章　實作、理論、以及人工類（artefactual kinds）

97 就如科學樹狀類來自日常生活的自然類，在科學理論中的抽象類也來自日常的人工類。

第一節。人造（artefacts）的本質是雙重的：作為物理物體，

它們展示可觀察的性質，但是是它們的功能糾集它們成為類。所以人造物以及它們的功能在實作中是節點，而這些節點靠著關聯它們的功能到服務其他功能的其他節點而被區分。對人工類，無法談論空無的感知空間，或說自然的關節。

第二節。物理起源於對運動物質的研究。這物質與運動的觀念二者，都是從對自然與人工類的研究而來。但那抽象成為**物質**與**運動**的東西卻不同。無論是亞里斯多德或牛頓的抽象方式都不適合恰當地稱之為對或錯、真或假。它們的差別在於在兩個非常不同的歷史情境中，它們作為實作中工具的有效性。說它們是工具，而且說它們是透過人類的活動而出現，使得我們適合糾集它們成為人造物。*

更多關於人造物。因為不同的人造物，當它們共享相通的功能時就屬於同一類，所以有著極度不同表象的物體能夠屬於同一個人工類。還有，一個給定的人造物能夠在不同的實作中被使用；在緊急中，例如，一個人造物能夠為了完全新的目的而被使用。

自然類的成員能夠同時是人工類的成員。例如，一個自然類**狗**的成員能夠是一個人工類**拯救者或獵者**的成員，如果牠已經被訓練去扮演在一人類實作中的一個具體角色。

一些人造物是可觀察的物體（例如：刀子、鋸子、救難狗、顯
微鏡），但其他人造物是被發明的心理建構而根本不能被觀察。抽 98
象的人工類是透過它們與其他心理建構的實作關係來學習的。

---

* 編者註：到這裡對《複數世界》現存的文本摘要結束。之後在這摘要中的，是編者重建自孔恩對本書的計畫或筆記，但尚未寫出部分之想法。

兩種類。有兩種類觀念：樹狀類與單子類。樹狀類來自一個階層中的對照集合，但單子類則否。兩者都服從無重疊原則。[b]

兩種類詞都起源於原始的觀念原型，並不要求語言，而且通常在非語言的動物與前語言的人類顯示出來。這種如硬體般深藏的單子觀念，包括了**物體**、**時間**以及**空間**。認知上的模組除了使得觀念原型成為可能，也為了形成在日常語言及科學中使用的觀念（樹狀類與單子類）提供了基礎。

不像樹狀類，科學的單子類（例如質量與力）從未直接地可觀察，故在那個面向上，在科學中樹狀類與單子類的區分類似那可觀察的與理論語詞的老區分。在一個成熟的科學中，單子通常會與一個或更多的普遍通則化（自然定律）一起介紹；儀器也很常見地與它們一起介紹。但是，去學習如何使用單子類語詞，但卻不知道那導致它們被科學家認識的理論，這是可能的。這提示了要強調科學實作的需求。

第三部：重構世界

第三部分回到第一部分的主論點，而第二部分是嘗試對前者提供一個基礎。

第七章　回顧與向前走

觀念改變發生在所有的語言中，無論是自然或專門的。[c]新近結構化的類集合，起源於去安置那些老的結構類集合所無法處理的物體與過程的需求。從歷史來看這種觀念改變，就會說它是逐漸的、局部內的整組觀點（locally holistic）改變，而且在某些方面所 99
顯示的樣態類似生物物種化（speciation）的樣態。

科學結構化的詞彙是從日常語言的自然類發展而來。這個過程涉及了尋求治理這些類的規律性以及把他們的一些性質抽象化（例如，幾何、邏輯、動力等）。

我們需要區分兩個問題，它們在《結構》中可惜沒有恰當地被分開。第一個問題是：如何讓支持不同詞彙結構、以不同方式作科學（在《結構》中使用的詞彙：不同的**典範**）的人，在非常科學（extraordinary science）的階段，跨越不可共量性而彼此溝通？第二個問題是：一個歷史學家如何恢復過去的意義與信念，其與歷史學家的意義與信念不可共量，但為了理解過去卻是必須的？

彼此是同時代的科學家們共享了很多觀念、信念、價值與方法，在任何時間裡，他們的異議是局部的，即使那是很深刻的。他們進行的辯論，是基於邏輯與證據，且他們的經典大部分對他們而言都是可理解的，甚至大部分，即使不完美，也是共享的。一個特殊的科學宣稱是否為真，對一個科學社群的所有成員是既有意義且重要，而且需要被回答，因為科學家們正在期待重建這對標準常態科學而言所特有的細節工作。

一個歷史學家，對照而言，回去看一個早已不用的科學的詞彙組；與之關聯的信念、方法與實作，對歷史學家同時代的活躍科學家社群都是很奇怪的。過去信念的**真假**問題並不會出現。一個陳述在新的詞彙組中說出來，就與它在舊的詞彙組中說出，並不相同。

一個過去的陳述句能夠全部且精確地翻譯，那當然也能夠去評估它的真假，但是大部分過去科學中有趣的科學陳述都躲避這種翻譯。它們所說的，在後來的詞彙組中是不可說的。所以，因為過去科學的信念不能簡單地在近代詞彙中重述，它們也不能簡單被評價為真或假。反之，歷史學家的工作是去恢復過去的詞彙組、信念、還有
100 實作，為了去了解它們在其自己的脈絡裡是合理且可信的，還有為了去解釋為何那些對一個現代讀者來說簡直就是錯的、甚至無意義的陳述句，在一個過去的科學裡，其實很有理由地有著恆真式般的身份。

第八章　理論選擇與進步的本質

在說明科學知識時，個體與群體必須有不同的處理。這個重點，《結構》有時就忽略了。科學發展留下了遠比傳統所允許的更多方法論的多樣性／變化（variation）空間給個體。而不允許的變化，僅限於那些在一個科學社群中個人成員身份的構成性科學面向。團體成員需要一個共享的語言來溝通，意思是說他們需要共享的不只是指涉，而且還有語詞的意義。這就會以一個共享的詞彙結構的形式出現。但是這個結構能夠以不同的方式來實施。 科學家不需要共享所有的信念，但他們的確需要共享一個結構化的詞彙來**理解**所有的信念。

推動自然科學裡觀念改變的動力，與推動其他種實作的類似改變不同。自然科學家的社群是高度一致的，而且在訓練、專門化的詞彙、建立的實作、還有共享的工作上面，與其他團體都能作精確

的區別。

科學中的觀念或信念改變的理性，不會被不可共量性或方法論的相對主義所威脅，因為它與它們並不衝突。理性永遠都會相對於一個給定的證據整體來評估，靠著當時有的方法來評價。在共享基礎一定的改變範圍內，在改變範圍中也包括了詞彙的改變，理性的信念與選擇是相對於一個特別的科學社群，處身在一個更大的歷史背景之中。

評價科學信念的目標，描述這種評價為理性的適切性，還有這
種評價所產出的在時間中的進步，都要求我們肯定說真理宣稱的邏
輯是科學社群工作的核心。但是，我們應該排斥說趨向／匯流向真
理（convergence on truth）是科學的目的這個想法。雖然真理宣稱 101
的邏輯是科學發展清楚的前提，但這個發展是從後面推動的，使它
遠離那傳承下來的詞彙、信念、與問題。這裡沒有一個位子能留給
那觀點，說科學信念成長得愈來愈接近真實世界的本質。

第九章　真實世界中有什麼？

這一章主要關切兩個問題：是什麼賦予真理（truth）在科學中的構成性角色，如果不是對應到真實（real）？什麼能夠是一個真實的世界？[d]

不同的科學社群在不同的世界中工作。要有一個可改變的世界來解釋為何舊的理論行得通。一個詞彙（lexicon）提供了語言應用到的那個世界的本體論，而使用那個詞彙，字的確指涉到世界中的物體。自然類的語詞，當它們運作好時，是**透明的**；然後它們給予

我們這個世界。當它們失敗時，它們就變成不透明，而且必須只被看成是文字而已。

由不可共量的詞彙結構所建構的不同世界的說明，在延伸到科學以外的其他實作時，應該要謹慎。在一種意義下，我們永遠是從一個世界移動到另一個不可共量的世界去。我們的確在諸世界之中移動，就如我們從家移到辦公室或到教室。在它們之間沒有順暢的轉移，而且如果沒有注意到我們跨越的門檻，我們就會造成損壞（例如：把我們的小孩看成學生，或反之；或把一個家庭中的爭吵看成一個法庭裡的官司）。在這種情形下，我們就像犯了範疇錯誤。當我們在諸世界之間順利地轉移時，當我們正確地處理不可共量的詞彙與情境時，我們在我們的實際生活中，在一個意義下就是雙語人。

後記

（本書的）發展進路正確地堅持解釋學、科學史的民族誌對科學哲學有著核心的地位。理解過去的科學還有它的發展，要求克服由不可共量性所施加的困難——它靠著恢復過去科學實作的結構性
102 詞彙。但是，時代錯誤或輝格式的科學史不應該拋棄。[i]它的目的

---

i　譯註：孔恩這個有點令人驚訝的論點，在《複數世界》現存文本中幾乎沒有出現，但在本書前面的希爾曼紀念講座第三講第五小節中就談了不少。本書編者也在全書的長「導言」中好幾處談到。大致而言，無論是Whig history or presentism 的索引，可以參考本書頁碼 xxiv, 22, 86-89, 102, 277n26, 279n41. 相關聯的，關於進步一詞，本書搜尋有33處出現，但索引中幾乎沒有。

是在解釋當前科學理論的成功，所以它生產了時代錯誤的敘事，在那裡，過去的科學被看成是由一系列的理性上可靠的結論與選擇所建構，導向到我們當今的科學理論。過去的科學爭議然後不可避免地被看成是在理性的先行者與非理性的反對者之間的衝突。這種敘事，為了形構當今科學的認同（present scientific identity），是必要的。雖然這兩類的歷史彼此不相容，但兩種都是需要的，因為它們滿足不同的功能。解釋學的歷史敘事讓我們理解過去，而輝格式的敘事讓我們把過去看成是**我們的**過去，並把它的教訓用到今天。

附錄

這附錄的目的是在《結構》與《複數世界》二者的宣稱以及論證它們的方式之間作一個比較。有一個共享的概念核心組，有連續性與發展，但也有不連續性與修正。主要的共同面向是這兩個作品都聚焦於，由一共享的實作、詞彙、以及文化所構成的科學社群。而關於意義、觀念改變、理解、科學知識、還有進步這類的哲學問題，則以不同的形式提出，而促成了不同的答案，也就是當提出問題的措辭是以群體為主角，說它來容忍一些，但禁止另一些異議時，那就不同於當提出問題的措辭是以一個體，理想化的理性能動者為主角時。

世界是複數的：
一個科學發展的演化理論

湯瑪斯・S・孔恩

For Jehane

without whom very little!

致謝

Ned Block, Sylvain Bromberger, Susan Carey, Dick [Richard] Cartwright, Josh Cohen, James Conant, Caroline Farrow, Michael Hardimon, Gary Hatfield, Richard Heck, James Higginbotham, Paul Horwich, Paul Hoyningen[-Huene], Philip Kitcher, Jehane Kuhn, Eric Lormand, Richard Rorty, Quentin Skinner, Liz [Elizabeth] Spelke, Noel Swerdlow, and the Group at the National Endowment for the Humanities Institute at Santa Cruz.[a]

第一部

提出問題

第一章　科學知識是歷史產物

111 過去三十年間，科學哲學家裡，愈來愈多人對他們的研究主題採取了一個新的觀點。在不同程度上，因為他們過去傳統觀點中極大的困難，或是因為從科學史的研究中得到的理解，或是從維根斯坦後期哲學的啟發，他們愈來愈聚焦科學家們平日所作所為的問題上。在過去，他們把科學看成是一個無時間性的知識體，而現在的關切轉移到知識的生成與改變的動態過程上去。[1]這就是說，他們已經把科學看成是一種實作（practice），在眾多實作中的一種。

這種新觀點有一些驚人的好處。它對科學的說明，比起它之前的看法，更接近實際上科學家的活動。還有，它解消了兩個核心的困難，那兩個在兩百年來不斷纏著舊觀點的困難。傳統上來說，科
112 學客觀性這個觀念，是建基於孿生的兩個假設上：個別的信念是否為真，可以一個一個地去測試，而且這些測試可以被獨立於信念的證據來達成。但雖然經過很大的努力，這兩個假設還沒有一個可以

1 目前這裡還有後面的一般性的說法，應該把它限制在英語一系的科學哲學上。歐洲大陸上的科學哲學，特別是法國或德國的型態，就不太一樣，但仍然可能逐漸與英語系的彼此匯流。對這兩個傳統長久的分裂、以及目前可能的和解，一個很好的速描，見Gary Gutting, "Continental Philosophy and the History of Science," in *Companion to the History of Modern Science*, ed. R. C. Olby et al. (London: Routledge, 1990), 127–47.

被證成。而對於這種狀態的不滿，就會成為推動新運動發展的重要角色。乾脆丟棄那兩個假設，往往就在無意中成為推動新運動的重要因素。但是，對許多觀察者而言，這一種丟棄的代價極高，因為它讓客觀性究竟是什麼不清不楚。對許多批評者而言，這個新運動剝奪了科學的知性權威。它對於科學家如何達成結論——認定某些觀察、定律、理論為真——的描繪，使得那些結論看起來主觀、非理性、常要靠著時機、文化、還有利益來達成。這個新運動，一再不斷地被判定為相對主義，而且裡面一些人甚至還主張它。這個情況，在提出我的反駁論證的方向之前，我最好先承認的確是如此。[2]

在我看來，相對主義的指控，是指向一個真實的問題，但卻嚴重地錯認了對象。一個信念的理性，傳統上被認為至少是相對於它所基於的證據，所以也相對於時間、地點與文化。許多傳統論者卻走得更遠，認為必須要與其他已經確立的信念彼此有一致性——這點本身也是信念評價的一個理性標準。[3]不過，說科哲裡的新運動，除了一些熱心者之外，在某種意義上是主觀主義或相對主義，而它先前的科哲卻不是，這點說得其實相當不清楚。何況，新運動的確對傳統提出了另一個更深入的挑戰。問題的關鍵不在理性評價的標

---

2 一個早期新運動的反對者的反應，見Israel Scheffler, *Science and Subjectivity*, 2nd. ed. (Indianapolis: Hackett, 1982)。一個對相對主義及其類似者比較同情的反應，見Ernan McMullin, ed., *Construction and Constraint: The Shaping of Scientific Rationality* (Notre Dame: University of Notre Dame Press, 1988) 文集所收集的論文。更全面的討論就包括在Andrew Pickering, ed., *Science as Practice and Culture* (Chicago: University of Chicago Press, 1992) 裡面。

3 例如，見Carl G. Hempel, Carl G. Hempel, *Philosophy of Natural Science* (Englewood Cliffs, NJ: Prentice Hall, 1966), 38–40, 45–46。

準為何，而是它的目的。傳統上，那個目的被認為是去發現真實世界中的客觀真理。本書則提出一個全面的論證，認為這樣子去理解
113 科學家的作為是不一致（incoherent）的，而且如果認識到這個不一致的本質，反而可以重新確立科學的知性權威。

往後的道路將會很長，而且似乎會繞一些遠路。所以我們在開步走之前，若有一個粗略的地圖，會有所幫助。本章首先要對剛才提出的，在科哲的新運動與主流傳統之間的核心差異，給一個具體的說明。第一，我要查驗這兩種科學哲學在使用科學史的例子時不同的方式，這種對照，會顯示新運動的資源，並提供了新運動創新進路的根本線索。第二章則在描述新運動在提供適切例子時所碰到的一個沒有預料到的困難。第三章就去搜尋一個能夠理解那個困難的初步路子。而為此目的，就會要喚醒那個「不可共量性」的概念，那概念曾被新運動幾個最早的實踐者所強調，但在近年來則常被忽略。[4]雖然它通常會被看成放大了相對主義的威脅，挑戰科學的客觀性，而且阻礙了科學進步，但不可共量性其實是一個「愛瑞雅妮的線球」（Ariadne's thread），是理解科學可以恰如其分地宣稱

4 Paul Feyerabend 與我二人在一九六二年獨立地使用了 incommensurability 這個詞彙，但促使我們如此作的現象，則與那些早被N.R.Hanson在一九五八年討論過的事物，密切相關。我們都說到在介紹新理論時，所發生的意義改變。見Norwood Russell Hanson, *Patterns of Discovery* (Cambridge: Cambridge University Press, 1958); P. K. Feyerabend, "Explanation, Reduction, and Empiricism," *Minnesota Studies in Philosophy of Science* 3 (1962): 28–97; and Thomas S. Kuhn, *The Structure of Scientific Revolutions*, 2nd ed. (1962; Chicago: University of Chicago Press, 1970)。我的書從此以後將以*Structure*或《結構》來表示。除非另外指出，引文都來自該書的第二版。

具有知性權威的必要前提。

這三章，形成了這本書的第一部分。從這裡面，出現了這個宣稱，說社群的成員必須共享一個我將稱之為「結構性的類集合」（structured kind set），它的根處是天生的，但它大部分是透過後天訓練所習得的。這個類集合的結構，建構了這個社群的本體，它包含了居住在此世界中的各種物體、行為、情境等。那麼不可共量性就變成了一些類集合結構之間的關係，大大地限定了一個社群的類集合可以被另一個不可共量的類集合中的概念或名字所豐富（enrich）或借用的程度。不可共量的局部分布情況（local 114
pockets），通常就限定了一個老科學社群的類集合與它的後繼者類集合的關係，也形塑了在一給定的時代中不同科學社群的類集合之間的關係。當一個知識社群的成員作知識宣稱時，如果利用了某不可共量局部區域中的觀念或詞彙時，那個宣稱就不能直接了當地被另外一個類集合所翻譯。而要了解那些特別的宣稱，就需要去學習另一個類集合中的不可共量的部分，並把那個部分放進自己類集合對應部分的位置中。這個結果，並非去豐富自己的類集合，而是一種雙語並行的情況（bilingualism）。

在半世紀以前，當我開始想到這些事的時候，我完全不知道當時沒有任何關於概念與意義的理論可以與它協調，而因此造成了許多我或是其他人的困惑。但許多理由都顯示，我們非常需要這樣子的一個理論。本書《複數世界》第二部分的三整章就在勾勒這個理論的輪廓。第四章討論類（kind）與物體（object）這些觀念在生物學上的根源，因為演化已經把它們根植於非常幼小的動物、包括人類嬰兒的神經結構中。第五章討論在這些根結構（root structure）與人類語言的一些關係，本章特別提出了一個我稱之為「樹狀類」（taxonomic kinds）的關於名稱的意義理論，一種遍布於日常生活中的類。而第六章則轉到我稱之為「單子類」（singleton kinds），像是質量或力的類，它在科學的發展上扮演著不斷增大的角色，而它通常會與一個或更多我們通常稱之為自然定律的普遍化通則一起被介紹出來。

第三部分回到本書第一部分的主題，而第二部分則是它的基礎。第七章去檢查那新的結構性類集合是如何從舊的類集合中興起的過程，並特別靠著生物學上的物種化（speciation）觀念去理解。第八章則要問推動科學改變的馬達，與推動其他實作上類似改變的馬達，彼此如何區別。所以它會對如下這類的問題建議答案：如評價科學信念宣稱的目標、把這些評價描述成理性是否恰當、還有把
115 這些評價所生產的稱之為進步的意義為何。但在對這些問題的建議答案中，我沒有留給那些說科學信念的成長愈來愈接近真實世界本質的說法任何空間，但同時我認為認定某宣稱為真（truth claims）的邏輯，卻清楚地是科學發展的前提。第九章則問說，如果不是「對應實在」（correspondence to the real）這個觀點，是什麼給予了真理一個構成性的角色？並同時要問，一個真實的世界可以是什麼？最後，這本書以一個簡短的後記來結論，它討論下一節所說的兩種歷史的這個區分的功能是什麼。終於，揭開序幕的時刻來臨了。

I

那些科哲新運動的實作者所發展出來的一群進路，通常稱之為「歷史方法論」，[5]而且如此稱之的理由充分。具體科學工作的歷史例子，在他們的研究中，比起他們所批評的對象的使用，佔據著更為龐大的空間與份量。這些例子，為著恢復我過去稱的「科學家的實際的活動」，提供了具體的證據。結果，這個新運動，通常被它的支持者與反對者一樣，被看成是一種過去科哲所沒有的基於經驗的研究。[6]它的批評者甚至認為，這一群的新實作者，讓單純的描述取代了恰當的哲學關切。

但是，這個標題「歷史方法論」有兩個奇怪的地方。那些發起新運動的人，沒有一個是從歷史或科學史領域過來的。大部分的人反而曾受哲學訓練，而且是因為對當時主流的科哲不滿而被吸引到
歷史來的。[7]第二個奇怪點更有意義。訴諸歷史例子，其實在科哲 116

---

5 對此稱號與使用的理由，見Larry Laudan, "Historical Methodologies: An Overview and Manifesto," in *Current Research in Philosophy of Science*, ed. Peter D. Asquith and Henry E. Kyburg Jr. (East Lansing, MI: Philosophy of Science Association, 1979), 40–54.

6 在一個非常長的時間裡，我就是採取那個立場。我對新運動的核心貢獻，起始於我對那長久的科學形象的批評：他們通常「來自每一代科學家們學習他們的技能的教科書中」，而我的工作，我建議，反而會展示一個「非常不同的科學的概念，它可以來自科學研究本身的歷史記錄。」見*Structure*, p.1.

7 我想特別是Paul Feyerabend, N.R.Hanson, Mary Hesse, Stephen Toulmin. 也作出貢獻的Michael Polanyi, 既非哲學家也非歷史學家而是個科學家，他舉的例子都是從他對當代科學實作的知識而來的。我也是受科學訓練，而我對哲學的關切比我發現歷史很相干的時間要早十年以上。究竟是什麼把我們所有人拉到歷史去修正對哲學的不滿，我不清楚，但有些零碎的證據也許值得記錄。對我而言關鍵的事件會在下一章的開頭描述，而且他導引我到Alexandre Koyre's *Études galiléennes*, 3 vols.(Paris: Hermann, 1939)。他深刻地影響

中很常見，已經有很多年了：新運動的特色，與其說是訴諸歷史，還不如說是它賦予了它們特別的形式。[8]無論新或舊的形式，它們都有一些本質性的功能，本書的後記將會回到這個問題來。而為這兩種歷史服務的功能很不同，彼此根本不調和，而那種差異性，也會召喚出對自然、還有對科學知識權威的兩種不同的說法。[9]

要描繪這些差異，並稍稍領會到它所冒的風險，我們用托里切利發現了「自然並不懼怕真空」的兩種不同歷史來說明。傳統的那一種故事是正確的知識取代了錯誤的信念。它展示了科學發展朝向一個預先決定的目的；真實的狀態，在事件一開始時並不知道，但現在已經由權威的教科書描述出來了。我這裡提出兩種說法來說明。第一個是從W.Stanley Jevon的經典*Principles of Science*的一九五八年版重印而來，原書於一八七四年出版。

117 亞里斯多德的追隨者認為自然懼怕真空，所以它可以解釋泵浦

了我而且其他人一定也知道它。S.Toulmin 至少，深刻地被 Herbert Butterfield's *The Origins of Modern Science* (London: G. Bell, 1949) 前面幾章所影響，而後者也是深被Koyre所影響。(Butterfield 書第一章的開頭強調，十六、七世紀科學的核心轉變，「首先不是被新的觀察、或更多的實驗所帶來，而是來自發生在科學家心中的的換位（transpositions）」這句話幾乎是Koyre最核心論點的一個改寫。Gutting's "Continental philosophy and the History of Science" 將提議說，Koyre的歐路哲學史的訓練，特別為他這種類似的角色提供了準備。

8 對於科哲對歷史例子的使用、如何選擇例子、如何被科哲的立場所形塑，一個深入的觀察，可見Joseph Agassi, *Towards an Historiography of Science* (The Hague: Mouton, 1963)。

9 這兩種歷史彼此的緊張關係，並不侷限於科學史。Herbert Butterfield, *The Whig Interpretation of History* (London: G. Bell, 1931) 提供了一個精要的一般性討論。但是那些像Butterfield或我的人，雖然不斷評擊輝格史，卻常忽略了它在歷史過程中的構成性角色。

中的水會升起。當托里切利指出說升起的水在泵浦中無法超過33英尺高，而玻璃管中的水銀也無法升起超過30英吋，他們就企圖把這些事實看成是有限制的例外，並說自然懼怕真空只到一定的程度。但是當學院人del Cimento 展示說，如果我們把周遭空氣之海的壓力移除，並且按照所移除的比例，自然的恐懼也逐漸降低到最後完全消失，他們的尷尬就完全顯露出來了。即使是亞里斯多德的教條也無法抵擋得住這種直接的矛盾。[10]

傳統說明的第二種說法特別值得一看再看。它是從C.G.Hempel廣受尊敬的基礎文本而來，它也是我固定的教學材料。出版於一九六六，當時科哲的新運動已經在進行中，它與Jevon的文字只不同在更精確且豐富。

在伽利略的時代，而且可能更早，一個單純的抽水泵浦，它從井中汲水，透過一個可在泵浦筒中提起的活塞，可以把水提起到不超過井表面34英尺。伽利略對此限制很好奇，他為之建議了一個解釋，但並不正確。伽利略死後，他的學生托里切利提出了一個新答案。他論說地球被一個空氣之海所包圍，它會對下面的地表面產生壓力，而且這壓力施加於井時會讓一個活塞提起的泵浦中的水上升。而泵浦筒中的水上升最高只到34英尺，不過是反映了大氣施加於井表面的全部壓力而已。

10 W.Stanley Jevons, *The Principle of Science: A Treatise on Logic and Scientific Method* (1874; repr., New York: Dover, 1958), 666-667.

> 當然，透過直接觀察，明顯地無法來決定這個說法是否正確，所以托里切利間接地來測試。他推理說，如果他的猜測正確，那麼
> 118 大氣的壓力應該能夠支撐一個按比例來說較短的水銀柱。的確，因為水銀的特殊重力（specific gravity）大約是水的14倍，那麼水銀柱的高度應該是14分之34英尺，也就是稍短於二又二分之一英尺。他聰明地透過一個簡單的裝置來檢查那個測試的結果，實際上那就是一個水銀氣壓計。井水現在置換成一個盛著水銀的盆子，泵浦置換成一個玻璃管，一邊封閉，裡面裝滿水銀，然後用拇指緊壓另外開放的一邊，再倒過來，把開放的那邊沉入水銀盆中，然後放掉壓住的拇指。於是玻璃管中的水銀柱就掉落到只有30英吋——正如托里切利假設所預測的。[11]

如Jevons一樣，Hempel 以下面的話作了總結：他提到一些後續的觀察，托里切利帶著氣壓計上了Pey de Dome的山上來減低水銀表面的壓力，結果也造成了水銀柱的降低。

這兩個Toccicelli故事的樣本，展示了兩個緊密關聯的特性。首先，每個樣本都狹窄地聚焦於一個單一事件，在其中經驗證據被提出來支持一個特殊的假設、一個理論、或一個定律般的推廣。在此個案上，事件是托里切利以注滿水銀的管子來作實驗，而假設是用氣壓來解釋那個先前以所謂自然懼怕真空去解釋的現象。而實驗所提供的就是對假設的一個測試。如果在倒置管子裡的水銀沒有做到

11 Hempel, *Philosolphy of Natural Science*, p.9.

它應該做到的，氣壓的假設將會變成非常難以成立。[12]

一旦確定焦點，只有假設與測試它的觀察才在故事中扮演重要
角色。其他的細節只是櫥窗裡的花樣，而不同的故事樣本可以自由 119
選擇什麼不同的花樣或要包括多少的細節。例如說，那些測試都會扮演相同的角色（同樣程度的支持理論），不管亞里斯多德的理論（Jevons）或伽利略的「不正確」解釋（Hempel）是否曾存在過。同樣無所謂的是托里切利假設（空氣之海）的起源。Jevons或Hempel二人都把那個角色給予了空氣泵浦可以把水提升34英尺的那個觀察，但是它也可能由一些其他的觀察來扮演，或甚至完全被忽略。作為刺激的歷史角色，與從實驗而來的權威假設，彼此無關。最後，這些從一個觀察帶領到另一個觀察的次序，也都不重要。只要那假設、水泵浦、水銀與玻璃管子一旦被給定，那麼觀察就可以以任意的次序、在任何的時間、任何地點來進行，對測試都是同樣有效的。

托里切利的故事版本共享的第二個更重要的特點，是那個正當化他們狹窄焦點的預設。測試的目的，從頭到尾都被視為當然，是去決定一個定律或理論是否為真，是否對應到真實的世界，獨立於科學家們對之的信念。那個預設就具體化了所謂的真理的對應理論（correspondence theory of truth），一個大部分人覺得無法去反對的

---

12 Jevons的與Hempel的兩個故事樣本都意在描繪所謂的假設—演繹（hypothetico-deductive）的方法，其中先把假設說出來，然後再以實驗來測試它。另外一個主要的經驗主義方法論，歸納法，把次序倒過來，假設是從先前所取得的證據而歸結出來。但二者都聚焦於一個特殊的實驗與它的假設性解釋之間的關係，二者都一樣。就是這個焦點是目前的重點。

論點。沒有一種關於科學知識的理論可以忽視它而卻同時又可以逃避它看似必然如此的特性。但是，無論對錯，對應理論並不須預先決定一個看來是歷史敘事的結構，而那對應的情況就在那些迄今所檢驗過的故事中：有個真實的世界、空氣之海理論是個關於自然的假設、水銀柱的實驗室對那個假設是否為真的測試。除了實驗與真實世界的關係之外，其他都不重要。那個假設的起源、作出那個測試的歷史脈絡，以及作測試與作評價的人們的先前信念等，對這實驗的證據身分本身，都是不相干的。[13]

120 現在我們把傳統的兩個說明的樣本，拿來對照於那些新的、強調發展的科哲的實作者說法看看。他們的是關於信念改變的故事，而在教科書中的新信念建立起來以前，通常需要很多的階段。他們展示的是科學正在發展，並非**朝向**一個尚未知的實在世界，而是從一些歷史中的（也就是比較機緣的）關於自然的信念集合**離開**。因為缺乏一個可行的、已發表的托里切利故事樣本，我訴諸一個我在教授科學哲學時不斷使用的版本。[14]雖然它與Jevons版本的起點一樣，也比Hempel的更早，它卻因它的性質而需要更長的篇幅來說明。

---

13 對這些不相干因素的標準描述，過去都被歸屬於「發現的脈絡」。而科哲，就被說成在專注關切那「證成的脈絡」（context of justification）。（見Hans Reichenbach, *Experience and Prediction: An Analysis of the Foundations and the Structure of Knowledge* (Chicago: University of Chicago Press, 1938).）

14 這個樣本主要是從Cornelis de Waard一本精彩的專書*L'expérience barométrique Ses antécédents et ses explications* (Thouars, France: Imprimerie Nouvelle, 1936), 擷取出來的（96-115）。[編者—我相信下面這個很長的引文是孔恩從de Waard書中翻譯過來的。]

亞里斯多德和他身邊的追隨者相信真空是不可能的。在那基礎上，他們解釋了一系列已知的自然現象，包括了虹吸與泵浦、光滑平版間的附著力、還有液體在一條管子中的附著性，管子下面打開而上面用拇指按住。在十七世紀初年，這些仍都是標準的解釋，即使對於真空是否原則上為不可能的懷疑正逐漸提出來。例如在古代的晚期，許多自然哲學家相信在最終極的物質粒子之間，可能散佈著真空，他們認為只有一個延展的真空才不可能。而在中世紀，一般都不得不同意說，上帝，如果他願意，可以創造一個全然空無的空間，即使沒有自然或人為的力量可以做得到。到了十六世紀人們也知道，但討論真空的自然哲學家卻時常不知道，水泵浦通常無法把水提升到高於30英尺以上。但沒人把這個做不到看成是一個根本的問題：泵浦軸是中空的木板、活塞是纏繞著破布的木條，漏氣是無可避免的。

在失敗的泵浦與禁止真空的定律此二者之間，伽利略是第一個
提出它們可能存在著關係的人。他關切的是自然物質的力量，與平
版之間的附著力作類比，他相信它們的附著力至少部分是因為散佈 121
在物質各部分的真空所致。但是附著的物體可以被拉開、它們的附
著力可以克服，所以似乎自然對真空的懼怕是有限度的。所以伽利
略建議，同樣的限度也呈現在水泵浦無法到達30英尺以上的地方。
這個失敗就度量了真空所能夠支持的重量，也就是真空有限度的力
量。

伽利略的假設，最初發表在一六三八的*Two New Sciences*，對之許多人都深表懷疑，即使是他的仰慕者。也許可以製造一個真空，

但無法用普通的機械做出來。一個在羅馬的團體決定來測試伽利略的想法。為了避免漏氣，他們把一個木製的泵浦軸置換成一個鉛管並在其上黏著一個玻璃球。這個鉛管先注滿水，然後把它擺直、口朝下立在一個水盆中。結果管中的水與鉛管的頂端分開，站住在34英尺高的地方，被真空的力量所撐住。伽利略於是被證實了。

羅馬的實驗作於一六四〇年，它的消息很快就傳到了伽利略的學生托里切利。他就來重複那個實驗，但使用更重的液體。他思考：如果真空是支撐水柱的東西，那麼在一定的柱體截面積下，所有的液柱都會停在相同重量的地方，而其液柱長度是與液體的密度成反比。只有當一六四四年托里切利宣布他水銀實驗的結果時，他才建議說是因為大氣的壓力。這個結論，大概來自他當時正在做的工作與他之前在流體靜力學上的經驗彼此的類似性（他那時寫道「我們活在一個空氣之海的海底」）。如果沒有訴諸當時廣泛存在的流體靜力學知識，特別是阿基米德的工作，無論托里切利的工作或是其後的接受度，都是無法理解的。他的貢獻，可以最適切地描述成，把一個先前被認為與流體靜力學無關的一組現象，換位（transposition）到當時已廣為熟知的那個流體靜力學領域中。

就如它更傳統的先前說法，這個解釋可以延伸到包括del Cimento 學院成員後來的工作，以及在Puy de Dome 山上的實驗。但它與其先前說法的主要差異已經很明顯了。托里切利的發現不是
122 單一事件的故事，而是一個持續過程的故事，它**同時**帶向那個發現與它的詮釋。它回溯了一系列緊密連結的階段，每個階段之間的認

知距離都很短：從真空的不可能，到延展性真空的不可能，到人力不可能生產一個延展的真空，到證明人可以克服自然對真空的懼怕（水柱會停在它的重量之下），[i]到水銀柱型式的水柱實驗，以及最後，到托里切利的空氣之海假說。每一個階段都歷史性地安置在某個時間與空間中。每個階段都為下一個階段準備了一個位置，好讓下一階段可以容易觸及並讓這兩個緊鄰的階段可以比較與評價。在一個合適的時間中讓故事開始（合適性的條件將在下一章來討論），所有後續的階段都扮演著必要的角色。如果其中某一兩個階段有所不同，那麼差異通常就會反映在故事後面的所有階段裡。

就是以上這兩種例子在形式上、而非在事實內容上的差異，展示了在哲學上的重要後果。雙方都展示了科學是讓新假設面對觀察結果而有所進展，進而去直接測試它們，或者更常見的是去使用它們。而且，在兩個例子中，測試都包含了把這個新假設，以觀察為中介，拿來與另外的東西作比較。但那另外的東西，卻在兩個例子中有著深刻的不同。這本書的大部分，都是為了要全面理解那個不同而寫的。但在這裡，我只能提示那個論證發展的方向是什麼。

從發展運動給予這些例子的形式來看，其結果會要求一個在時間上延展的比較系列。還有，在這些比較中所使用的語詞，是兩組信念，一個是實際上、目前在使用的，另一組是要替換目前信念的候選者。從兩組信念都可以各自推演出可觀察的結果，如果一組的

i 譯註：在這裡說是人在克服自然對真空的懼怕，但前面孔恩的寫法成了是真空在克服或抵擋自然的懼怕。

結果比另外一組更能符合觀察，這個差異就肯定了更符合的那一組。另方面，從傳統觀點所給予那些例子的形式來說，只有一個單一的比較，其語詞中只有一組信念，從它也可以推演出一些東西。另一個語詞就是實在。它不是另一組信念，而是一般信念的**對象**：它與觀察的關係是因果關係，而非演繹的關係。觀察只是它的線索，而且任何目前給定的線索集合，都可以與許多不同的實在觀念
123 相容。對傳統而言，簡單說，目前的假設要和一個仍然不被完全理解的實在來比較，而通常說，前後接續提出的科學假設就會愈來愈接近那個實在。另一方面，對發展運動而言，目前的假設是要與另一組企圖取代它的信念比較。一個觀點把科學看成是實在把它拉向前走的，那是一組要捕捉實在的真實信念；另一個觀點是把科學看成是從背後推動，被那些晚近被接受的信念推著走。如果你願意，可說兩種觀點都是演化式的，但第一種是目的論式的，朝向一個已存在的目標，第二種則是達爾文式的。

把「朝向我們希望知道的演化」替換成「從我們已知道的來演化」是發展運動的核心創新。是對歷史案例的仔細注意才導致了這個創新。[15]但是新運動的成就還有它持續所面對的挑戰，如同之前

15 前面的引文來自《結構》一書的最初版本（原版頁170，後面版本的頁171），在那裡包含著一個簡略的討論，比較達爾文演化論所提出的困難與那些目前發展運動所提出的。達爾文要把上帝的計畫排除在生物演化的導引力量之外，而我們對外在世界作為科學信念演化的因果角色也在做同樣的事。在《結構》中，論證的力道首先在於多重的歷史案例，而演化的平行類比只有在過程中提到，為的是要延遲討論科學真理的問題。在本書中，歷史案例的分量則小很多，與演化的平行類比則一開始就以一個是內在於任何非目的論式發展過程的特性介紹進來；我們對它的使用，扮演著與以前歷史案例一樣的重大分量。

的討論所蘊含的，大部分都與前面案例所提供的那些描述性訊息彼此獨立。反之，它來自把個體描繪性的實驗事件替換成一延續的敘事，並特別展示那些事件彼此的聯繫性。對這種敘事需求的強調，構成了發展性的、歷史的、與演化的觀點，而這種觀點也轉而成為新運動的構成部分。

II

如前所述，新觀點解決了經驗主義傳統所長久面對的兩個傳統
問題，特別嚴重的是它二十世紀的形式：對一個中性的觀察語言的 124
需要，還有杜韓整體論（Duhemian holism）的化約問題。這些困難似乎挑戰了知性評價的客觀性，而這兩者，當從發展觀點來看時，似乎是如此簡單而自然地消失了，也給予發展觀點很大的說服力。第一個問題比較古老而更核心，可以追溯到十七世紀，當近代科學與哲學誕生時。科學那時就成為正確知識的模範。它作為一正確方法的程度，幾乎可以類比於數學知識的確定性。要成為那樣，它們所基於的證據必須要客觀：獨立於先前的信念，還有個人與文化的**特殊性**。它要求若非是天生的、先驗的、或是純粹感官的，就只能依賴所有正常人類觀察者共通的感官生物性裝備。要能滿足後者要求的證據，就被認為必須是各種純粹感受的組合—看到的顏色、感到的暖、聽到的聲音。這些感受就提供了感官的單純概念，從那裡，以洛克先驅性的觀點來說，就可以建構出物理世界物體的複雜概念。

發現到從中性的原子感受可以組合成一張椅子或一顆撞球的分子感受，這理解過程其實很困難，而在二十世紀初年又加上了另一個困難。從定律或理論推演出的結論，是以陳述句的形式來表示應該觀察到的現象——如果那些理論為真的話。但是，當時哲學家就領悟到，陳述句只能與另外的陳述句比較，而非與感官觀察直接比較。所以客觀測試似乎不只要求純粹的感受，還要有能夠表達它的中性觀察詞彙。就是這種以觀察詞彙所鑄造的陳述句必須能夠獲取別人的同意，獨立於文化或先前的信念——如果科學客觀性能夠保
125 持的話。[16]去追求這樣的詞彙，一直是這個傳統在二十世紀大部分時間中的核心工作，而且仍然還待完成。大部分的哲學家現在懷疑是否有一天會完成。[17]

但在發展性的科哲中，[ii]沒有類似的困難。要求作評價的不是單一一組信念孤立地被考慮，而是考慮**實際上**共存在特定時空中的

---

16 對於這個從觀念到陳述句的過程議題，一個遠為更全面、而且更細緻的說明，見Ian Hacking, *Why Language Matter to Philosophy?* (Cambridge: Cambridge University Press, 1975).

17 驚訝於它許多不可跨越的困難，Otto Neurath 與 Karl Popper 在三〇年代就放棄去搜尋一個中性觀察語言。在他們傳統的半演化論式的版本中，科學實作者所實際在報告觀察結果的語言，就被接受使用來評價假設，而且允許它們依時間而變化。就這個程度而言，他們的觀點，和W.V.Q. Quine一樣，預見了科哲的新運動。但他們都省略了，從事後來看，一個似乎是關鍵的一步。一個假設的價值（或更好說，包括那假設的一組信念）仍然是孤立地在被評價，把那考慮要取代的觀點與新的假設彼此作比較的一步，仍然沒有扮演必要的角色。

ii 譯註：孔恩對他說的科哲中的新運動（new movement），所用的名詞常逐漸位移，從新運動，到發展運動，到現在的發展性的科學哲學（developmental philosophy of science），下面的發展進路（developmental approach）、或是演化進路（evolutionary approach）等，其實意思都差不多。

幾個立場的**比較**評價。沒有任何需求用中性、無預設信念的詞彙來陳述。這些詞彙只需要是共享的，而且獨立於要做選擇的那幾組信念。甚至，需要共享的不是每個假設所要求的所有詞彙，而只是在報告觀察時所需要的那部分的詞彙。而即使在那裡，也不需要全部重疊。至少在評價的時期中，那些條件不可避免地會被滿足：兩組詞彙共存，一組是最近從另一組發展出來的，而且仍然大部分與另一組的外延重疊。只有在後來，當新的一組信念不斷發展，在它與它先前取代的另一組彼此的詞彙差異，才會增加到一個可能會阻礙比較評價的斷點。但是到那時候，所要求的評價早已完成，而結果也已到位。簡言之，當評價被看成是一個歷史處境，在傳統知識體與它大部分重疊的潛在後繼者之間做選擇時，一個對中性觀察詞彙的需求就消失了。而即使這種詞彙真的存在，它的使用也不會改變決定或其正當性。

以上，是發展進路解消了第一個傳統問題。第二個問題，常以蒯因—杜韓（Quine-Duhem）論點的方式出現，也以非常類似的方式被解消。而就當前的目的而言，特別相關的是它的杜韓形式。[18]

回到托里切利的實驗，它會顯示所牽涉到的議題。不管他的原 126
始動機為何，托里切利的氣壓計實驗的確成為空氣之海假設的一個測試。但實驗的結果，並非只是從假設本身推導出來而已，一些輔

18 「蒯因—杜韓論點」這個詞，常把兩種整體論（holism）混和在一起，它們雖然相關，但絕非相同。蒯因的整體論，我將簡短地在第三章回到它，是一種意義的整體論，那使得他鼓吹要去除意義這個觀念本身。杜韓則不關切意義，所以它的整體論，我馬上就要描述的，就溫和的多。

助性的假設也是必要的。整個流體靜力學必須成為前提，還包括一系列關於重量與密度類似定律般的推廣，關於適合度量它們的儀器，以及關於在這些度量中介值的角色。沉浸在水中的木頭與在空氣中有相同的重量？或根本沒有重量、或負數的重量（所有這些觀點都被提出過）？還有，空氣及其容器的特性也需要預設：空氣之海上有個海面，空氣有重量而且可以被類似水的方式來處理，而儲存空氣的容器不會被更細微的液體所滲透，後者反而常拿來解釋許多其他的自然現象，等等。如果氣壓計的實驗沒有給出預期中的結果，我們不需要結論說空氣之海的假設是錯的。當然它是最可能被懷疑的，但困難也可能來自任何的輔助假設。測試不可避免地是整體性的。並沒有明顯的方法可以來測試孤立的假設個體。

雖然用一些技術來減低杜韓整體論的效應持續在傳統科哲中討論，一般性的答案並沒有被發現，而且在未來似乎也不會更為成功。但是，在發展性的科哲中，此問題就消失了。如果評價的目的是在兩個可陳述的知識體之間做選擇，那麼需要被測試的只是那兩個知識體中有所不同的那些推廣與單一陳述而已。那只是整體中非常小的一部分：新假設本身加上在老知識體中，需要調整以提供空間給它的任何陳述而已。所有其他的——那些兩個知識體的支持者
127 都同意的——都可以在評價過程中召喚出來以正當化這個選擇，即使任何這些陳述後來在其他的評價中可能會另有風險。

例如說，流體靜力學，是在參與托里切利假設辯論者間的共同基礎，所以自然是個前提。流體靜力學當時共享的那個形式，後來需要重新打造，特別是關於重量的概念；但那並沒有讓那個辯論本

身比較不理性。另一方面，關於空氣的問題——是否它有重量，是否它可以當作液體，是否當它不在水銀上方的空間時就表示那個空間是空的——所有這些還有其他相關問題在當時都沒有確認下來。關於托里切利實驗的辯論，也同時是關於這些問題的辯論，而辯論的結論，不只改變了關於真空的看法，也改變了關於這些問題的看法。幸運的是，當時有足夠共享的前提，能夠讓辯論終結。當要在兩個知識體之間做**選擇**時，無論是杜韓的整體論或說共享的信念可能有錯，都不會阻礙一個理性結果的出現。

III

這兩個長久不去的困難，就在演化式的進路中消失了。傳統中的一些其他的特性也隨著消失，但是它們的缺席，如前所述，似乎就挑戰了科學的傳統知性權威。尤其是，它們導致不斷的相對主義指控。但是被指控的新觀點所帶來的相對主義，是兩種非常不同但又常被混雜在一起的東西。第一種，它是真正的相對主義，我暫時稱之為方法論式的。如果是它威脅了被吹捧的科學客觀性——我懷疑真的威脅到了——那麼這種威脅並非今天才有。我這裡只會簡短地來處理它。另一種，曾被稱之為關於真理的相對主義，它的確是個清楚的威脅，但它並沒有恰當地被描述為相對主義。關鍵其實在科學真理本身這個傳統的概念。

因為缺乏一個阿基米德的平台，一個免於時間與文化變遷的固定位置，所以對知識作評價的結果，必然要依靠在特別的歷史情境

中來作評價。一個在一組情境中被評價為可接受的提議，可能在另
128 一組中被評為不可接受，而且在歷史上，這種理性評價的改變的確會發生。例如，考慮一個非日心說的宇宙在古希臘、還有在早期近代歐洲的兩種非常不同的接受情況。人們會問，為什麼這種隨著時間與地區變化而有不同的評價結果，可以稱之為客觀？難到它們不該稱之為主觀、甚至非理性？這類的問題就展示了方法論式的相對主義。

這種相對主義毫無疑問是真的，而且它的確成為問題。但是這些問題並非新問題。例如說，科學結論的正確性或理性，一直是相對於當它們作結論時手上有的證據；而且還相對於已接受的信念——這是發展主義者必須接受的——而這些關於主觀性或理性的情況都不會造成更多的問題，無論如何它們也常被傳統的支持者所接受。在發展進路中的方法論的相對主義，還有在作知性評價時展示的主要判準，兩者因此都是一直存在。它們呈現的問題，並非來自發展進路，而是來自科學哲學家（還有其他）的一種使用**客觀**、**主觀**、**理性**、**非理性**這些詞彙的奇怪方式。這些詞彙所指涉的觀念需要系統性的哲學檢查，如此才可以促成改革。關於這個改革的本質的線索，將會於第八章出現，在那裡我會回到評價的問題來。[19]

---

19 也見我的 “Objectivity, Value Judgment, and Theory Choice”, ch.13 *in The Essetial Tension: Selected Studies in Scientific Tradition and Change* (Chicago: University of Chicago Press, 1977), and “Rationality and Theory Choice” Journal of Philosophy 80 (1983): 563-70. [後來在 *The Road Since Structure: Philosophical Essays, 1970–1993, with an Autobiographical Interview*, ed. James Conant and John Haugeland (Chicago: University of Chicago Press, 2000) 第九章重印]

第二種指控——關於真理的相對主義——則是另一回事。發展觀點的一些提法，特別是我的，曾被拿來說它蘊含了不只科學結論的理性，還包括它的真理，都是相對於時間、地點、以及文化。在這種讀法之下，古希臘時自然的確恐懼真空，但後來自然就不再如此；地球在那時位居宇宙的中心，但後來被太陽所取代。會那樣子讀我的書的理由，在下一章會強勢出現。[20]但是，無論那種讀法 129
有多麼地引人，那不是我原來的用意。我原來覺得有危險的，倒並不是在真理的恆常性，而是在它的本質。等下就會知道，我無法把我之前提過的真理的對應理論，與我後來理解到科學知識是如何發展的二者調和起來。我也無法看到如何去解釋科學進步但卻不訴諸它。這個結果對我而言，曾經是個深刻的困境。

那種困境的本質將需要更多的討論，但就現在的目的而言，可以很快地草描一下。從發展的觀點來看，所有的科學評價都必然是處境在歷史中、是比較性的。要作評價的常是在現存的信念／知識體中作一些具體的調整提議，而那些現存的、沒有受到調整影響的信念，將會成為評價的工具。它們會被所有的辯論參與者接受，而且外在於受檢驗的議題。雖然它們不像傳統的阿基米德平台，但沒

20 那種讀法特別貼合《結構》，因為其中我不斷地提到，不管有多游移，那種觀念上的重新導向，而之後「科學家就在一個不同的世界中工作了」（頁121及該章的其他此引文出現的地方）。類似的句子也將會出現在本書，但要等到它的結尾。對這個主題，見Ian Hacking精彩的論文 "Working in a New World: The Taxonomic Solution" 還有我對之的回應 "Afterwords"。二者都發表於 *World Changes: Thomas Kuhn and the Nature of Science* (Cambridge, MA: MIT Press, 1993), 275–310, 314–19. ["Afterwords" 重印於 *Road Science Structure* 成為第十一章]

有它們，評價就無法進行。而擔心它們中的某些部分，可能在一個改變的歷史與證據情境中被懷疑或被拋棄，是不相干的。如果因為如此就不去使用它們，那就是非理性。以這種方式來理解理性的科學評價，意義就很深遠。如果這種評價的結果不依靠一個共享信念體的真或假作為基礎，那麼那些評價及其建議，就無法關聯到辯論中的信念的真或假。在這情形中，傳統企圖把作為評價信念選項的真理，替換成逼近真理或真理概然率，並沒有用。從發展觀點而來的動態平台上所作的評價，無法正當化作為對應實在的真理概念。

130 但是，有危險的，不是真理本身，而只是作為對應的真理；並且，其實存在著一整群持之有故的哲學觀點，都認為一種更為弱化的科學真理的概念，就足以來了解情況。通過如實用主義或工具論這類的名號，這些觀點建議說，要評論科學定律或理論，不是問它們是否對應著一些假設的實在，而是問它們是否有能力實現一些其他、更立即的目標：預測或解釋自然現象是兩個曾被提出來的目標，第三個是控制自然。這種觀點下，作為對應的真理持續統治著在日常事務中現行的描述陳述句，以及提供科學家作為證據的觀察陳述句。但是，作為評價理論或定律的那些超越直接觀察的主題，某種比較寬鬆的真理觀念就足夠了。等下我將勾勒兩種主要的選項。

像這類的觀點，已經扮演著形塑本書主要論點的重大角色，但它們現存的提法並不夠。首先，那些提法都預設了對困難的觀察語言問題的一個解答，前面已提過。它們要求，但卻沒有提供一個原則性的區分線：如何區分在對應真理所適用的觀察陳述句，以及那些涉及科學所產生的假設性事物的陳述句。其次，即使這條幾乎無人相信的線可以畫出來，提供給非觀察性陳述句的寬鬆真理還是概念太弱，不足以支持科學的需求。作為對應的真理，扮演了一個本質性的角色，是那些實用主義（pragmatic）的真理概念所缺乏的。

實用主義真理概念的基本困難是，它們無法解釋為何在兩種不相容的科學定律或理論之間有做選擇的需求。假設那些實用主義者是對的，例如說原子只是一個心中的建構，對預測或解釋的目的有用處。科學家仍然會需要選擇它們作為恰當的工具來進行一項研究，或作為一項評價的可接受的基礎。我們無法在一項研究或評價中使用原子理論以及另一個有不相容後果的理論，那是非理性的。而科學的發展非常要求科學家在不相容的定律或理論中做選擇，而
真理的對應理論就提供了那項要求的基礎：科學陳述句是關於事實 131
的，而邏輯原則，像是非矛盾律，就一定要應用到它們。實用主義的真理理論無法提供替代品。

一個實用主義的真理理論把真理視為理性探究的極限，但是那個提法對於在**現行**研究或評價中需要使用像非矛盾律或排中律的情形，並沒有提供理由，但那正是需要的地方。[a]另一個提法是，把真理等同於有保證的可宣稱性（warranted assertability），同樣無法強迫人做選擇：人們通常有非常好的理據來肯定兩個不相容的定律或理論中的每一個。[b]任何有效率的科學社群都無法長久忍受這種不一致性。如果情況持續，受影響的社群通常都透過分裂來保存非矛盾律，一個群體使用一個理論，另一個則使用那個不相容的。但分裂是最後的手段。科學的發展似乎會依賴科學家們不讓他們社群

太容易地碎裂化。辯論一個定律或理論的兩造，通常必須投入極度的努力來尋找證據以說服對方。科學由證據來前進，而證據在科學裡是沒功能的，如果它不是那樣來使用。一直到今天，這種科學前進方式的最好辯護，就是來自對應理論。透過把所有層次上的科學陳述句都看成是關於事實的，如此它就讓這些陳述句服從邏輯上的非矛盾律。

這就是發展性科哲一個根本的兩難形式。在恰當的理解下，它演化論式的觀點與真理的對應理論有著不可化解的衝突。但它卻需要一些知性的原則來要求科學家在不相容的東西中做選擇，但目前所有企圖替代對應理論的觀點卻無法提供。[c]

一九九四年九月十九日

第二章　闖入歷史

上一章建議說，科學知識必須理解成一個發展過程的產物，它 132
的每一代都傳自前代，但要調整來符合來自環境的新情況，然後再傳到下一代，如此繼續下去。對這個過程作哲學分析，要檢查的單位是一個敘事，它累積到造成一個或更多的彼此關聯的知識單元。對終結過程的那個選擇，並不會決定了那個必要的敘事應該從何開始，而且事實上，並沒有一個最好的選擇。但是那些適合作哲學分析的，必須協調兩個互相衝突的策略性要求。一方面，當信念改變是敘事的主題時，它的開始與終結在概念上必須距離很遠。如果前者一開始就可以看到預示了後者，那麼二者之間的路徑肯定不稀奇。另方面，在敘事的開始與結束之間的時間距離，不應該太大於二者所要求的概念上的距離。敘事時間涵蓋的愈大，必須涵蓋的議題數量就愈多，而那些不斷增多的議題，大部分都與哲學家的目的無關。[1]

一旦選擇好一個起點，第三個要求就浮現了，而且它是最重要 133
的。要準備好敘事的舞台，我們必須好好呈現一組在當時是相干的

1　說歷史是解釋性的，這我單純地把它看成是前提，雖然在其他地方對這前提的辯論很多。

信念，以便一方面讓它忠於文本證據的細節，另方面也要讓它看起來是「可信的」（plausible）。只有讓那些信念看起來是可信的——只有在我們理解為何與如何那些信念曾被認真對待之後——我們才能專注於決定改變信念時的理性角色。而只有回答了那問題（一個答案會是：沒有任何角色），我們才能探究這種下決定過程要達成的目標為何。這裡我們提出的可信度概念，將會在本章後面不斷地來描繪，但在目前，它看來大概是有問題的。通常，一個信念或一組信念的可信度，是依著支持或反對它或它們的證據而定。但是為了避免無限循環，那就不是我這裡的意思。前面第一章的整章，就是一個延展的論證說，證據只在信念改變的評價中運作，而非信念本身。如果在敘事開始時所持信念的可信度，是來自導致接受它們的證據之結果，那麼要讓它們的可信度可接受，就還要檢查那些因此證據而遭取代的信念。再來，這個過程也得要檢查更早的信念，如此一直到時間的初始。所以，可以應用到敘事起頭的那個可信度，就必須是另外一種東西。

這「另外一種」在日常生活中很知名，也在非行為主義的社會科學中，還有在很多歐陸哲學中。這是一種來自對先前感到困惑的文本或行為的片段的**理解**（understanding）。[2]通常它的來到，會如

2 理解或某種連帶的可信度，並不就使得老信念是對的，也並不就從它們中排除了錯誤或不一致。但是在達到理解的過程中，包括了理解為何犯了某種錯誤的理由、還有為何要以如此的形式來表達的理由。但是，對尋求這種理解的人來說，談論錯誤或不一致，必須是最後的手段。如我們後面的例子所顯示，我們很容易把有潛力、有揭示性的怪異性排除成錯誤或迷信。雖然那診斷不一直是錯的，但這種想要作出診斷的龐大誘惑一定得極度抗拒。

碰到一個突然且沒有預料到的靈光，有時會以「啊哈」的經驗來指
涉它。而且通常，這個理解所提供的，就是對某一段行為之目的、 134
意圖、還有意義的理解，它可能來自文本作者，或某種政治行動，或就是某人或正在對話中的某人。在最熟悉的案例中，那種理解通常會是領悟到我們曾誤解了、把令人困惑的行為歸入錯誤的範疇中。例如那個似乎不可理解地憤怒的人，其實只是興奮而已。但是有的時候，那個尋求理解的人，卻沒能掌握那必要的範疇，而如果那個奇怪的行為者來自一個外國文化，那就特別有可能。尋求一個能夠理解某個行為的範疇、讓它可信、允許它被理解、這些都是民族誌學家典型的活動。它要求對行為作一種整體性的詮釋，後者現在愈來愈常被稱之為解釋學（hermeneutic）。[3]

要使得認知發展敘事開始時的信念成為可信，歷史學家必須也變成一個民族誌學者，而敘事中民族的成分的結果，一方面加深了在第一章描述的哲學困難，但同時也提供了解決它們的工具。可惜的是，語詞的描述大概無法傳達所涉及的那些。民族誌學者堅持田野是學習他們專業的必要之途。作為一個歷史學工作者，我發現我無法教導學生他們技能中的民族誌成份，除非透過一個田野的等同

---

3 在許多對解釋學的詮釋的討論中，對我最有幫助的是Charles Taylor, "Interpretation and the Sciences of Man" 最初發表在一九七一 [*Review of Metaphysics* 25, no. 1 (1971): 3–51]，但現在很方便地重印在他的 *Philosophy and the Human Sciences: Philosophical Papers*, vol.2 (1985)。但要注意，呈現Taylor論點的主要角色是來自一個原則性的對社會與自然科學的區別。對這個二分法的保留，見我的 "The Natural and the Human Sciences," in *The Interpretative Turn*, ed. David R. Hiley, James F. Bohman, and Richard Shusterman (Ithaca, NY: Cornell University Press, 1991), 17–24 [reprinted as chap. 10 in *Road Since Structure*].

物：與他們一起閱讀過去的科學文本，指出他們一開始去詮釋文本時的困難，並提醒他們另一種閱讀法的線索。下面的三個例子所提
135 供的，不外乎一些間接感知那種經驗的替代品，但是它們可以導引讀者進入本書核心的一些問題。[4]

I

所有三個例子都來自我個人的經驗。第一個——我對亞里斯多德物理學開始理解——對我而言有特別的意義，因為四十年前我和亞里斯多德的相遇，就首次說服我科學史也許和科學哲學相關。[5]

---

4 這些例證最初是我從一九八〇年聖母大學三個系列演講中的第一個所發展出來的。經過適當的架構改變，在之後個別的演講中我不斷地使用它們，而其中一個演講已經發表在 "What are Scientific Revolution?" in *Probabilistic Revolution* vol. 1, *Ideas in History*, ed. Lorenz Kruger, Lorraine J. Daston, and Michael Heidelberger (Cambridge, MA: MIT Press, 1987), 7–22 [reprinted as chap. 1 in *Road Since Structure*]。在所有這些早期的報告中，就如同在《結構》中一樣，我自己親身來描述一個在科學發展中的特別事件（從那裡得到我標題中的「革命」），而我把科學家在時間中往前走的經驗，合併（conflation）了歷史學家往後走的經驗。現在我不認為這種觀點曾是全錯的，但這合併的確曾是錯。在這裡的使用，這些例子自然經過不小的修改與重新聚焦，來描繪一個歷史家必須走過的路，去重新掌握一個可信的過去位置，從那裡我們才能開始一個敘事。

5 當時我的工作材料全部來自亞里斯多德希臘文的英文翻譯，但我現在不會允許一個預備進入這個科學史專業的人去做那樣的事，特別在我從物理轉換，並學習到我新專業的責任標準之後。後面要說的大部分都來自我的早期，但是外在的幫助，還有Leob Classical Library的雙語並列（facing-page）翻譯，從那時開始都促使我作了廣泛的文本微調。對這種幫助，我要特別感謝我的太座（Jehane Kuhn）、D.A.Antriopoulos, John Murdoch, B. B. Price, Richard Sorabji, Gisela Striker, and Noel Swerdlow, 他們都不該為這裡所呈現的觀點負責，但卻幫忙改進了這裡所呈現的文本。我也要感謝 Striker教授讓我使用她的一本荷蘭博士論文 "Concepts of Space in Classical and Hellenistic Greek Philosophy" 由Keimpe Arnoldus Algra 在一九八八年提出給烏特勒支大學 [published as *Concepts of Space in Greek*

但給予這個例子第一位，還有個比較不那麼個人的理由。不像後來 136
許多更技術性的例子，這個例子可以讓一般讀者都能全部掌握。當我在下一章分析這一章所描繪的現象時，我就會不斷一再地提到它。更專技性的、更像科學的例子也會在這一章及後面使用，但我不會完全只依賴它們。

我第一次閱讀亞里斯多德的物理著作是在一九四七年的夏天，當時我是一位物理系的研究生，在一門開給非科學家的科學課程中嘗試準備一個關於力學發展的個案研究。要決定何處這個個案必須終結並不困難。牛頓及其後繼者在技術上來說對我的學生太困難了，我要講的故事必須結束於伽利略。但在那個案例裡，我的故事必須開始於亞里斯多德，而他的想法正是後來伽利略不斷企圖要以自己想法替換的。

一點也不令人驚訝的是，我接觸亞里斯多德的文本時，心中卻清楚是牛頓力學。我希望回答的問題是亞里斯多德懂多少力學，以

Thought, by Brill, vol. 65 in the series Philosophia Antiqua, 1994]。對於那些主題如*chora*、*topos*以及*kenon*，我的結論與Algra的很不一樣，但是我對它們目前大為改進的提法，如果沒有他權威性的專書，是不可能的。如果我在修改本書的後期之前能夠使用它，這個對亞里斯多德的討論可能會更加改進。

但是要注意，在之後註腳中需要討論**希臘**字的需求，只有非常間接地來自「亞里斯多德是用希臘文寫作」這個事實。我所在意描繪的差異，是概念上，而非語言上的。如果亞里斯多德是用英語寫作（或者在他的時代中就被翻譯成英語），關於一些看來熟悉的詞彙如*motion*、 *mater*還有*place*等在他的文本中使用，類似的討論仍然會是必須的。但是，這個例子之後的兩個例子可能會建議說，如果，與事實相反，亞里斯多德用老式的英文詞彙來寫作（或被翻譯成），我對觀念改變的討論，可能大部分會在正文中處理就好。註腳的角色可能會大大地減弱。

及他留下了多少給伽利略與牛頓去發現。從這個提法出發，我很快地發現亞里斯多德幾乎完全不懂力學。幾乎所有的力學都留給了他的後繼者，大多是那些在十六與十七世紀的人。那是個標準結論，而且在原則上大概也會是正確的。但我覺得很困擾，因為當我在讀他時，亞里斯多德看來似乎不懂力學，而且對一般物理世界而言，他是個令人害怕的壞學生。特別是關於運動，他的書寫，無論是邏輯上或是觀察上，在我看來都充滿著嚴重的錯誤。

但是這結論，似乎與這個個案不符。亞里斯多德，畢竟是個被廣為仰慕的古代邏輯編碼人。在他死後的兩千年裡，他的工作在邏輯上扮演著如歐基里德在幾何學上相同的角色。還有，亞里斯多德通常被證明是一個非常銳利的自然史觀察者。特別在生物學上，他
137 描述性的著作給十六及十七世紀近代生物學傳統的興起提供了核心的模型。怎麼可能他的特有才能，竟然在運動與力學的研究上如此系統地拋棄了他？同樣令人困惑的是，如果他的才能如此拋棄他，為何他的物理學著作在他死後如此多的世紀中曾被如此認真的研究？這些問題困擾著我。我可以很容易相信亞里斯多德曾經跌倒，但不是那樣：當轉到物理學時，他就完全崩潰了。我問我自己，難道錯誤的是我，而非亞里斯多德？也許他的文字對他和他同時代的人的意義，與對我和我同時代人不一樣？

有那樣的感覺，那文本便持續困擾著我，但最後，我的懷疑終於證明是有道理了。我坐在我的桌子旁，手上握著一枝四色鉛筆，亞里斯多德的《物理學》（*Physics*）攤在我面前。抬起頭來，我抽象地凝視我房間的窗外——那視覺的印象我今天仍然記得。突然之

間，我頭腦裡的片段以一種新的方式自我組織起來，有條理地一一到位。我的下巴都掉下來了，因為突然之間，亞里斯多德似乎成為一位非常好的物理學家，但是我從未夢想過的那一種。現在我可以看到為何他曾說過他所說過的話，以及為何他曾那樣地相信。那些我先前視之為嚴重錯誤的陳述句，現在似乎最多只是在一個強有力的成功傳統中不經意的疏失。

讓我現在描繪一些關於我發現一種亞里斯多德物理學的新讀法的事物，那種讀法使得文本有道理了。第一個例證是很多人都熟悉的，當亞里斯多德文本中的詞彙翻譯成「運動」時，他指涉的一個物理實體可經歷的所有變化。[6]位置的變化，它是伽利略與牛頓力學的唯一主題，只是亞里斯多德關於「運動」的幾個次範疇之一而已。其他範疇則包括了成長（從橡實到橡樹的轉變），密度的改變
（鐵棒的加熱），還有幾個更一般性的性質變化（從疾病到健康的 138
過渡）。亞里斯多德當然認識到，這些不同的次範疇並非在所有的面向上都相似，但是那一組可以作為認識與分析運動的相干特性，對他而言，是可以應用到所有種類的運動中去的。在一個意義上，那對他而言，是實在的，而非比喻的，所有這些變化的不同種類，都是彼此相似的；它們構成了單一的自然家族。亞里斯多德很明白

6　事實上，有兩個詞譯者譯成「運動」，但有時也譯成「改變」：*kinesis*與*metabole*。所有*kinesis*的例子都也是*metabole*的例子，而不是相反。*Metabole*的例子也包括了形成（come-to-be），以及消逝，但這些不是*kinesis*的例子，因為它們缺乏一個端點（不存在不算一個端點）。從現在開始，我將用**運動**這個詞代表*kinesis*，同時把**改變**保留給*metabole*。Cf. Aristotle, *Physics*, book V, chaps. 1–2, esp. 225a1–225b9.

地說出它們共享的特性：運動的原因、運動的主體、運動發生的一個時間段落，還有運動開始與結束的兩個端點。不斷地訴諸運動的各種端點，是當初我（以牛頓的方式）閱讀亞里斯多德文本時強烈衝擊我的幾個主要的怪異處之一。

亞里斯多德物理學的第二個面向——比較難認識到但甚至更重要——是個別物體的各種性質所扮演的核心角色。[7]我的意思不只是說亞里斯多德的目標是要解釋物體的性質還有它們如何變化，因為其他的物理學已經做到了。而是亞里斯多德反轉了從十七世紀中期以來就已經是標準的物質與性質的本體論階層。在牛頓物理學中，一個物體是由物質的粒子所組成，而它的性質則是那些粒子如何安排、移動與互動的結果。另方面，在亞里斯多德的物理學，物質（matter）的角色只是次要的。物質是需要的，但主要是作為一種中性的基質，而性質存在其中；當性質隨時間改變，物質則保持不變。基質必須存在於所有的個體、所有實體，但是它們的個體性不是以它們物質的特性來解釋，而是靠特別的各種性質——熱、濕、顏色、大小、等等——是它們賦予了物質各種形式（form）。改變發生於性質的改變，而非物質：靠著從一個給定的物質移除一
139 些性質，然後以另外性質的來取代。甚至似乎有些性質必須服從某

7 希臘文裡沒有一詞對應到這「性質」（property）一詞的使用。但是這詞其實相當好地捕捉到亞里斯多德所設定的那些改變會發生的範疇。在他的《物理學》III, 1, 200b33，亞里斯多德列出了實體、數量、性質、還有地點。本體的變化，在上一個註腳描繪成即將成為形成或消逝，則包括在變化（*metabole*）的集合裡，但排除在運動的集合（*kinesis*）之外。

些守恆定律。[8]

亞里斯多德的第三個面向，會暫時結束這裡的第一個例子，並連帶到與下面的兩個例子作比較。在沒有外在干預的情形下，大部分性質的變化，特別在有機的領域中，都是不對稱的，它也提供了亞里斯多德討論自然現象的模型。一顆橡實自然發展成一株橡樹，而非反之。一位病人通常自己會健康地成長，但需要一個外在的原因、或相信是一個外在原因，使得他生病。一組性質，變化的一個端點，代表著一物體的自然狀態，那是它們努力為自己去達成，並在達成之後去維持的。[9]那些把這些性質推向完成或實現的運動，叫作**自然運動**；它們與所謂的**激烈運動**（violent motion）彼此相對，後者因為外在的原因，把一個物體帶到自然狀態之外。

特定物體努力去實現的那些性質，就是那些物體必要的性質。它們構成了那些成為物體本質（essence）的性質，構成了那些之所

8 參考亞里斯多德，《物理學》，book I, and esp. *On Generation and Corruption*, book II, chaps. 1–4 [Aristotle, *On Sophistical Refutations. On Coming-to-Be and Passing Away. On the Cosmos*, trans. E. S. Forster and D. J. Furley, Loeb Classical Library 400 (Cambridge, MA: Harvard University Press, 1955)] 但是要注意，替代希臘字*hyle*的標準的英文名詞物質（*matter*）在某些脈絡裡有相當的誤導。沒有更好的英文詞彙：一個物體的*hyle*是那物體從它而造出的東西，所以是物質。 但是對*hyle*的設定，不像物質，是在一些層次中發生的。在最高的層次裡，像是一尊銅像的銅或是一個床架的木頭，那是亞里斯多德最喜歡的例子。但是銅或木頭，也有它們自己的*hyle*，有些是來自四個亞里斯多德的月下元素所混和而成。而且還有通道，特別是那些涉及四元素之一轉換成另外的元素的，這暗示還有一個更原始層次的*hyle*，一個在所有這些下面的底層。關於亞里斯多德如何看這個底層，有許多的爭議，但是目前與它們爭議的結果如何都不相干。（譯按：在台灣士林哲學的傳統裡，把亞式的的matter 翻譯成質料，與形式〔form〕對照，也是一種譯法。另外，這個註腳似乎沒有提到前面正文所說的性質的某些守恒律？）

9 正是因為運動永遠是屬於一個物體，一種實體，所以**關於實體本身**的變化就排除到運動的集合的外面去。

以為那種物體的東西。[10]這些性質並不需要在所有時間裡全部實
140 現：只有對全部都理解的人，一顆橡實才會揭露它終會成為橡樹的那些性質。但它們作為一個成熟形式的種子，必須在所有時間裡都潛在地（potentially）存在。且一個物體也不是只有本質的性質才會呈現。人與橡樹兩者的高度、形狀、還有某些顏色，都有所不同。這些所謂偶然的性質，在同一種類的成員中都可能會不同，所以要來對照分辨它們，也很有用。但是亞里斯多德以及他的後繼者對這些興趣都不大，他們關切的是本質性質，還有那些會揭露它們的自然運動。雖然偶然性質與激烈運動都有原因，但想不到它們有什麼規律性可言。亞里斯多德不把他們看成是需要解釋的主題。

位置改變——這種變化也是力學的主題——也展示了本質。一塊石頭或重物努力想實現的是座落在宇宙的中心，[i]而火的自然位置是在邊緣。這是為什麼石頭會往中心掉落，除非被阻礙擋住，而為什麼火會飛向天。它們在實現它們的本質，就像一顆橡實在成長時所做的。

存在於這些互動關係之下的，是一個物體的自然位置的分類，

---

10 本質這詞來自中世紀對亞里斯多德的拉丁文翻譯：在亞里斯多德的希臘文中，並無對應的詞存在。但是亞里斯多德不斷地使用一個形容詞上的區分，就目前的目的而言，它可以稱之為一個物體的本質性（*kath ʻauta or to di esti*）與偶然性（*symbebekos*）的性質。他把這些形容詞附著在一些名詞上，特別是*eidos*（原來是「顯現」）、*morphe*（原來是「形狀」）、但也是*soma*（物體）。在一些脈絡裡，甚至這個對本質／偶然區分的描述一定會走歪，可參考對亞里斯多德的一本精彩的論文。G.E.M.Anscombe and P. T. Geach, *Three Philosophers: Aristotle, Aquinas, Frege* (Ithaca, NY: Cornell University Press, 1961), 5–65, esp. 5–39。

i 譯註：因為重物要往下落，落向地球的中心，後者對亞里斯多德又是宇宙的中心。

它的家之所在或它自己的地方，這都是它的性質之一。對一塊石頭
而言，位居中心就像葉子的大小與形狀之於一株成熟的橡樹，或就
像正常身體熱度之於一個健康的男人或女人。所有這些都不需要實
現（石頭也許在山頂；一顆橡實沒有葉子；身體溫度也許被疾病所
干擾）。但是這些物體的每一個，必須以某種相干的性質來形容它
而且必須努力去實現那個對它而言是自然的性質。把自然的位置看
成本質的性質是有重要後果的。一個落下的石頭，當它在動時，它
的性質一直在改變：它的起始狀態與終結狀態之間的關係，就像橡
實（或橡苗）與橡樹之間，或年輕人與成年人之間的。所以，對亞
里斯多德，局部運動（local motion）是一個狀態的改變，而非對牛
頓而言就是一個狀態。牛頓的第一運動定律，慣性原則，就變成不
可思議的，因為在沒有外在干預之下，那個狀態就會持續下去。如 141
果運動不是一種狀態，那麼一個持續的運動前後必要有施力。亞里
斯多德把位置變化吸納進其他種類變化的作法，就必須要停止，以
置換成一條通往伽利略與牛頓物理學之路。[11]

11 讓它停止的一個來源可能已經清楚了。除了那些只牽涉到純粹偶然的性質（如重新油漆一間房子）外，亞里斯多德科學處理的所有種類的運動，都是把一個物體帶往更接近或更遠離去實現其本質。位置的改變，我們稱之為運動的單一改變，也顯示這種特質，但只是對往上或下的運動，朝向或遠離亞里斯多德宇宙的中心。橫向運動，維持著物體與中心的距離，則對實現或剝離本質是中性的。要吸收這種運動進入亞里斯多德的理論（特別是自然／激烈運動的區分）所產生的困難，就是亞里斯多德下面著名的困難的主要來源——解釋一支飛行的箭或標槍，還有企圖去處理它們而導致了早在古代就發明了所謂的推力理論（impetus theories）（譯按：沿《結構》譯名），後者就是伽利略討論斜面運動以及常被描述成是他的圓形慣性理論的背景。對於古代的推力理論及其資源，參考 Richard Sorabji, *Matter, Space, and Motion: Theories in Antiquity and Their Sequel* (Ithaca, NY: Cornell University Press, 1988).

在那個轉換中，關於真空可能性的觀點改變，扮演著根本性的角色。我將於本章的結尾回到亞里斯多德的物理學來討論為何那可能是如此。但是，在考慮亞里斯多德物理學的那個面向之前，我將提出另外兩個例子，它們都比亞里斯多德關於運動的觀點，更為晚近且更明顯地科學，然後說些三個例子都共享的特性。

II

我的第二個例子是個為當前電學理論發展的故事準備舞台的問題。那個故事始於亞歷山德羅．伏特（Alessandro Volta）在一八〇〇年發現了電池。一個當代的歷史學家在嘗試說這故事時，將始於用他或她曾學習電池及電流的概念詞彙去理解伏特的論文。這裡我說幾句話來提示這些詞彙為何。圖1a展示一個單電池（battery cell）的速描圖示：在一液體容器中的兩塊不同的金屬。展示的金
142 屬是銀和鋅，因為這些是伏特用來建構他的第一個電池組的金屬盤的材料。然後鋅就提供了電池的負極，銀則是正極。如果一條電線聯繫了它們，電流就會流過它，說是從正移動到負。[12]為了比較，圖1b顯示一個常見的手電筒電池。在這個電池中，一個中央的碳棒取代了素描電池中的銀，而其外殼是鋅，而之間則充滿著浸在特別液體中的粒狀物。一個單電池在這些設定下的力量很小。大部分

12 電流呈現成流動的方向的選擇是約定的。物理流動的實際方向則要依賴粒子攜帶的電荷；負電粒子向一個方向移動與正電粒子朝另一方向有著相同的效應。就電而言，二者都構成同一電流。因為在金屬導體中的電流是由從負到正的電子所推導，我在學校所學的從正到負的約定說法，並在這裡使用的，現在常被倒過來說。

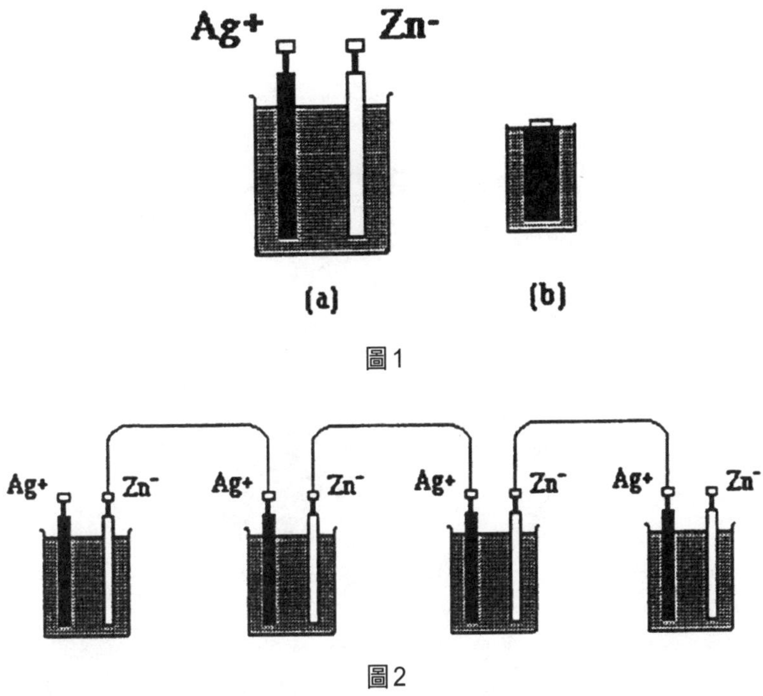

圖1

圖2

的應用都要求更多，所以就有了如一條鎖鍊的單電池組，一個單電池的正極連接到下一個的負極，如在圖2所示。

心中有了這些觀念，我們檢查圖3所複製的這張圖，伴隨著伏 143
特所宣稱的大發現。[13]那是一封信的一部分，呈給班克斯爵士（Sir 144

13 Alessandro Volta, "On the Electricity Excited,"see Theodore M. Brown, "The Electric Current in Early Nineteenth-Century French Physics," *Historical Studies in the Physical Sciences* 1 (1969): 61–103, and Geoffrey Sutton, "The Politics of Science in Early Napoleonic France: The Case of the Voltaic Pile," *Historical Studies in the Physical Sciences* 11, no. 2 (1981): 329–66. 對於這個例子的早期樣本的重要改善，我特別感謝與June Z. Fullmer的對話。

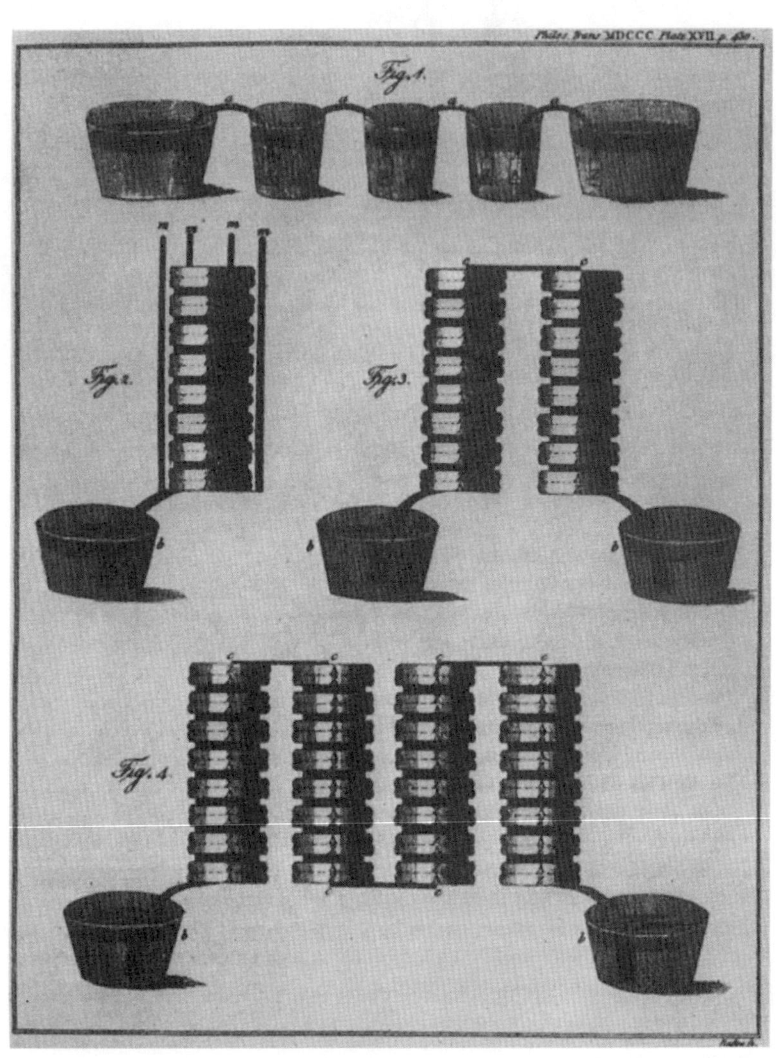

圖3

Joseph Banks），皇家學會的會長，意圖是在發表。看第一眼，它看起來很熟悉，但有些很少注意到的奇怪之處。例如，從那些所謂堆（piles或堆盤）中的一個看起，如最右邊的那個，在圖表的下方三分之二處：從最底下往上讀，看到一片鋅，Z，然後一片銀，A，然後一片濕的吸墨紙，然後第二片鋅，等等連續下去。這個鋅、銀、吸墨紙的循環，會重複好些次，在伏特最初的圖表上共有八次。但是，我們覺得，電池組並非那樣做出來的。這個循環似乎是錯的。如果一堆盤的底層是鋅，接續的應該是吸墨紙、然後銀，而非由銀來接續鋅，再來才是吸墨紙。構成正常單電池的兩個元素被顛倒了。

但是，這些感覺到的異常並非源於伏特的錯誤，而是我們已經從一個後來物理學的觀念眼鏡去看伏特的圖表。若有了恰當的理解準備，進一步，它們提供了一個重要的線索，反而回歸到伏特和他同時代人實際上所戴的那套眼鏡。如果我們拿那困惑的圖表，輔之以伴隨的伏特文本，那麼兩個相關聯的誤讀會同時導致它們的更正。對伏特而言，**電池**一詞，指的是整個的堆盤，而非其中由一液體與兩個金屬組成的次單位。（也非在圖1顯示的孤立單電池，那對伏特而言，根本不曾算是電池。）伏特的單獨次單位，他用**對**（couples）來稱呼，甚至具體地說，根本不包括液體。伏特的次單位就是單單兩片連接的金屬。而其力量的來源是金屬的介面、兩金屬的交會處——伏特曾認為是一種電張力（electrical tension）的地方，或是我們會稱的電壓。而液體的角色單單只是連接一個單位到下一個單位，而沒有產生一個接觸電位（contact potential）來中和起初的效果。

這些特徵都是緊密地關聯著。伏特用的詞「battery」是借自砲兵，指一群大砲一起發射或是連續發射。到他的時代，把此詞也很標準地應用到一組聯繫的萊頓瓶或電容器，這個安排就加乘了一個單一萊頓瓶可以得到的張力或震撼。伏特對此電靜力裝置的理解，
145 與我們的很像，而他把他的裝置配合進到它（時代）所提供的觀念中。每一個雙金屬的交會或**對**，對他而言，是一個自我充電的電容器或萊頓瓶，而電池就由它們的連結拼裝所造成。為了要確認，注意伏特圖表的上方，那裡描繪著他稱為「杯組之冠」（the crown of cups）的安排。它與圖2的相似度很驚人，但又有一個奇怪處。為何在圖表兩端的杯子只有一片金屬？要如何去解釋在兩端杯子中看似的不完全？答案與之前的一樣。對伏特而言，杯子不是單電池而只是盛液體的容器，它連接著雙金屬的馬蹄帶子或許多對，而電池就從它們所組成。在最外兩個杯子中看似缺席的位置，是我們會想成是電池的兩個終端，整合一切的位置。在圖表中這個看似的異常，再一次，是我們自己造成的。

如同在上一個例子裡，這個電池電靜力觀點的後果流布廣泛。例如，如圖4所顯示，從伏特的觀點轉移到現代，就反轉了電流（current flow）的方向。一個現代的單電池（圖的底端），透過一個如把伏特（圖的左上）由內往外翻的過程（圖的右上），可以從伏特的原圖推導過來。在那個過程中，原本內在於單電池的電流，變成外在的電流，反之亦然。在伏特的圖示中，那個外在的電流是
146 從白金屬到黑金屬，從負到正。在過渡到現代的圖示中，流的方向

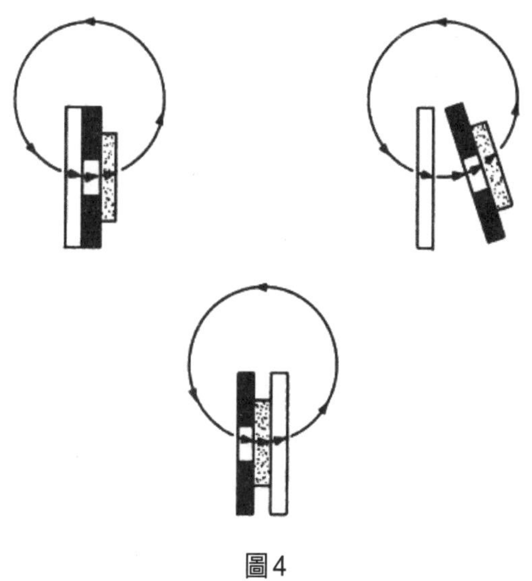

圖4

已經被改變。觀念上更重要的是電流的來源改變了。對伏特而言，金屬的介面是單電池的根本元素，且必然是它所提供的電流的來源。當單電池由內往外翻時，液體及其兩個與金屬的介面就提供了根本的東西，而電流的來源就變成這些介面上的化學效應。在一八二〇及一八三〇年代，當兩個觀點都一起短暫地存在在研究領域中時，第一個是以電池的接觸理論為名，第二個則是電池的化學理論。

那些只是把電池看成一個電靜力裝置的最明顯的結果，而一些另外的結果甚至更立即地重要：例如，電靜力的觀點壓抑了外電路（external circuit）的觀念角色。只有在放電的那一刻萊頓瓶才有著任何可能的連接。它們放電的路徑不好說是一個外電路，還不如說

圖5

是閃電一擊的路徑，而與放電很類似。結果，在早期伏特傳統的電池圖示都不顯示一個外電路，除了一些特殊效應，如正在發生的電解或電線發熱，而通常電池並不展示出來。一直要到一八四〇年代，現代的單電池圖示才開始固定出現在電學的書本上。當它們出現時，要麼外電路或者明白的連結點也都跟著出現。就如圖5所顯示的。[14]

最後，電池的電靜力觀點導致了一個與今天非常不同的電阻觀念。有一個，或在這時期曾有一個電靜力的電阻觀念。對一給定的截面積的絕緣物質，當施加於一給定的電壓時，電阻的度量，可以

14 這些描繪來自Auguste [Arthur] de La Rive *Traité d'électricité* [*théorique et appliquée*, vol. 2 (Paris: J.-B. Bailliere, 1856)], 600, 656. 結構上類似但簡化的圖示也出現在法拉第的“Experimental Researches in Electricity,” [see Michael Faraday, “Experimental Researches in Electricity,” *Philosophical Transactions of the Royal Society of London* 122 (January 1832): 130–31]. 我選擇一八四〇年代——當這種圖表變成標準時——作為一個時段，是來自對我手邊剛好有的文本的調查。一個更有系統的研究會要求去分別英國、法國、以及德國對電池的化學理論的各種反應。

從該物質可有的最短長度而不失敗——即不漏電，若非則不再絕緣——來作。同樣地，當連接跨越到一給定的電壓時，一個電導物質的電阻可以從該物質可有的最短長度而不融化來度量。在這樣的 147
理解下來度量「電阻」是可能的，但它們的結果並不服從歐姆定律。如果我們要作符合歐姆定律的度量，我們必須要在一個更為流體動力的模型來重新構想電池與電路。電阻必須變成像在管線中水流的摩擦阻力。歐姆定律的發明與接受，兩者都要求像那種的一非累積性的變化，所以那是使歐姆的工作為何如此困難被許多人了解與接受的部分原因。[15]他的定律曾有一段時間成為一個標準的例子，說明一個重要的發現最初是被拒絕或忽視的。

III

我的第三個例子比前面的例子更為晚近而專技。它牽涉到一個新的詮釋，尚未廣為接受，是關於普朗克（Max Planck）早期關於所謂黑體（black body）問題的工作，它主要基於普朗克寫於一八九九年末與次年開始時的那些著名論文。[16]它們包含著一個現在著名的黑體輻射定律的公式推導，是普朗克於幾個月前發明的；而現 148

15 M.L.Schagrin, "Resistnce to Ohm's Law" *American Journal of Physics* 31 (1963): 536–47.

16 一個更全面的說明，輔之以支持的材料，見我的 *Black-Body Theory and the Quantum Discontinuity*, 1894-1912, (Oxford 1978, paperback ed., Chicago 1987). 一個較簡短對我主要論證的說明，可見我的 "Revisiting Planck" *Historical Studies in the Physical Sciences* 14, no. 2 (1984): 231–52, 收入該書的平裝本。對於下面討論的來源、還有引文的來源之導引，見前書，125-30；還有，特別是 196-202。

代讀者常規地把那推導看成是普朗克以之為名的一個革命性的工作。再一次，我先重演一次這個現代讀法，那是我的新故事舞台所企圖取代的。

為了推導的目的，普朗克想像一個有著熱導牆的封閉的空腔，維持在一個固定的溫度，充滿著電磁輻射。在牆裡或空腔的內部，他也想像有著大量的電磁諧振器（resonator，把他們想像成許多微小的電磁音叉），每個都能夠吸收與再放出特別頻率v的能量。空腔中任何一片微塵都能夠讓這些諧振器彼此之間交換能量，增加某些頻率的量也減少另外頻率的量。在普朗克開始這個工作時，科學家已經知道這個道理好幾年了：在一個他的模型企圖呈現的實驗室裝置中，輻射會只按照空腔的溫度來逐漸分布。某個普遍定律會來決定在全體輻射能量中根據每個頻率的部分能量為何。在一九〇〇年十月，普朗克提議那個定律的一個形式，並在之後被普遍接受。然後，在那年的十二月及次年的一月，他提供了那條定律的一個公式推導（derivation）。

關於那個推導所說的驚人的話（還有對那推導的大部分後續版本所說的徹底驚人話語）是，它限制任何單一諧振器的能量 Uv 到只能是 hv的正整數倍數，其中v是諧振器的頻率，而 h 是個普朗克引介的普遍常數，且後來以他之名來命名。這個限制，與古典力學與古典電磁學二者都不相容，而且它的出現，標誌著古典物理完結的開始。通常它體現在一個諧振器能量的方程式 Uv = nhv，而且它可以，為了目前的目的，合適地以圖6的圖表來呈現。圖表上方那個單一連續的橫槓代表著一個單一諧振器所允許的各種能量，那個

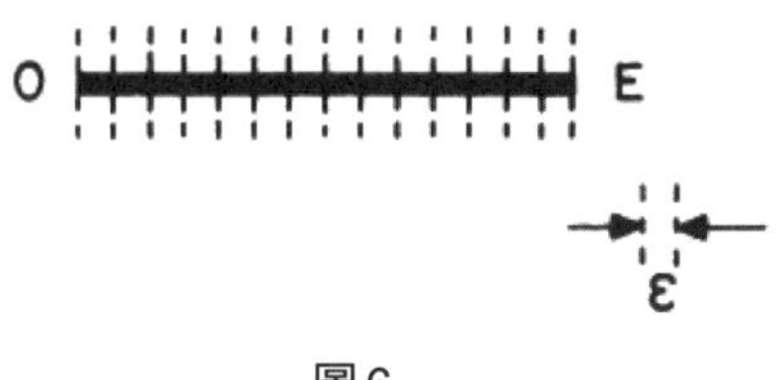

圖6

能量可以落在介於0，完全沒能量，與E，所有諧振器集體的能量（這兩個極端的位置都不太可能，但兩者在數學上都是可能的，所以它們必須包括在推導之中），二者之間那個段落的任何地方。在那個圖下方的破點橫槓，代表著普朗克推導說是已經蘊含的情形。 149
每個單獨的短塊代表著一單一的、不可分的能量量子（quantum）ε，它的大小是 $h\nu$。它無法取得0與E之間的任意能量，一個頻率ν的諧振器必須落在那些量子斷點中，或者，即使不太可能，在兩個端點之一。

上述對普朗克第一組論文的理解，非常接近他的定律在一九一〇年後所推導的那個形式。但當這些早期論文以這個方式來閱讀時，就會有奇怪的地方出現。它們都緊密相關，而且那個第一次逼使我注意的奇異點，更早前也已經被物理學史家傑默（Max Jammer）所注意到。在描述普朗克的第一篇推導論文時，他寫道「這也很有趣，我們注意到這篇論文沒有在任何地方，或在任何他的早期論文中，普朗克曾介紹到那極為重要的根本事實，說 U（一個諧振器的能量）是 $h\nu$ 的一個整數倍。」[17] 這個事件中，傑默的論

150 點甚至比他建議的更有趣。不只普朗克未能強調諧振器的能量是 $h\nu$ 的整數倍，而且一直到一九〇八年，他甚至也未能提及這個「根本的事實」，甚至在他極為豐富的信件交流中也如此，而且到那時，此事已經兩次被他人提議了。我們會好奇，是否普朗克及他同時代的人理解他的公式推導，就如同後來物理學家與歷史學家所理解的一樣。

另外兩個文本的奇怪處也顯示他們那時並非如此的這個可能性。**量子**（quantum）這個詞，在世紀之交，固定地在德國科學著作中使用於單獨個體及規模：特別指原子，物質的量子，以及電荷，電的量子。普朗克對此二者都如此使用，而且，有點強調的，他稱那個新的量 h, 為 **行動的量子**（quantum of action）（**行動**是力學的一個專技名詞）。但一直要到一九〇九年一封寫給勞倫茲（H.A.Lorentz）的信中，他才開始固定把這個詞用在 ε 或 $h\nu$

---

17 Max Jammer, *The Conceptual History of Quantum Mechanics* (New York: McGraw Hill, 1966), p.22 雖然只是一筆帶過，但這是個特別敏銳的評論。對我三個例子作一比較，如果那些發現到有奇怪的科學史例子的年代，變得愈來愈晚近，那麼那些要求再詮釋的奇怪處，會變得愈來愈難注意到。當語言、型態與信念與我們的差異變小時，讀者的期待會強迫這期待愈來愈容易被讀進文本中。雖然我曾閱讀過（而且忘掉）傑默的評論，我仍必須由我自己來再發現這個困難；而且我不會這樣來做，如果我不曾在追尋另外一個問題時，持續有系統地尋找普朗克第一次討論下述這個轉移的時間點：從量子化他的想像諧振器轉移到量子化更一般的力學系統。我之前曾閱讀與教學過這些早期的論文，但都沒有注意到普朗克幾年之間根本沒有量子化他的諧振器。

上。[18]在他的早期論文中，他並未把它們看成不可分割的，也就是看成量子。

第三個奇怪處尚未在我前面的展示中見到，它跟隨普朗克，稱這個在他公式推導中要求的假設性物體為**諧振器**（resonators）。但是今天對此（而且歷史學家一貫地認定此詞來自普朗克）所使用的詞是**振盪器**（oscillator），而且有個差異存在。諧振器，首先是聲音的東西。當普朗克首次介紹它們時，他指出說，從他使用它們的方式，它們可以被想成電的或聲音的東西，沒有差別。所以它們就像調諧過的弦或管，那些會逐漸對刺激作反應的東西，它們振盪的振幅會按刺激的大小而逐漸增加或減少。但另一方面，作為振盪器，它就是一單純做不斷來回運動的東西。所以任何的諧振器都是一個振盪器，但反之並不然（注意在前面句子中**振盪**的使用）。在被說服說他的諧振器能量必須侷限在量子的整數倍之後，普朗克開始系統性地拋棄這個**諧振器**一詞。在一九一〇年一月七日給勞倫茲 151
的一封信中，普朗克寫道：「當然，你完全說對了，這一個諧振器已經不配它的名字。它使得我去剝除它稱號的聲響，而用更一般性的『振盪器』去稱它。」[19]

---

18 [整封信，寫於June 16, 1909. 發表於 A.J.Kox, ed., *The Scientific Correspondence of H. A. Lorentz*, vol. 1 (New York: Springer, 2008), 285–86；部分的再印包含在 Kuhn, *Black-Body Theory*, 305n37]。 一次在一九〇五，又在一九〇七，普朗克的確指涉到 *energy quanta*，但二者都是在信件中給一些正在使用這個名詞來討論他的工作的科學家。[這些信是在July 6, 1905給Paul Ehrenfest，還有在March 2, 1907 給Wilhelm Wien；見Kuhn, *Black-Body Theory*, 132 and 305n44]

19 [原文為：（譯按：德文）"Freilich sagen Sie mit vollem Recht, dass ein solcher Resonator sich seines Namens nicht mehr wurdig zeigt, und dies hat mich bewogen, dem Resonator seinen

追逐這三個奇怪點——從普朗克早期論文中對諧振器能量限制的缺席、還有把**諧振器**與**能量量子**（energy quantum）在觀念上改為**振盪器**與**能量單元**（energy element）[ii]——揭露了所有的這些都在普朗克一九〇八到一九〇九之間的著作中消失了。甚至，所有這些都在他給勞倫茲頗長的一封通信中第一次承認了，那次通信是因為勞倫茲在一個國際數學家大會（於前一年的四月在羅馬舉行）討論輻射問題而促發的。我們不得不結論說，在一九〇八年之前，對諧振器能量的量子限制並不曾在普朗克的工作中扮演角色。所以普朗克的早期論文，要求我們提供另一種理解。

在這種信念之下，另一種對普朗克原初黑體理論的理解很快就達成了。在快到一九〇〇年之前開始，普朗克企圖發展的一個輻射能量分布的理論是以波茲曼（Ludwig Boltzmann）的氣體熱能量的分布理論為模型的。後者的理論是統計性的，它要求計算一集團分子中全體能量可能的分布型態的相對概然率。對於那種計算，標準的數學技術要求把全體能量在概念上分割成有限的、大小為 ε 的小元素。在計算結束後，物理情境連續性特色的回復，可以讓 ε 變成零的方式來達成。

如圖7所顯示（以上一個內翻外電池例子所暗示的來建構），普朗克讓他自己以相同的方式來進行。為了計算的目的，那些頻率

Ehrennamen abzuerkennen und ihn allgemeiner ‚Oscillator' zu nennen" (Kuhn, *Black-Body Theory*, 305n42; 全信則見 see Kox, *Scientific Correspondence of H. A. Lorentz*, 296).]"

ii 譯註：energy quantum 以及 energy element 二詞，在目前的脈絡上都是第一次出現，見後面。

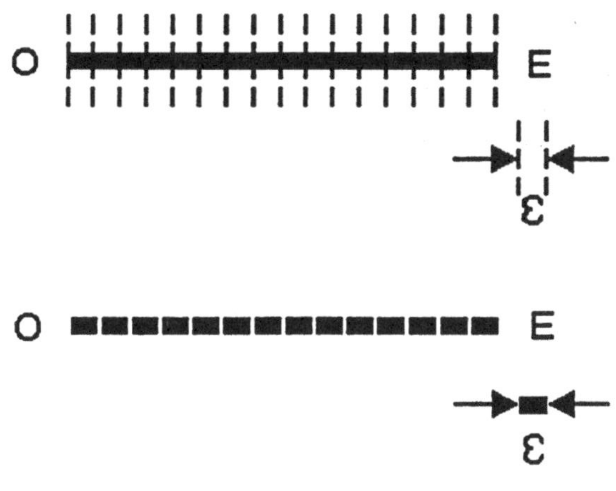

圖7

為v的許多諧振器所有的能量E，在心裡切割成大小為 ε 的元素（＝$h\nu$）。再來考慮這些諧振器的能量單元的不同數學分布，但是 152  沒有相應對的物理限制來涵蓋它們。普朗克的諧振器，就像波茲曼的分子，都可以有任何的能量，處於0與E之間橫槓的任何地方，如圖表上方所顯示。普朗克早期論文的方程式，有時被讀成對諧振器能量的限制，一直以類似這個形式來呈現 $U_N = P\varepsilon$ ，其中P是個正整數，U_N 則是N個頻率為v的諧振器的**總**能量。是那個能量，而非個別諧振器的能量，**為了計算**而被分割成小元素。個別諧振器的能量並沒有限制。

在這裡，當然，普朗克的問題並不就像波茲曼的，而普朗克很快就碰到一個他自己的奇怪之處。這個能量單元 ε ，無法允許去接近0，而必須保持等於$h\nu$. 雖然個別的諧振器可以允許來連續移動在

其中或跨越它們，但圖7上方的能量連續體的分割結果卻是無法再改變。普朗克後來認為它們就是他所曾說的「相位空間（phase
153 space）的物理結構」[20]，而且他希望把那個結構關聯到在電的量子，e，以及行動的量子h二者之間的一些關係上去。但他那個方向的努力並沒有成功。

當普朗克的早期論文被如此地去詮釋時，比較有名的奇怪處中的幾個就可以剔除了。那些奇怪處，在過去不斷地讓現代讀者報告說普朗克並不了解他自己在做的事，或說他搞混了。特別是，那些普朗克未能做到的事：跟著波茲曼計算最可能的諧振器能量分布，還有讓 ε 趨近於零，於是都可以解釋了。[21]但是這些奇怪處，雖然它們提供了採用目前這個詮釋的最根本原因，卻過於專技性而無法在這裡討論。與其繼續追逐它們，我將停下來檢查到目前為止本章所呈現的三個例子所共享的兩個核心特色。這兩個特色彼此緊密關聯，他們一起就導引到本書的核心問題意識。下面我第一次呈現的，就是那些我們將不斷回來思考的議題。

IV

這兩個關鍵特色的第一個，比較容易描述。走向所有三個範例的場景布置（stage settings）的路，都以認識到在一個記錄過去信念

---

20 [Max Planck, "Die physikalische Struktur des Phasenraumes," *Annalen der Physik* 50 (1916): 385–418.]

21 上面速描的的詮釋，在排除這些更技術性的奇怪處時，並非在邏輯上就一定要的。但是這個詮釋會使得排除那些奇怪處的路途更為容易發現。

的文本中的奇怪處（anomalies）來開始。沒有人可以在企圖閱讀這種文本時，卻不把讀者自己那個時代的詞彙與觀念一起帶進來，而且這些工具似乎大部分都是充分的。但是在所有的舊文本、還有許多蠻近代的，也有一些孤立的句子或片段、方程式或圖表，經過檢查而卻沒有道理。一旦注意到，很典型地，它們在目前詞彙中，是直截了當地荒謬，以致於很難去想像一個理性人能夠去同意它們。（伏特真的能夠不懂如何製造一個電池？普朗克能夠沒有注意到他的諧振器能量方面的不連續？）有時反之，它們的內容是深刻地不清楚。（亞里斯多德關於運動的定義，究竟是什麼意思？「去滿足 154
那些潛在性的存在，只要在潛在性存在的範圍內，就是運動。」）[22]

特別在更晚近的文本裡（對科學而言，它們的時間可以早到從十六世紀中開始），這種段落更是非常非常容易被忽略。一位現代讀者知道作者一定是想要如何的，就會不知覺地調整文本來配合；如果被調整過的文本所掩藏的奇怪處被指出來時，該困難會典型地被歸因於作者的「混淆」、或是其他理性的失誤。[23]大多不錯的科學史家只能通過專業訓練而取得可以認出與利用這種奇怪處的能力。當介紹新學生進入這個領域時，我常常告訴他們對這種沒道理

---

22 *Physics*, book III, chap.1, 201a10-11.這個定義表面上的荒謬性，是伽利略與牛頓新科學的一個結果。在他*Le monde*的第七章，此著作為法文，笛卡爾以拉丁文來引用此定義，說道他用那種語言來給出這個定義，因為他不知道要如何來詮釋它。但是笛卡爾從耶穌會士那裡學到他的亞里斯多德，他所宣稱的無知，頂多是證據不足。Rene Descartes, *Le monde*, Rene Descartes, *Le monde*, in *OEuvres de Descartes*, vol. 11, ed. Charles Adam and Paul Tannery (Paris: Leopold Cerf, 1909), 39.

23 參考註14中所引用的論文裡對「搞混」的討論。[Faraday, “Experimental Researches”]

的段落要特別小心，避免將之歸因於混淆或一些類似人類理性的限制，除非是最後不得已的作法。不像那些看似沒問題的段落，文本的奇怪處提供了線索，並不是意指作者的信念，而是指他或她思考的方式。

歷史舞台設定的第二個特色描述，要遠為困難。那種呈現，通常要求田野工作，或與學生一起閱讀文本。朝向描繪它的第一小步，可以從**整體的**（holistic）這個詞來促發；該詞在本章前面曾使用來描述那個詮釋：為一個敘事的開始而鋪路的詮釋。更具啟發性的是解釋學詮釋的描述，是討論這個主題的標準作法：作為一個過程，它揭露的不只是這個被重新組成的整體，而且不可分離地，也揭露了整體賴以構成的各個部分。它是整體與部分的交互關係，一起又突然地在詮釋中浮現，它隱藏在「對了！」這樣的經驗後面，
155 也在早期發展性科學哲學的先驅者們不斷訴諸的格式塔轉換（gestalt switch）中。[24]當詮釋過程成功時——一個通常被描述成介入解釋學循環（hermeneutic circle）的高潮——萌生浮現的是新的一組信念、以及同時作為那組信念的對象新的一組主題。那個被揭露的——或如果你喜歡，被挖掘出的——是一座過去的阿基米德平台，或在前一章我曾稱的一個**類集合**（kind set）。

---

24 格式塔轉換的言談，像鴨—兔或年長女人—年輕女人，是《結構》論證的根本所在，但它們也曾被不少人作相同的使用，如在N.R.Hanson的*Patterns of Discovery,* 出版在《結構》前四年。[編者按：格式塔形像大概最具影響力的哲學使用，都比韓森與孔恩要早：Ludwig Wittgenstein's *Philosophical Investigations*, first published in 1953, trans. G. E. M. Anscombe (Oxford: Basil Blackwell).]

我們簡短地回到原來的那些例子。亞里斯多德的信念是關於運動的，但作為那些信念的主題的運動是所有種類的改變，並非只有位置的改變。那種範疇化這個現象世界的方式並非任意的，而是關於自然的精緻觀點的一個整合，它使得性質在因果上先於物質，運動然後就成為性質的變化、成為那推動改變的本質之實現。或者看伏特的電池，由許多金屬對（unit couples，它們本身並非電池）單元，透過外在液體的連結而組成。同樣地，這些單元的選擇並非任意的，而是關於現象的電靜力觀點（後來被看成動力的）的一個本質性的成分。在舊觀點中，電池透過那些未能防止電荷**漏掉**的物質來**放電**（discharge）。在後來的觀點下，電流是透過可以**導電**的那些物質而大約自由地**流動**。或者我們比較普朗克黑體定律的公式推導及其後繼者。前者為了統計目的，把連續能量分割，將大小 ε 的諧振器元素作分布（如波茲曼曾分布他的分子）。而他的後繼者首先把諧振器換成振盪器，然後把數學的能量單元換成物理的能量量子。這些置換，要求一個分布方向的倒反（量子分布在振盪器上，而非諧振器分布在單元上）。就個別而言，普朗克的公式推導與其後繼者的不同，他的推導的任何面向都沒道理；每一點都成為他混淆的證據。但是整體而言，就像亞里斯多德或伏特觀點的成分一 156
樣，它們提供了一個極為精緻而一致的觀念組合來思考普朗克所應用的現象。

我們例子的這兩個關聯的特色——奇怪點的角色、以及要求緊密扣連不熟悉的觀念來排除奇怪處——提出了，不論從什麼角度來說，本書主要要面對的問題。我們要如何處置過去文本中論點的知性身份？在什麼意義下，從過去被寫下來之後，我們可以說有了進步，如果有的話？在關於真理的相對主義標題下，這是一個非常類似出現在第一章的問題。而在這一章的例子裡，我想說，它們已經改變了它的形式並且深化了它的後果。

請把這些例子裡過時觀點的知性評價，與我們在第一章裡考慮的知性評價，二者作個比較。後者是由相關的科學社群成員在某個時間地點裡來作評價。他們的目的是比較兩個同時但不相容的信念組，其中一個已經是提供社群實作的基礎好些年了，另一個則是把一個或多個新信念整合進前一信念組，而且還導入所要的調整來使得它們能夠順利進入。大部分當時的信念對前後兩個信念組而言都是共通的，就如當時的觀念詞彙也大部分相通，而那個重疊就提供了共享的阿基米德平台，社群成員就從那裡去衡量證據與進行評價。若非這個大部分的重疊，衡量與評價兩種活動都不可能。

但目前這些例子所呈現的情境卻不一樣：兩種文化、或說兩座阿基米德平台參與其中，一個來自詮釋者的時空，另一個來自文本作者的。在這裡也一樣，在共享的信念與觀念所構成各自文化的二者之間，一定要有一些重疊。若沒有重疊，一種文化的住民對另一種文化的詮釋甚至無法開始。但是這些詮釋一定要在時間的間隔上搭橋。早期平台上的住民對後來的人而言都已逝去，而對早期平台上的住民而言，後來平台上的住民都還座落在尚未想像的未來。結果是，所要求的重疊只能支援詮釋，不是對話，更非評價。對話不會有任何功能，何況總是不可能的。最多能發生的是那個類似感同
157 身受的單向事態：當代人嘗試讓逝者透過文本來對他們說話。這種

嘗試所碰到的阻礙，與那些在一單一平台上兩組人之間交談所碰到的阻礙，並不一樣。常常要靠詮釋來克服它們，而且在過程中常有問題。

當代人，那些共享一個阿基米德平台的人，常會不同意於重要的事務，例如怎麼去相信一些特別的對象，或關於它所該從屬的集合為何。但是他們可以普通地討論（而且有時會解決）這些基於證據的論點之相對優點。很少有誤解，而且那些要解決問題的範疇，通常很容易得到。但是在那文本的寫作與之後教育讀者來吸收、批評、或評價的二者之間，若存在著一個時間的距離，那就改變了情境，而且改變的程度也隨著時間長度的增長而增加。文本中的一些段落，第一眼看去，似乎紀錄著與讀者不同的信念，進一步去檢查，就如本章一開始所描述的那種很奇怪的：沒有能夠寫作這文本的人會持著如此荒謬的信念，就像那些讀者一開始所歸咎的一樣。要有詮釋，而其成功與否，並不是靠新論證的介入，而是靠取得一個之前讀者所沒有的互相關聯（interconnected）的觀念組。為了理解該文本的目的，這個觀念組必須去置換讀者一開始閱讀文本時所預設的觀念組。在這裡，那個改變（置換）就產生了比理解原來奇怪的段落還更多的東西。讀者會開始認識到一些先前忽略掉的文本細節；有時他或她還能夠預先猜到在一個尚未閱讀的部分，作者會如何去處理一個主題。基於那文本所施加於讀者的各種要求後，讀者與作者就變成非常像同時代的人了。不管如何地改變感受，讀者已經進入到作者的文化中。

成為那個社群成員的代價，就是放棄之前的那個族群中心主

義。在透過詮釋所生產的理解之前，讀者可以看到文本中許多的錯
158 誤，那些從本文完成後的新時代觀點可以來改正的錯誤。但是在成功地詮釋之後，情況就改變了。雖然讀者仍然可能看到作者的錯誤，但那必須要搜尋它們。而且在讀者之前覺得似乎錯誤的許多段落中，現在讀者可能覺得不知要說些什麼。並不是那些曾錯誤的段落在詮釋之後變成真的，而是這整個對或錯、真或假的問題，已經不再合適了。

再看一遍這些例子。關於是什麼使得一個拋射物脫手後繼續運動，亞里斯多德是錯了，事實上他的直接後繼者就看到。但是，什麼是運動？還有關於去描述運動細節的許多因素，或者關於一個落下的石頭與一株成長的橡樹二者醒目的相似性，他是否都也錯了？伏特認為他的液體導電體不會被電池的放電所改變，他錯了。但是，關於如何恰當地建構一個電池、或關於電在放電時移動的方向，是否他也錯了？普朗克認為他的公式推導方法可以產出他的分布定律，他也錯了。如果他在他的一個近似值中沒有忽略一個錯誤，他的分布定律所預測的一個能量會比以他為名的估算大了 $\frac{1}{2}h\nu$——所謂的零點能量（zero-point energy），當時的實驗幾乎無法測出。但是關於諧振器或能量單元的性質、或關於在他的公式推導中如何恰當地運用統計學，是否他也錯了或混淆了？

上一段，就如在第一章時討論關於真理的相對主義，應該讓科學進步的本質，但非它存在與否，成為一個問題。上述每個例子所指出的一些錯誤，都在科學進一步發展中所提出的證據之下被排除了，而且，在前面兩個例子裡，意識到錯誤就在排除它們時扮演了

一個角色。這當然是進步，雖然也付出了知性上的代價，它將是本書第三部分的中心。但是在每一個案例中，這些錯誤都是內在於那些正在被檢查的文本。它們也可能被拿來向作者指出，而當相干的證據出現時，作者也可能承認它們並從中學習。亞里斯多德似乎曾在他的拋射物理論中感到困難，因為他提出了好幾個不相容的樣本；伏特從一開始就被迫去維護他電池中的液體角色這個觀念；而普朗克的確承認了他錯誤的近似值，並把那個零點能量補加進他的分布定律中，通常這就是他的「第二個理論」。

但是，那些被詮釋所排除的奇怪處，就不是主要來自一個前代 159
作者的錯誤。它們來自他或她所部署的觀念，而且來自那些觀念所正當化的那些使用。稱它們為錯誤就是否定了——並非文本中的結論——而是形構出文本具體結論的那些部分，那些才剛透過解釋學詮釋才明白的部分。這種否定可以是什麼意思？想像亞里斯多德的困惑，如果他被告知他的運動的觀念是錯誤的：「運動」，他可能會不錯地說，「簡單說**就是**所有的改變：那就是在標準用法中這個**運動**一詞的意思。我已經盡力了」，他然後可能繼續說「我只是去澄清那個用法——靠著說出它的一些意義，如去分析說即將存在或消逝二者都是也都不是運動的不同意義。難道你是在排斥我作澄清？」或者在伏特或普朗克的例子，我們可以想像會有如此的回應：「我只是借用另外一個領域的標準詞彙（如**電池／炮陣地**或**單元**），靠著把對應的觀念調適到我的新應用中，進而展示那樣做的好處。當你認為我做錯了的時候，你心中究竟在想什麼？」如果任何像今天科學進步的標準觀念要能夠保存下來，那麼這些問題就要有肯定的答案，而我懷疑這種答案可以拿得出來。

V

當然，我現在是遠遠走在我的故事的前面。這些歷史的鋪路或說搭建舞台的工作將需要更仔細的檢查，而對它們所提出的困難的一些簡單的回應，都將需要查驗甚至排除。那是下一章的工作。但是在回到它之前，讓我提出那些困難的一個更深入的例子，我為此目的再回到亞里斯多德。特別在簡略而非技術性的呈現時，我的第二個與第三個例子會容易讓人想像的是，與他們作者的討論，就如與同時代的人一樣。對一些讀者而言，我們與他們的差異似乎只是有關詞彙本身，透過詞彙的簡單再定義，都可以解決。另一方面，亞里斯多德的許多看法，卻是很深遠地外於我們的世界。我們與文本的作者，被一個遠為巨大的時間段落所分隔，而自從他的文本寫
160 就後，更多的事物都已經改變。也許除了他運動的觀點外，想像要走出時光機器，握他的手，與他立即進入討論，也都遠遠更為困難。只是究竟會有多難去找到一個討論的起始點，我將會指出——如果我可以延長那個前面我曾任意截斷的互相關聯（interconnected）的觀念網絡。

當我第一次說那個故事時，我把自然恐懼真空的教條歸因於亞里斯多德。我提議說，他相信一個禁止真空存在的自然定律，故而它可以用來解釋一些如虹吸與光滑大理石片彼此附著的自然現象。但是，有兩類的理由說為何這種理解亞里斯多德的真空觀點不會是

對的。第一，亞里斯多德沒有自然定律的觀念，那種從個案推而廣之（generalization，通例化）並固定成律則的、科學哲學家稱之為律則化（nomic）的觀念，[iii] 在亞里斯多德的科學裡，沒有它們的地位。對他而言，科學的經驗性部分，就是去指出本質。在這種努力中，可能會犯錯、發現錯誤、還有改正。但是唯一一種可以從研究中提出的科學通例化就是本質的後果：只要本質建立起，那麼通例化的力道就是邏輯性的。[25] 亞里斯多德信念的身分，說不能夠有真空，那不是如一般的經驗通例化可以被實驗證成或否證的，如伽利略、托里切利等的實驗。

要理解亞里斯多德關於真空（void）作為否定空的空間（empty space）存在的第二道阻礙是，無論亞里斯多德或他希臘同時代的人都沒有為了要說出這種否定而所需的、或預設的空間觀念。這裡所要求的觀念是要空間是所有物理物體的容器：所有自然的物體都說是在空間的**裡面**。但是*chora*，通常被翻譯成「空間」的希臘字，一直是一個地區或區域；一定要有一些其他東西，一個或多個其他的*chorai*，在外面或它的外在。更重要的是，*chora*這詞提示在一個物

---

iii 譯註：nomic vs. normic，這個對立的概念來自孔恩1993年*World Change* 文集的 "Afterword" (p.316)，在本書的第四章出現較多，之後再一起解釋。Nomic 這裡指沒有例外的推而廣之，如科學定律一般。Normic 則指日常類詞（kind terms）的推廣（generalization）或投射（projectible），它可以有例外。

25 參考對亞里斯多德的*Posterior Analysis*, book I, in Anscombe and Geach, *Three Philosophers, 6*。注意，把經驗的通例化理解成邏輯性，就使得下面那種讀法成立，它可以把亞里斯多德使用看似經驗的證據來反對其他人的看法，看成是一種邏輯上的歸謬法。這點對他反對真空的看似物理的論證特別相關，見下面的討論。

理或社會結構中的適當位置：例如，它被使用在「死在一個人的位
161 子上」這個說法；一個本土的哥林多人（Corinthian）的*chora*仍然是哥林多，即使他後來搬到雅典去。[26]這兩種用法都令人想起家鄉（home place），那最合於身體的地方。它們提示一種意義說*chora*根本不需要是一個位置的詞，反而是物體的本質性質，此性質仍潛在地保存著，即使它並未實現。亞里斯多德的確用那種方式使用此詞。在他的《論天》（*On the Heavens*），它拉開到整體宇宙的結構，而其中心區域的地球，及其包圍的水、空氣、火的同心球殼，都是*chorai*，是這些元素的恰當地方，而即使它們不在其位，仍然以它之名而存在。[27]唯一的希臘詞指涉所有這些區域整體的是*kosmos*，通常翻譯成「世界」或「宇宙」，而且它——不像**空間**那詞——應用到它們時不是作為一個簡單的集體，而是按照它們的恰當或自然的次序。它們的本質會依照它們的交互關係而定，而且那些關係，到亞里斯多德死後很久，仍一直是一種拓樸的，而非測量或幾何的關係。[28]

---

26 要感謝Gisela Striker提供這個例子，雖然她懷疑我對這個例子的使用方式。它的前身來自Liddell and Scott希臘文的*Lexicon* [Henry George Liddell and Robert Scott, *A Greek-English Lexicon*, 9th ed., vol. 2, rev. Sir Henry Stuart Jones andRoderick McKenzie (1940), s.v. χώρα]

27 *On the Heavens*, IV, 312a5, 312b, 3–7.

28 把區域之間的關係理解成拓樸而非測量的，是兒童以及前語言社會的特色。對於前者，參考J.Piaget and Barbel Inhelder, *The Child's Concept[ion] of Space*, trans. F. J. Langdon and J. L. Lunzer (New York: Norton, 1967)。對於後者，見 Heinz Werner, *Comparative Psychology of Mental Development*, rev. ed. (Chicago: Follett, 1948), chap. 5.對兒童與亞里斯多德思想二者緊密平行關係的一個分析，見我的 “A Function for Thought Experiment” 收在我的*Essential Tensions*文集第十章。

另一個希臘詞有時譯成「空間」，但更常譯成「地方」的，是 *topos*，一個與 *chora* 重疊的字，因為兩者都可以用到一個區域，而且兩者有時可以互換使用。但是 *chora* 與 *topos* 在三個目前的重要面向上不同。第一，一個 *topos* 常是小於（且意味著在後者裡面）一個 *chora*。第二，更重要的，*topos*，不像 *chora*，對於自然秩序是中性的。它的確會定位物體——回答「在哪裡」的問題？——以物體剛好在何時佔據何處來確立。*Topos* 所以是物體的偶有屬性（accidents），就像船的顏色一樣，是一種能改變但卻不會轉變物體本身的性質。在任何時間，一個物體都有一特別的 *chora*、一特別的 *topos*，但二者不需要重合。[29]最後，不像 *chora*，*topos* 是在測量或 162
半幾何的概念中被考慮的。在《範疇論》（*Categories*）裡面，*topos* 提供了亞里斯多德關於連續量的例子，而且以線、點、以及一個圖形各部位的關係等詞彙來討論。[30]它與 *chora* 的對照則由一個段落來

---

29 在 *On the Heavens*, IV, 312b, 3–7，註解26引用到第二的段落，亞里斯多德討論一個物體在它自己的 *chora* 是否有重量。而表面上看來類似的問題是一個物體在它自己的 *topos* 是否有重量，是個無意義的問題，除非 *autos topos*（家鄉）有明確地指出。在發現亞里斯多德二觀念 *topos* 與 *chora* 的區別時，這整個工作都非常有幫助。前者發生在271a5, 26; 273a13; 275b11; 279a12; 287a13, 22; and 309b26，後者則在287a17, 23; 309b24, 25; 312a5; and 312b3, 7。沒有簡單的通則化可以掌握所有這些條目。但是一個 *topos* 通常都是具體的、一個特別的地方佔據著一個特別的物體，所以一個運動的開始與結束兩點或者（與 *kenon* 緊密連結）說它不能沒有物體，因為不然那就不是 *topos* 了。對照而言，*chora* 可能有個物體在它之中，但它不是與一個特別的物體連結，而是與一個有秩序整體、或與其中的一個區域的連結。它所出現的段落，通常都是宇宙性的或解釋性的。注意在287a與309a出現的段落都同時使用到兩個詞。而去考慮為何兩者都需要，會是個有用的詮釋練習。

30 *Categories*, VI, 4b25-5a-15.

顯示，亞里斯多德在那裡爭論說，量並沒有相反詞，他指出說一個似乎可信但錯誤的案例可以用來反駁：去思考宇宙、這個有秩序的*chorai*的集合。在宇宙裡上與下都是相反，朝向邊緣的與朝向中心的*chorai*（也是），但這種相反不可用在量或在*topoi*。[31]

在《範疇論》裡面，亞里斯多德以「在市場中」或「在學院（Lyceum）裡」作為回答問題「在哪裡？」的例子。我們知道，如果那問題是在市場中提出，恰當的回應會是「在屠夫那裡」或「在
163 酒商那裡」。在《物理學》裡，準備關於真空的討論時，他利用*topos*的量化與幾何的面向來進行逐漸精確的描述到其極限。[32] *Topos*

---

31 *Categories*, VI, 6a11–19. 比較 *Physics* IV, i, 208b15–26。後面的段落重要，閱讀時需要把亞里斯多德時代的幾何學放在心上。對歐基里德而言，一條線是一個圖像被兩點所限定，一個平面是由許多線所限定。照這個觀點，例如一個三角形的內部也是個平面，而在三角形的外部則不需要任何東西（甚至平面）。（與亞里斯多德的有限宇宙作比較：一個球包括了所有的東西，球外則無物，甚至也無空間）。等同（congruence）是把一個圖像「應用」到另一個來決定，而非把一個圖透過空間轉換，直到它躺在另一個上面。歐基里德的空間觀念能夠配合進歐基里德的*Elements*，但它並不在那裡也並不需要在。（把歐基里德的圖形想像成柏拉圖的理念或形式，在空間與時間之外）但類似這種東西會需要或隱含在對圓錐體的參數處理（parametric treatments）中，它在亞里斯多德的時代中才剛浮現。那些處理得要把幾何的概念加以擴張。

32 對這極限化的過程，見*Physics*, IV, ii, 209a33–209b1。對極限化的定義，見*Physics* IV, iv, 211a29–31。對於在*Categories* 與 *Physics* 二者中對*topos*討論的許多不一致，有相當多的學術文獻（見前註5，Algra 的博論, “Concepts of Space,” ch.4）企圖去解釋。但是我認為這些不一致是來自企圖在希臘文本中去搜尋拉丁的亞里斯多德（從那裡歐洲學習去理解亞里斯多德的教條）。但是對於空間的問題，拉丁與希臘的觀念詞彙非常不同，所以二者若無相當的扭曲，彼此就無法妥協。*Topos*與*chora* 二者通常都翻譯成拉丁詞*locus*。另一個主要選項是把*chora*譯成*spatium*，與英文裡的 “span” 或 “interval” 等同，不論是關於空間或時間。那兩個拉丁詞都應用在一個度量的或可度量的段落。而十七世紀空間的觀念很清楚地是來自這些的衍發。還可見下面註33。

於是變成「包圍物體（surrounding body）的內在表面」，然後亞里斯多德很快地開始對真空進行討論，對他而言真空是空的*topos*，而非空的*chora*，更非空的空間。[33]

真空（void）的希臘字，*kenon*這個名詞，為希臘的原子論者所鑄造，它來自標準的形容詞*kenos*，或說空無，固定地應用於一般容器。[34]當亞里斯多德在《物理學》的第四書第一次考慮這個觀念時，他立刻指出說，如果真空能夠存在，「那麼『地方』還有『填滿』、『空缺』等都會是——在不同面向或存在條件下的——同一個東西」，這個立場對他而言是不一致的，所以他不斷地企圖以歸謬法（reductio ad absurdum）來排除它。[35]他論證的一部分是針對 164

---

33 確實，在整本《物理學》，*chora*一詞只出現四次(208b8, 208b31–35, 209a8, 209b12–15)：所有都在IV, i and ii。在那裡亞里斯多德對限制化的「地方」作了定義，而且它們都把*chora*與*topos*緊密地並列，因為它們之間的差異對於他那裡的論點都相干。

34 他們如此做的目標，比較是邏輯的而非物理的考慮：為了要否證巴曼尼德斯的（Parmenidean）論點所說運動不是真的、這個世界從未改變。他們也利用詭論，如通常說真空是「那個不是的」，但同時又堅持說它的存在與現實。對他們而言，它是第二種存在，而另一個就是原子，即「那個是」。從他們留下的片段來看，我們可以說他們並不把真空看成一個類似空間的容器，而且我想他們不能那樣。*Kenon*看似包圍著原子但卻不穿入它們，就如同水環繞著游在其中的魚。這個概念的情境，隨著幾何概念的擴張（註31），就很醒目地改變了，那也正是當希臘哲學教義翻譯進拉丁文時（註32）。*Spatium*非常像現代的詞「空間」，而羅馬的原子論者盧克萊修（Lucretius）是我所知道的第一個說到空的空間（empty space, *spatium cacuum*）的人。

35 *Physics*, IVIV, vi, 213a18–20。這個段落的牛津翻譯本使得它的不一致比Loeb的翻譯本（上面所引）更明顯：「對那些認為真空存在的人，把它看成一種地方或船，當它抱住那它能夠包容的大物時，它理應是『滿』的，反之當它不能包容時則是『空』的——那就好像『空』、『滿』、『地方』都指涉同一物，雖然此三物的本質不一樣。」[Aristotle, *Physics*, ed. W. D. Ross, trans. R. P. Hardie and R. K. Gaye, vol. 2 of *The Works of Aristotle* (Oxford: Clarendon Press, 1930), 213a18–20].

真空這個觀念本身。例如他說「因為真空（如果真有）必須被想成是一個地方，在那裡可能有物但並沒有。很明顯地，如此想像的真空根本不能存在」，而在幾頁之後他重複說「不管是什麼意義下，當真空與『地方』（place）等同，當『地方』在那意義下被顯示並不存在，真空也隨之消失。」[36]對亞里斯多德，他已把地方定義成一物的偶發性質，是該物剛好佔著那地方，那麼問那地方，在沒有該物的情況下，是否能夠存在，這也就像問那顏色，在沒有該顏色的物的情況下，是否能夠存在一樣。他的老師柏拉圖，對自然現象採取一個面向其他世界（otherworldly）的立場，會對後面的問題回答「是的！」；但是現在的重點是所有裡面最核心的——更為自然主義的亞里斯多德選擇與他的老師分道揚鑣。

亞里斯多德的其他歸謬論證也常被讀成是經驗的，但它們的力道，如之前提到的，更接近邏輯性的。如果真空存在，那麼一個包含物質的區域，就能夠被一個沒有包含任何物的區域所包括。但如果那是可能的，那麼亞里斯多德的宇宙不能是有限的。這就是因為物質和宇宙是同一個空間（co-extensive），所以在恆星的天球，宇宙必須結束在物質結束的地方，越過它就沒有任何東西，無論是物質或空間。那種有限性，回過頭來成為亞里斯多德的局部運動（local motion）理論，無論是自然或激烈運動。在一個無限的宇宙中，任何空間的區域，會與任何其他區域都一樣地中心（或一樣地

---

36 *Physics*, IV, vii, 214a16–20, and viii, 27–28。Richard Sorabji, 從他我受惠於這兩句話的第二句，他還指出說那兩句話都完全指向原子論的真空觀念。但是在缺乏一個空間觀念的情況下，還有什麼其他的觀念讓他來批評？

邊緣)。然後就不會有一些特別的區域,在那裡石頭或其他重物,或火及其他輕物,可以完滿地實現它們自然的性質。而如果真空是可能的,那也不能有激烈運動。因為物體的激烈運動要求它被一個鄰近物所推動,且那個鄰近物自己也要被推動,如此形成連鎖。但
是真空中的一個物體它沒有鄰近物,所以它無法推動或被推動。一 165
個沒有邊界的宇宙也會對天文學造成類似的問題。攜帶著恆星的天球會必須是無限大,而且以無限大的速度旋轉。[37]

現在就很明顯了,如果托里切利的發現一個延展真空的故事——從亞里斯多德開始的故事,那麼它牽涉了比一個充滿著水銀柱的實驗更多更多的東西。必須要把一個主要的、互相牽連的觀念網絡預先剔除然後重新再縫合,否則一個托里切利的實驗甚至無法去想像。那個再縫合的一部分,從古代就開始了,在這裡值得注意。亞里斯多德排除真空的主要理由是邏輯性的,對他而言,那就像一個方的圓,一個矛盾詞。但是亞里斯多德的物理完整一致性,他對宇宙及其運作的描述,其實不需要一個那麼深遠的關於真空的立場。接受亞里斯多德的物理觀點——他對宇宙的描述及其對改變的解釋——並沒要求說真空該以邏輯的理由來禁止。它的禁止其實可以是物理性的,在那裡需要阻擋的只是那延展的真空,一個就像托里切利氣壓計頂端的地方,可以包含著物體,但實際上並沒有。那個延展的真空就蘊含著宇宙的無限性,它就無法與亞里斯多德的立場相容。但是允許在物體的孔洞中有真空——一個後來就成為**散**

37 對此及相關的論證,見 *Physics* IV, v and viii, esp. 214b27–215a24.

佈或空隙的真空的條件——卻不會引起物理上的困難，而且後來廣泛地被亞里斯多德的古代與中世紀的後繼者所採用。[38]伽利略就是後來利用此點的人之一，而且他如此做，我們之前也見過，對托里切利的工作是極端重要的。在亞里斯多德物理學的幅度還有其各部分彼此緊密連結的情況下，這些對一個新宇宙論與物理學的核心貢獻幾乎是同時浮現，也決非巧合。

心中有這樣的背景後，我們暫時回到真理還有進步的問題，是因為它們我們才介紹了前面的背景。亞里斯多德的**真空**，不是我們的**真空**，就如他的**運動**不是我們的**運動**，或他的**物質**不是我們的**物
166 質**，所有這些概念對他而言，都是緊密關聯的。在這些情況下，對他的宣稱說不能有真空，我們該說些什麼？那是對或錯、真或假、正確或錯誤？對我而言，這些選項似乎沒有可用的。我們需要另一種方式來安置我們自己來面對我們的過去，以及安置我們的過去來面對我們。

一九九四年九月十九日

---

38 對亞里斯多德之後的散佈的真空，見Sorabji, *Matter, Space, and Motion*.

第三章　樹狀分類與不可共量性

上一章的三個例子是設計來展示對歷史學家常受到的震撼：他 167
們透過解碼歷史遺文，要重新捕捉過去的思想，而經歷到的震撼經驗。雖然所要的再詮釋都是局部的——由奇怪文本引發對一小組相關聯概念的新理解的這種典型狀況，它的結果會給一套整合的系統信念新的光亮。作為一歷史學家，幾乎我的所有工作，都是以這種的經驗來肇始，而且一些年來，它們對我們舒適的知性種屬中心觀點（ethnocentricity）造成了劇烈的打擊：那些來自作為一物理學家的訓練、還有來自我在科哲上的閱讀。特別是，它使得下面這個信念——對極大多數的科學家還有很多科哲家而言——非常有問題：事實就是事實，不管他們是在什麼標題或什麼詞彙之下去描述。我一刻也不曾結論說亞里斯多德的物理學或伏特的電池觀點是對的，或說以太是和我們的一樣好。但我也不能繼續去感受說它們就不對、錯誤、或為假。這個結果，對我而言，就是強迫我去尋找一則通路來理解這種經驗的特徵，去探索它對知識本質的重要性，特別是科學知識。

對理解這些例子的特徵的問題，我在《結構》裡曾提供了一個初步、但過於簡單的答案，那是我強迫性心理狀態的第一個長期的成果。在歷史學家的再詮釋所環繞的一些詞彙中，自從那些文本寫

168 就後，有些已經，我那時提議，改變了它們的意義，而歷史學家必須去重新發現它們原本的意義為何。這個答案並沒錯，但它很快地就被證明內容貧乏而且在一核心面向上是誤導的。某種的意義改變其實一直在我們身邊，無論是因時間改變，或甚至從一個人到另外一個人都是如此。而我每個例子所特別描述的，並非一般性的意義改變，而是區域性的、一整組的意義轉換：這是一組相關聯詞彙意義的同時一起的改變，沒有其中個別的詞彙意義，在保持文本一致性的前提下，可以如此改變而沒有其他詞彙的配合改變。目前所知的意義理論對此種改變並沒有提供很多的理解，因為它們大部分都一次處理一個意義附著在一詞彙上。在這個情境下，我早期對意義改變的談話在實際上大都是空談。

在反省中，我也領悟到意義改變（meaning change）的說法是誤導的。雖然對那些例子而言，字詞意義的改變是核心議題，但只有一個有限的詞彙集合牽涉其中。我將稱呼它們為**類詞**（kind terms），或有時為**樹狀詞**（taxonomic terms），因為它們為那些發生在我們所知的世界上的事物、情境、性質的各種種類來命名。把關切限制在它們身上，我將從此開始把目標縮小，而非一個一般性的意義理論。在那個意義上，意義改變的說法涵蓋太多了。但在另一意義上，又涵蓋太少。能夠分辨種類、與能夠部署一個對它們作行為反應的選擇性項目（repertoire），並不只限於有賦予語言能力的群體。動物社群也能展示它們。它們的成員並沒有類詞，但它們可以分享一個有結構的類集合。那麼我將用具有類觀念來說它們，因為觀念不需要有名字。在有賦予語言能力的群體中，當然，所有或他們大都有類詞，所以我將在之後繼續不斷地談及字詞與意義。但是在上一章的例子裡所給予的說明中，會要求人類或動物成員一個切割他們世界的理論，一個範疇化（categorization）的過程，沒有它那些世界就根本不會是世界了。那個過程，不論如何，必然牽涉到像意義的東西。但它們的根源，是前語言的，而且它所牽涉的意義，首先並非是字詞的意義。

本章將以對這範疇化的傳統說法所遭遇的問題來開頭，然後以一些早期的解決方式來繼續。為了避免不需要的贅言，我將把這個 169
問題完全集中在關於範疇的名字及其意義。只有在這裡或那裡當有需要時才會提醒讀者類概念並不需要有名字。

I

首先來看那些目前被接受的類詞意義觀點的一些不足的地方。意義本身有兩個標準的面向。第一，通常稱之為一個詞的外延（extension）或指涉，包括它的所指物、該詞所指的東西或情境等的集合。**運動**的外延是世界上所有的運動：現在、過去、或未來；而**行星**的外延則是水星、金星、火星、土星、木星、海王星、天王星、冥王星、[a]以及任何其他會環繞一個或另一個恆星的物體。化學家的外延則是所有曾是的、及未來會是的化學家，等等。第二個面向，是意義這個詞通常保留給它的，不是那些所指涉的東西，而是指一個詞在使用時所蘊含的那些特色、性質、或特徵。例如**三角形**一詞，意指「被三條直線所包圍的平面形狀」。這個意義的面向，通常被標誌為意涵或內涵（intension）。

在上一章的例子裡，外延與內涵一起改變。從橡實到橡樹的過程對亞里斯多德是個運動，而其中一個把它放進運動的集合的相干性質是它有著兩個端點。但對我們而言，前者與後者都非如此。伏特電池的單元不是我們的電池，且伏特挑選出他單一電池的方式也非我們的作法。普朗克的能量元素對他或他同時代的人都不是量子，且理論的改變促成了量子一詞，也改變了量子一詞的內涵。在普朗克的工作之前，不變的尺寸是作為量子的一個判準，但是他引介的量子的尺寸是可變的，當能量從一個諧振器的一個頻率通過到諧振器的另一個頻率時，改變就發生了。

一個詞的內涵或意義，傳統上認為是被它所有指涉物所共享的特徵的集合，而且，只被它們集體共享而已。這個概念有可信的基礎。它符合數學詞像**三角形**、邏輯詞像**涉及**（implication）、同時對一些從日常語言而來的詞彙它也符合的不錯。**單身漢**
170 （bachelor）的定義為未婚男性是一個常被提起的例子。雖然它並沒有捕捉字典中羅列的所有用法，但對大多數人而言，它的確捉住了最主要的那用法。至少作為一個理想，把意義等同於在認出一物時的一串必要與充分條件，這似乎就很自然。但是，它似乎並未免於批評，而在上個半世紀以來，那個等同公式已經逐漸被拋棄了。

對此意義的傳統觀點批評的一個理由，是它很難配合人們學習與使用語言的方式。很少標準字典所提供的「定義」，在任何或所有的可想像的情況下，都可以毫無疑義地被充分而精確地應用。還有，它們都不是自足完備的；所有都會倒退到其他有意義的字典條目，而且有時還會導回到那個剛開始搜尋的條目去。至於說詞彙的使用，我們反省後會想到的，也正是許多心理學研究會肯定的。[1] 人們每天毫無問題地使用名詞像**貓**、**狗**、或**鳥**，卻不能夠提供任何對應那些動物的一串定義的特色（features）。系統性地搜尋人們實際上使用來對這些或其他作認定的特色，其結果指出，雖然不同個人通常都作出相同的認定，他們使用來作認定的特色，卻會依情況的不同而有不同，且每個人的使用也常不同。在分類科學中，專家們在理解物種觀念的努力時，都已經放棄了去尋找非常細緻的樹狀範疇中定義之必要與充分條件的特色組合；且他們有些已經完全放棄去談論特色了。[2]

古典意義觀念的一個十分相關的困難，在目前更為核心，因為 171
它牽涉到一些原則，而且在我們繼續的討論中，將會觸及科學定律的觀念。如果類詞是被一串的必要與充分條件所定義，[3] 那麼一個

1 Edward E. Smith and Douglas L. Medin, *Categories and Concepts* (Cambridge, MA: Harvard University Press, 1981) 提供了一個方便的入口導向許多相干的心理學文獻。第三章 "The Classical View" 特別相關。J. A. Fodor, M. F. Garrett, E. C. T. Walker, and C. H. Parkes, "Against Definitions," *Cognition* 8, no. 3 (1980): 263–367, 也有幫助。

2 對這些議題，Ernst Mayr提供了一個非常有用的介紹Ernst Mayr, "Biological Classification: Toward a Synthesis of Opposing Methodologies," *Science* 214 (1981): 510–16。其他的觀點，有更多的細節，都在下面的文集中Marc Ereshefsky, ed., *The Units of Evolution: Essays on the Nature of Species* (Cambridge, MA: MIT Press, 1992). David Hull, *Science as Process: An Evolutionary Account of the Social and Conceptual Development of Science* (Chicago: University of Chicago Press, 1988) 也描述了這些議題，還包括了環繞它們當時非常激烈的辯論，為了提出可以推廣到更廣義的科學發展而所需的論點。

3 這個討論明白地只處理那些傳統的理論，說意義是由必要與充分條件所給定。但它們也可容易地調整到一個較寬鬆、且近來更流行的理論，不說必要條件，而說在一堆條件中有某百分比的必須要滿足，以便讓那個討論中的詞能夠應用。對這些所謂堆理論

詞的指涉群（相對應的範疇的成員們）所共享的特色會分成兩個不重合的集合——那些因為定義而共享的，與那些只是偶然所共享的，因為這世界就是如此。一個類似的區分會出現在描述範疇成員的陳述句裡面。有些句子因為定義而為真，沒有任何觀察會使得它們不真。這些陳述句邏輯經驗論者稱之為**分析性**（analytic）的。其他的——所謂綜合性的陳述句——則需要基於觀察來作評價。分析性的真理是語言性的，是一般社會約定的套套邏輯（tautological）的結果。綜合性的陳述句則是經驗性的，基於證據來決定它們是否可信或該排斥。

一個標準的哲學例子將指出這個分析／綜合區分的本質，以及它所碰到的困難。科學哲學的書籍，起碼直到最近，一直常用陳述句像「所有天鵝都是白的。」（或所有烏鴉都是黑的）來描繪這個律則化（nomic）或像定律般的推廣式，它的真假，將以中性的觀察來評斷。這些書強調對許多天鵝的觀察，都是白的，增加了那陳述句的可信度，但它們也強調說沒有任何程度的觀察可以證明那推廣為真：在另一地方或時間裡一隻其他顏色的天鵝仍然可能存在。如果它被發現了，這個論證說，如果觀察到一隻非白色的天鵝，那陳述句就被證明為假。那個在真假之間的非對稱性，一直被認為是
172 限定了所有的普遍經驗性推廣式。不像分析性的約定定義，對經驗免疫，沒有經驗的推廣是必然真；綜合陳述句在原則上是可錯的。

（cluster theories），關鍵的困難是去提供一個如何去確定那堆成員中的數目或百分比的基礎，以便去確認那詞的指涉。

這種討論，都要求一個現在廣被質疑的假設，說那些在收集天鵝顏色證據的人都共享一個**天鵝**的定義，一種認出天鵝的方式，獨立於關於牠們性質的信念，後者在這裡指它們普遍的白色。但是對於這種案例，不曾有人提供過任何這類的定義，這是在第一章所提到的失誤，那些想提供一個中性、獨立於信念的觀察語言是失敗的。目前的例子提示了這困難的源頭。我的字典告訴我天鵝是「大多為純白的水鳥」，而白色當然是我所倚重去認出牠們的性質之一。如果早期太平洋的航海者不曾在澳洲發現黑色的水鳥，除了顏色外其他一切都完全像天鵝，我的字典我想會省略那個修飾詞**大多**。那樣一來，白色就會是**天鵝**的一個定義式的特色。

把白色加進**天鵝**的定義中，當然，會讓使用者們冒點風險。找到一隻黑色的水鳥，除了顏色外牠與天鵝的所有特徵都極度相似，使用者們就會被迫在兩個尷尬的選項間二選一。第一個會要求他們尋找一個新定義，並同意那個先前使用的根本就不是一個恰當的定義，畢竟它只是個信念的產物。他們的錯誤不只是關於這個世界的，而且也是關於定義的邏輯。第二個選項則要求說那新發現的像天鵝的動物，因為原來定義是不可錯的，並非天鵝，而是新的一種動物。在這第二種情形，過去的社會約定就會剝奪了定義使用者的一些資訊，不然它還可能同時增加他們對天鵝、還有顏色對分辨不同類水鳥的角色之理解。一個類似、或許是更誇張的情形則是努力去把**水生**（aquatic）的選項作為一個定義的特徵。沒有非理論性（即獨立於信念）的理由阻擋在一個先前未探索的領域中發現一群雪白的、像天鵝的動物，牠們除了去飲水，從不走近水邊。無論是哪一種案例，當碰到非預期的、看來像天鵝的動物時，自然的作法就是讓選項保持開放。只有更多遭遇奇怪動物的經驗，才能夠提供基礎來決定是否牠們就是天鵝或是一個先前未知種類的成員。

173 像這類的分析，包括許多更為嚴格與仔細的，在上半個世紀裡，導致哲學家一個可能是明顯的結論：無法在分析與綜合陳述句之間畫出一條線來。一個詞的內涵，那些使得使用者可以挑出那個詞的指涉物的特徵們，本身就是經驗的產物，所以其實是依賴著我們對那些指涉物的信念而生的。除了一些可以辯論的例外，大部分都在邏輯與數學中，沒有任何陳述句只靠著意義就為真；在更多的經驗中，所有都可能會被訂正。不論科學所擁有的確定性為何，都不能追溯到（體現其內容的）個體陳述句的確定性來。這是蒯因（W.V.O. Quine）經典論文的論點，它宣告了分析性／綜合性區分的式微：「整體來看」，他寫道，「科學是雙重地依賴語言與經驗；但是這個雙重性並非可以很直接地追溯到一句一句的科學陳述句。」在幾句之後，一個廣為引用的象徵確立下了這個論點：「我們所謂知識或信念的整體……是一個人造的編織物，而它只沿著它的邊際碰觸經驗。」[4]

雖然我後來會質問說，我們是否會要求如此極端的一個整體論——是否「知識或信念的整體」為了分析的目的不能區分成可區域化的一些團塊——但蒯因的這些話對我來說似乎剛剛好。更有甚

4 W.V.O. Quine, "Two Dogmas of Empiricism," in *From a Logical Point of View* (Cambridge, MA: Harvard University Press, 1953), 42. 此文原來發表在一九五一，和許多人都受其惠一樣，我也是一位。[此文最初發表在 *Philosophical Review* 60 no. 1 (1951): 20–43.]

者，對科哲傳統中那個已經證明造成強求一致（procrustean）限制的分析性／綜合性的區分，它們帶來了頗為需要的自由化。但是，也很重要地要去認識到，如同蒯因的警句「雙重依賴」所提示的，排除那個區分包括有兩個面向，彼此需要分開，愈遠愈好。第一個是對科學的中性根基的威脅，因為一般說那個根基是獨立於語言與文化之外。第二個是對意義的長久以來的理解的威脅，特別是對字與語詞的內涵與外延的區分。這兩個面向是緊密關聯的，如同其歷史以及本書的論證所提示。[5]但是把它們看成兩個，使得我們較容 174
易認識到，因為分析／綜合區分的式微，一些另類路徑的出現。

其中一條，是蒯因以及許多其他分析哲學家所追隨的路。他們保存一個中性，沒有文化影響的知識基礎，但是要如此做，他們就拋棄了意義或內涵的概念。字、詞語還有陳述句要從外延去了解，單從他們的指涉去理解。一個字的意思只不過是它所指涉的事物的集合。本書則選擇岔路的另一條，追隨著第一章所提示的發展（developmental）之路徑。它拋棄了那個持之有故的假設，說我們要一個中性、沒有文化影響的基礎，如此才能肯定科學的知性成就：它爭論說，一個區域性的、歷史情境下的基礎，將完全足以勝任。另一方面，要讓那個立場成立，就要重整一個不只是外延的意義觀念。以發展來解釋科學，需要說明知識與信念如何從一代轉遞到他們的後繼者來繼續發展。那個說法，就還要對下面兩種學習作一個區分：學習一個詞是什麼意思（當在傳遞過程中所發現的東

---

5 對它們的互相關聯，再看 Hacking, *Why does Language Matter to Philosophy?*

西），以及學習在那個詞所指涉的東西或情境中的一些先前不知道的東西。[6]如果一個字或詞語的內涵無法以其應用的必要與充分條件來理解，那麼必須提供一個替代。現在情況是，能夠提供替代的元素，將證明可以給予第二章所提供的例子一致性，把幾個語詞的僅有的指涉清單，像**運動**、**地方**、**一對**、以及**能量單元**，轉換成一整合的信念系統的幾個部分。對一個能夠支持這種論點的意義概念之素描，是本書第二部分的目的，見下。[b]而本章剩下的，就在進行更多的準備。

II

175 要對意義或內涵的概念作重新構作（reformulation），前一章的歷史案例提供了兩個重要的線索。第一個，在本章的開頭已經提到：為了要排除文本奇怪處並得到了解，那些要重新詮釋的詞彙都是類詞。它們就是那些指涉在自然或社會世界裡各種各類物體、物質、情境、或性質的詞彙。在那些例子裡，它們包括了**運動**、**物體**、**性質**、與**地方**；**單一（電池，cell）**、**電流**、**液體**、與**阻抗**；**能量**、**量子**、**放射**、與**諧振器**。在社會世界裡，他們會包括**天文學家**、**民主**、**協商**、與**教師**。所有這些詞在語法上都有標誌出來。在

6 所謂指涉的因果理論（causal theory of reference）企圖以純粹外延來提供一個這種區分。但它無法適應到第二章所討論的例子去。對該理論不足的根本問題，見我的 "Possible Worlds in History of Science," in *Possible Worlds in Humanities, Arts, and Sciences: Proceedings of Nobel Symposium 65*, ed. Sture Allen (Berlin: Walter de Gruyter, 1989), 9–32 [reprinted as chap. 3 in *Road Since Structure*].

英文及大部分的拉丁語族上，它們使用不定冠詞，要麼用在它們自身（如「一個運動」、「一個諧振器」），或者在一些量詞上，還配合著一個修飾詞，是個語詞（如「一只金指環」、「一杯水」）。其他的語言以其他方式來標誌類詞，但它們需要一些標誌似乎是普遍的。一個類詞的學習，還包括去認識它的標誌，學習到它是個類詞、而且在使用中也如此。這可說就是學習語詞是什麼意思的一部分。[7]

第二條線索在呈現上一章的例子時就特別地強調。那些要求再詮釋的類詞或類觀念通常都與局部的語詞群體互相關聯，所以它們必須一起改變，如果要維持一個有一致性的文本閱讀。考慮**運動**、**物質**、以及**性質**在亞里斯多德以及相對於牛頓的不同意義；伏特的**一對**、**放電**、以及**漏電**還有相對於後來的**單一電池**、**電流**、與**電阻**；或是普朗克原初的**單元**與**諧振器**相對於他後來的**量子**以及**振盪器**。

這兩條線索證實是無法分開的，而且在路上的追尋它們的功夫 176
會很長久。在本書第二部的三章裡，它首先導向一個類詞意義的替

7　我這裡把注意力限制在名詞，最熟悉的，而且為了現在的目的，最重要的案例。但還有些形容詞式的類詞，特別但不只是從名詞所衍生或它們衍生的名詞：形容詞式的或名詞式（nominal）的使用「男性的」（*male*）是一個例子，「肉食性的」（*carnivorous*）、「肉食動物」（*carnivore*）這一對是另一個例子。另外還有動詞也顯示類詞的型態，例如一匹馬的步履：*walk*（蹓）, *trot*（小跑）, *canter*（慢跑）, *and gallop*（馳騁）。下面的討論延伸到名詞以外的文法種類當然是可欲的，但我目前的案例並不依靠那些成果，所以我將跳過那些複雜的議題。對此問題，也可見Eli Hirsch, *The Concept of Identity* (New York: Oxford University Press, 1982), esp. 38. Hirsch，他的許多問題與我一樣，對於形容詞或動詞式的類詞，採用與我一樣的政策。（也見下面的註8）

換理論（replacement theory），[i]而該理論會再開放到進步、相對主義與真理等問題，將在第三部的三章中討論。在開始進行前，我將在本章的後面先預示將在路途中浮現的一些主要結論，特別是關於意義的替換理論。我在這路途上如此標誌，或許可以讓讀者在旅途上更容易行走，也更有追尋的動機。

類詞其實有兩種，我將標誌為**樹狀類**（taxonomic kinds）與**單子類**（singletons）。兩者都有非語言的前生，而且兩者都在日常生活語言中扮演根本性的角色。樹狀類更常見，而且在日常詞彙中非常非常多。就像個別的有機體，一個樹狀類的成員就如一個物種的成員，是以它們的個體差異來分別。那個物種，和其它的一起，同屬於一個高層的範疇（理由後面會說，我將稱之為一個**對照集合**〔contrast set〕），而其中物種成員的身份，可以透過那個對照集合中的不同物種成員特色的區別來決定。生物類是樹狀的，就如在本節開頭所提到的所有社會類也一樣：**天文學家**是在一個目（genus）中包括了**化學家**、**物理學家**、**地質學家**、還有其他，而**民主**所屬的對照集合中還包括了**君權**、**專制**、**獨裁**；而**協商**則在一集合中還包括**決斷**、**中介**等等。

在第二章的例子裡，樹狀類倒是十分少，我們等下會對此重要的差異多說一些。但是明顯地，在亞里斯多德的例子裡，它處理日常的現象，且用的詞彙比其他例子更接近日常生活，是有一些樹狀

---

i 譯註：這一段孔恩使用 replacement theory 兩次，但全書也僅此兩次，不清楚為何孔恩要如此寫。

類。改變的次範疇形成一個對照集合，就如一個改變的起始與終結點也一樣。亞里斯多德的四元素是另外一個例子，這個例子有個連續性的歷史，透過發明與解釋，進入了週期表。還有另一個古代的樹狀類對照集合，在科學中也有個連續的歷史，那就是在天上的群體。在亞里斯多德及其他的古代作者中，那個天上的群體是由三個物種所構成：其中兩個大約與我們的恆星與行星對應，當然後者包 177
括了太陽與月亮；第三個物種，流星，包括所有其他天上的現象，並給予了它們觀念上的整合，它包括了我們稱之為彗星的現象，但還有虹與銀河。

樹狀類的兩個特色，對本書的論證而言是非常根本的。第一個在本節的開始就描述了：一個樹狀類詞的意義，是與同一對照集合的其他類詞的意義綁在一起；沒有一類詞的意義是獨立於其它的。第二，認出一個樹狀類的成員的能力，能夠從直接去面對（exposure）那個類的成員以及其他在那集合中的類的成員來獲得。雖然需要一些信號來告知學習者是否一個認定是對或錯，但沒要求文字。這是為什麼演化已經裝備了動物去學習區別不同的、在環境中為了存活的基本類別。[8]

單子類非常不一樣。它們在科學中特別重要，扮演核心的角色。在本節的開頭，從第二章的例子中所特別找出來的類詞——**運**

8 如果涉及的這些類是社會類，而那個社會有語言，那麼學習者需要了解一個相關類的成員——例如天文學家、或協商的各方——彼此在說些什麼。但他們原則上不需要被告知任何有關**天文學家**或**協商**這些詞的意義為何。那種額外的訊息有助於詮釋的過程，但沒有語言的導引，它仍然可以進行。

動、**物體**、**性質**、與**地方**；**單一（電池，cell）**、**電流**、**液體**、與**阻抗**；**能量**、**量子**、**放射**、與**諧振器**——除了**液體**（一個亞里斯多德樹狀類的子嗣，水元素）外，都是單子類，而非任何對照集合的成員。很少單子類出現在日常生活的詞彙中，而那些單子類提供名稱的概念，由人類共同所擁有，或至少在高等動物中才有。在有語言的社會中，它們是思想的根本範疇：時間、空間，個體化的物體；或許也是因果的一個根源概念，以及那些基本的社會範疇如自我與他人。整體而言，它們似乎是天生的，而第四章裡會提示它們大概的演化來源是一神經過程，為了追蹤移動的對象、在不同情境中去對應到個人行為的反應庫存項目。第五章將會展示那個來源如何可以促發樹狀類。

178 就如它們的名字或前面的例子所提示的，單子類並非與有點類似的類群聚在對照集合裡，而是獨一無二的。但是，如同空間、時間以及物體這類的例子所提示的，它們互相依賴（interdependent）。如同樹狀類，它們必須在小的區域群體中一起被學習。但是，除了那原初的天生群體，它們不能沒有語言來學習，而只靠著手指著例子。相反地，將於第六章展示，它們兩個或更多的單子類通常必須群聚在句子裡，然後必須以文字或展示的方式，給予在某情境中那些句子可以應用的例子。這些句子並非學習中的語詞的定義，但它們似乎有個普遍的必然性，像康德號稱的**先驗綜合**（synthetic a priori）一樣。在科學中它們許多被描述成自然定律，而那些學習的語詞類似傳統上所號稱的**理論語詞**（theoretical terms）。虎克定律或牛頓的第二運動定律就提供了像定律的句子，而**力**與**質量**的語詞就是從中學習得到。而更多像它們的推廣式的發現，標誌著科學的進步。

雖然單子類愈來愈成為科學詞彙的主流，但樹狀類並未消失，只是大部分被驅逐到地下去。而且即使那樣也並未完全發生。有很多重要的樹狀科學或自然史的科學。還有，如我稍早指涉到一些具有從古代以來連續歷史的類所提示的，新的單子類的介紹，有時會允許更精細的分析以及對現有的樹狀類的解釋，例如把元素安排在週期表中。最後，新的單子類有時會使得新的樹狀類的介紹與研究成為可能，如現代物理中的基本粒子。但這些例子，在目前的目的下，都比較次要。樹狀類對科學而言，超乎一切的重要性是它們在實驗與儀器實作中對科學發展的本質性角色。

這些實作，有時讓單子類與伴隨它們的定律誕生，但有時，透過介紹新單子類的方式，反而讓那些實作誕生。但一旦誕生，那些實作就能且常有它們自己的生命，在第六章當考慮單子類時，我們
會去討論那實作的生命。人們常不能控制那與科學發展關聯的單子 179
類、定律與理論，但透過他們的帶領，實作可以一往直前。相反地，科學進展所依靠的研究報告，會對儀器實作沉默，只有當它還是新的或它自己仍被研究時才被描述。（注意從第二或第三個例子中使得研究成為可能的儀器名字甚至都缺席了，像是驗電器〔electroscopes〕、檢流計〔galvanometers〕、實驗腔〔experimental cavities〕、輻射熱測量計〔bolometers〕等儀器）那些已經建立的、半獨立的儀器實作，它們在報告中被視為當然，卻是支撐所有研究的底層，與眼睛、耳朵與手的那些原始儀器延展而來一起操

作。視為當然的還有在儀器實作結果記錄中的語言。

III

單子類與樹狀類二者都有一個重要的禁制，在此之後我將稱之為**無重疊原則**（no-overlap principle）。日常的生物類提示了它的性質。小孩在學習用**狗**一詞時通常必須也學習到用**貓**一詞。在兩類都出現的環境中，這兩個詞屬於同一個對照集合而且它們必須一起學起來。但是那個學習的成功與有用，要求這個世界上沒有狗同時也是貓，反之亦然。狗的物種，必須不可以與貓的物種重疊，雖然二者完全包括在動物綱中，而且二者在四足動物綱中也重疊。對樹狀類而言，無重疊原則要求在一個對照集合中，各類要完全沒有重疊，沒有共享任何成員。第五章將會提示說，為了實作的成功，該原則的一個稍微弱一點的形式就足夠了。遭遇到似乎可以納入同一對照集合中的兩類或更多類中的候選生物，必定極為稀少。如果常常碰到要去決定一個最近遭遇到的動物事實上是貓或是狗的困難，這就是範疇系統的一個失敗。[9]

9 就當前目的，無重疊原則的滿足是作為一個類詞的必要與充分條件，而且對典型的形容詞或動詞，如在註7所討論的例子 *carnivorous* vs. *herbivorous*，或是 *canter* vs. *trot*，也能夠扮演那個角色。但是對於紅與藍，以形容詞來使用的，又怎麼說？我要宣稱說，一個物體可以是紅或藍，有點紅的藍，或有點藍的紅，但不會是紅—藍。但是最後的禁制，會是可疑的，所以它展示了為何我要繞過名詞以外的類詞的核心理由。它們所提出的議題，我覺得，是維根斯坦在*Remarks on Colour*中所探索的ed. G. E. M. Anscombe, trans. Linda L. McAlister and Margarete Schattle (Berkeley: University of California Press, 1977).

對於單子類，那個原則更強，等於是非矛盾（noncontradiction）原則的一個形式。單子類的學習，我已經提示，必須與普遍的、像定律般的推廣式一起學。對它們而言，無重疊原則只不過是說，沒有任何兩個不相容的推廣式可以應用到一個單子類的同一個特別成員。[c]正如不可以有同時是一隻狗和貓，所以也不可以有力（force）能同時滿足牛頓的第二運動定律以及其他與它不相容的定律。在第九章我將提示說非矛盾定律與排中律都是無重疊原則在單子類與樹狀類的分別表現。 180

這個對無重疊原則的描述似乎確認了有哲學傾向的讀者會懷疑的一個混淆。無重疊原則所應用得上的，是世界或是語言？我談論的是關於語詞，例如**貓**這個類詞，或是關於這個語詞所應用的東西，例如我自己的貓Gertrude？對這些或類似的問題，我的答案是：兩者都是我在談論的，而且兩者都是無重疊原則所應用的上的。[10]或許要許多的時間與空間來使得這個回應可信，但現在就開始倒不嫌早。

分析／綜合區分的問題，作為一個關於定義的問題之前曾討論過，是在語言的類詞與那語言使用者居住的世界二者間一個深沉而牢不可破的纏繞之反映。那個語言是個遺產。在它目前的使用者學得之前，世世代代連續地曾調整與磨光它來適應這個世界，好讓那

---

10 在這裡，我們可以介紹進來兩個無重疊原則，一個關於語詞，一個關於它們的指涉物。我已經把它們看成同一個，因為每一個其實就是另一個不可逃脫的結果，而且沒有一個有本體論上的優先性。這個處理方式不表示說在字與物之間沒有區別，雖然它們常被視為如此。

語言的後續版本可以去接觸它。這種調整的結果，讓每一世代的成員都繼承了一個超級適應他們的自然與社會環境的器具。但是那器
181 具的好效率，卻以它的普遍性作為代價，而且它的限制有時會顯示出來。一方面，一段時間內的語言所部署的類詞，允許它的使用者去精確處理環境所要求的那樣，包括在所預期的現象範圍內，就如那個語言所被調適的程度。還有，其所接受的類詞的名單，常可以在面對新的情境下被豐富化：狐狸與狼可以加入那個類的集合裡，它當初學得時只包含貓和狗。但類詞的名單不能永遠如此增加來處理創新。新語詞的加入，如果觸犯了無重疊原則，那就會被擋住：發現了一個貓即狗的社群或一個非牛頓力的定律時，要求的就不是一個增加——對自然現象所顯現的範疇以及來描述那現象的詞彙而言——而是對兩者的修改。這種修改在科學發展中時常發生：上一章的所有例子都提供了這種案例。

我《結構》的讀者現在可能聽到一個與那本書的根本論點密切相關的迴響：典範概念，由一個團體的成員所預設的一個根本的工具，來處理他們彼此以及與他們世界的互動，同時也限制了那些處理可以成功的範圍。在這裡，那個工具是一個對類詞的安排，我稱之為一個**結構性的類集合**（structured kind set）。這工具的取得，是它的使用者社群成員資格的前提。而它的取得也經歷一個社會化的過程，它裝備了新手一組彼此相關聯的類，以及關於它們的一些起碼的知識，還有一些關於那些類的成員如何動作的期待。只有在那套裝備就位後，新手才準備參與進社群的實作，還有其核心的論述。

什麼是兩個或更多的個人共享一個類集合？它將於下個三章來

開展。在這裡我只提示說，共享關於那集合成員所有一樣的信念與預期，並非必要；但是，因為有無重疊原則，它會相當限制了那些信念會是什麼。那個限制是關鍵的，而且我不知道有什麼更好的辦法來介紹它。但是這個辦法，不幸地常會誤導。重點不是說一個特別類集合的取得，會阻擋關於某些命題的信念（雖然在一個奇特的意義下，的確如此）。反而是，取得一個特別類集合甚至會阻擋，在觀念上或語詞上，去**表達**（formulate）另一個類集合使用者的特 182
定信念。不同的或不同結構的類集合會接觸到不同的——雖然大部分是重疊的——可能信念的領域。一個類集合的使用者必須要能夠擱置或蓋住它，才能夠取得允許去接觸（gain access）另一個類集合使用者對一些命題的候選信念（candidates for belief）。[11]

IV

上一章的那些例子的用意，最主要的，是描繪取得允許接觸的過程與後果，而一個類集合的概念提示了一種去重新表述它們重要性的方式。去閱讀一個來自早期的文本時，歷史學家遭遇了奇怪處，那就界定了一個或更多的局部差異，是他或她所攜帶到文本前的類集合與那過去文本作者的類集合二者之間的差異。一旦辨識到

11 「候選信念」一詞是以Ian Hacking的「真或假的候選者」（candidates for truth or falsehood）為模型，我以為它有著完全一樣的企圖。無論如何，他介紹這個語詞的討論對我的幫助非常大："Language, Truth, and Reason," in *Rationality and Relativism*, ed. Martin Hollis and Steven Lukes (Cambridge, MA: MIT Press, 1982), 48–66.

這種差異性，就會引發了一種企圖去復原那作者所使用的看似奇怪的類。那企圖會從收集含有一個或多個擾人語詞的段落開始。它繼續會嘗試去發現那些語詞使用在不同處境中的共同特色，不管是分別或一起呈現，然後去同時發現是什麼在區分那些我們會當作類似，但作者卻不當作類似的處境。這些收集與分析的技術都蘊含在上一章所呈現的例子裡，雖然它們很少明顯地浮上水面。而且除了靠例子，這種技術很難教，如同我在第二章開頭所說的，但是當它們使用時，的確會留下訊息的痕跡。再去看看，例如，在第二章註腳28中*chora*與*topos*的資訊與討論，還有去注意，那一章的前面，那結合所有改變種類在*kinesis*範疇之下的討論；或去考慮普朗克論文中以及德國物理學其他地方裡對*quanta*與*element*使用的說明。

183 這技術與經驗，我歸因於我想像的歷史學家的，掙扎地要闖入一個文本，與蒯因歸因於一個他描述成「極端的翻譯者」（radical translator）的，一個想像的人類學家靠著觀察土著的行為，掙扎地去學習他們的語言，很接近。蒯因與我兩人都使用**詮釋**這語詞來描述這過程，而去比較我們二人對詮釋結果的看法，會很有用處。關於三個它最重要的特色，我們完全同意。第一，對詮釋者而言，不論是我的歷史學家或蒯因的人類學家，分析的單元一直至少是，一個完全的句子或陳述句。雖然要詮釋的奇怪處也許會以一個字作為信號，但並非是那個字本身而是那個字的使用奇怪。所以整個陳述句必須是意義的主要承受者。[12]第二，詮釋的過程永不停止，而且

12 這些陳述或句子當然不需要滿足一個已發展的語言的文法判準。一個小孩在潛在適當的物體前所發出的*Mama*或*doggie*，就算作一個句子。

可能在任何時間走了岔路：下面一個句子或土著的下一句話可能是奇怪的，如此就要求延伸、微調、或甚至修正之前走過的路。最後，一些關於土著或作者行為的假設（蒯因稱它們作「分析性的假設」）比其他的假設更好：以前是奇怪的現在則成為新的秩序，以前是不可理解的現在能夠理解了。雖然詮釋者、歷史學家、或人類學家必須一直小心，對新的驚奇保持警戒，但同時也有好的理由按理解來說詮釋已經達成了。

但是，到目前所描述的步驟並沒有完成詮釋者的工作。詮釋的結果仍然必須與詮釋者自己文化中的聽眾來溝通，而關於如何去做這些時，蒯因與我的路徑分開了。[13]剩下的這一節要討論他的路，而我的將會在下一節來勾勒，就是本章的最後一節。

對蒯因而言，那人類學家——詮釋者是一個翻譯者，他傳遞土 184
著的語言行為，以他聽眾的語言，說給聽眾他們。確定是如此後，蒯因再爭論說，對大部分的土著語言，可能有無限多彼此完全等同的翻譯，那麼一個恰當翻譯的結果，是根本性的不確定（indeterminate）。為簡單起見，蒯因從考慮諧音翻譯（homophonic translation）開始，把一個語言的句子諧音式地對應（mapping）到同一個語言的句子，[ii]然後他結論如下：「任何給定語言的無限多數

---

13 發現到這個分歧的本質，對本書所發展的觀點而言，是很關鍵的，而導致那個發現的挑戰，或許是我在思想上主要受惠於蒯因的地方。那受惠要從一九五八－五九學年算起。他和我那時都在Center for Advanced Study in the Behavioral Sciences [at Stanford University]，他那時就把他的 *Word and Object* (Cambridge, MA: MIT Press, 1960) 第二章的草稿傳給大家參考。幾年後我工作中對蒯因的索引就開始了，但一直模稜兩可且有時矛盾，一直到一九八〇年代。

ii 譯註：例如 "recognize speech" 可以用諧音對應成 "wreck a nice beach"。

的句子能夠如此轉換或對應到它自己，以致於一，說話者所有的說話行為的特質保持不變，但是二，這個對應不只是句子與**等同**句子的相關（correlation），不管是什麼可信意義下的等同，無論多鬆散都可以。沒有數字的句子可以從它們各自的相關作劇烈的偏離，但是這些偏離可以系統性地彼此交叉補正，以致於句子與句子之間的所有關聯型態、還有與非話語刺激的關聯，都保留下來。」[14]那些在一個語言內可以成立的對應，一定在語言之間也成立。這個結果就是蒯因所稱的**翻譯不定性**（indeterminancy of translation）。

對我而言，蒯因的結論似乎由歸謬法否定了他的論證，而它的前提之一似乎很清楚地該負責。蒯因仍然在尋找一個固定的阿基米德平台，他追溯的方法是用一群具有特權的句子的集合，它們只能基於感官刺激去評價，所以它們「支撐了觀察語句不會錯的哲學教條」。[15]一個語言的獲得從這種觀察語句（observational sentences）開始；它們提供了去掌握更複雜語句的必要基礎；而且它們對蒯因
185 而言都是**跨文化**的，意思是它們可以完全翻譯進入任何其他文化的語言中。[16]任何兩種語言的觀察語句只能有一種對應的方式，事實

14 Quine, *Word and Object*, 27，對於這個對應究竟是什麼的有助討論，可參考Hilary Putnum在Hilary Putnam in *Reason, Truth, and History* (Cambridge: Cambridge University Press, 1981), 32–38, 217ff.所提供的。但Putnum的例子應該要謹慎閱讀，因為他只處理一個簡單案例：許多觀察句子的集合，而從它的對應所得到的「只是單單一個句子與**等同**句子的關聯」。所以它所描繪的不定性是微不足道的，但是那，我們將看到，正是蒯因會期待的。

15 Quin, *Word and Object*, 44.

16 對觀察語句的可翻譯性，見Quine, *Word and Object*, 68。我深深受惠於James Conant，他要我注意這個後來的段落，它對我的論證無比重要。

上把它們化約成單一的語言。只有在更複雜的語句中，才會碰到翻譯不定性，而要在那裡才碰到的論證，仍要求把中性的觀察語言作為論證的前提。[iii]

那個前提，當然是深刻地銘刻在從十七世紀以來的經驗論傳統，當它的起源緊密地與經驗科學聯繫在一起時。[17]但這是錯的，任何的翻譯者都知道。「一個譯者就是一個叛徒」（Traduttore traditore）應用到觀察語句，至少與用到（從觀察語句導向的）更複雜的語句一樣適用。[d]Eugene Nida，翻譯文獻的一個重要的貢獻者，寫道「所有翻譯的類型都牽涉到 1，訊息的遺失，2，訊息的添加，還有／或者3，訊息的扭曲。」[18]語言學家John Lyons 提供

---

iii 譯註：為何要有中性觀察語言作為前提？或許有兩點可以注意。一，見孔恩的註14的批評：翻譯不定性一個簡單例子的問題。二，在不同文化之間的翻譯及其進一步的翻譯不定性的基礎，來自觀察語言都可互相翻譯。但這正是後面孔恩要質疑的。

17 培根斥責普通話語（common speech）的語言——他的「市場的偶像」——因為它有誤導的傾向見 [the *Novum Organon*, book 1, in *The Works of Francis Bacon*, ed. James Spedding, Robert Leslie Ellis, and Douglas Denon Heath (New York: Garret Press, 1968)]）；而皇家學院採用 *nullius in verba*（通常譯為「不要把別人僅有的話作為證據」）作為它的箴言；還有新哲學的重要支持者採納當時廣被接受的努力：搜尋一種普遍性的字元，一種單純的語言，而所有已知的話語形式都可以翻譯進來。對這整個的主題，見M. M. Slaughter, *Universal Languages and Scientific Taxonomy in the Seventeenth Century* (Cambridge: Cambridge University Press, 1982).同時也見前面的註4。

18 Eugene Nida, "Principles of Translation as Exemplified by Bible Translating," in *On Translation*, ed. Reuben A. Brower (Cambridge, MA: Harvard University Press, 1959), 13 (italics mine).，就像這個主題的許多其它的著作一樣，這本書主要在處理文學的翻譯。但它包含很多有用的東西——特別是短文(232–39) by Roman Jakobson, "On Linguistic Aspects of Translating"——還包括一個書目。Walter Benjamin's "The Task of the Translator," originally published in 1923 as a preface to his translation of [Charles] Baudelaire's Tableaux Parisiens [Heidelberg: Verlag von Richard Weissbach]，是對翻譯問題的一個特別深入的研究，包括它能夠與不能夠解決的

了一個三種情況都有的特別真實例子。他考慮這個英文例子「這貓
坐在這這墊子上（The cat sits on the mat.）」，問如何將它譯成法
186 文，然後他結論說，在嚴格意義下，它不能。」[19]在注意到英文*cat*
與法文*chat*的指涉之間的差異、也在注意到法文文法強迫 sits的譯
者在坐的行動與在坐著的狀態之間做選擇之後，Lyons 如下地繼續
寫道：

> 這個「墊子」（the mat）的翻譯更為有趣。原文所指的究竟是門前的墊子（“paillasson”），或是床邊的墊子（“descente de lit”），或是小地毯（“tapis”）——更不要說不同的其他可能性了？在英文裡有一組詞位（lexemes），“mat”、“rug”、“carpet”等，在法文裡也有一組詞位，“tapis”、“paillasson”、“carpette”等，而此詞位組中沒有任何法文字與英文詞位組中的字有相同的指涉（外延）。每一組詞位以不同的方式來切割、或範疇化家居設施中特別一部分的宇宙；而這兩個範疇化的系統是不可共量的（incommensurable）……
>
> 察覺到從一個語言翻譯到另一個語言的困難是如此容易，以致於會低估、甚至完全沒注意到引起那些困難的事實的理論性蘊含。一個詞位（lexeme）的指涉，因為在意義上的關係所致，是受限於

程度。很容易就可以在他的文集 *Illuminations ed. Hannah Arendt, trans. Harry Zohn (New York: Harcourt Brace & World, 1968).* 中接觸到。George Steiner 廣為人知的*After Babel: Aspects of Language and Translation* (New York: Oxford University Press, 1975) 包括了一個廣泛的選擇性的書目，還有一個對多語言現象（multilingualism）的問題與收穫的有趣私人說明。

19 John Lyons, *Semantics*, vol. 1 (Cambridge: Cambridge University Press, 1984), 238. 在 Jehane Kuhn 對此書的許多重要貢獻中，這個來自 Lyons 的段落的禮物，還不是最小的。

同一個語言的其他詞位。“mat”的指涉是受限於它在意涵上是對照於“rug”與“carpet”，同樣地，法文的“paillasson”的指涉也受限於它在意涵上是對照於“tapis”以及其他的詞位。我們不能合理地說“mat”有兩個意思，因靠著兩個不同意義的詞位“tapis”、“paillasson”，它可以翻譯成法文。或者說“tapis”有三個意思，因為靠著三個不同意義的詞位“rug”、“carpet”以及“mat”，它可以翻譯成英文。字的意義（他們的意涵〔sense〕與指涉）[iv]乃內在於它們所屬的語言。

現在注意，「這貓坐在這墊子上」是一個觀察語句，它在語言上作恰當發聲的情境，是可以單獨被感官刺激所決定的。[20]Lyons 187
的討論邀請我們想像一個說英語的嚮導展示給一位說法語的參觀者一系列的情景，可以讓說英語的人說「這貓坐在這墊子上」。對每一個這種情景，參觀者會有個恰當的法語對應發聲（utterance），那個發聲也會是觀察語句。但是恰當的法文觀察語句會從一個情景變到下一個情景。沒有單一的法文語句會翻譯所有的適當的英語發聲「這貓坐在這墊子上」。也不能有任何的普遍法文通則可以應用到所有而且只有那些一隻貓坐在一片墊子上的情景。為了實際的目的（例如買一塊地板的新覆蓋物），那個不可翻譯性（untransla-

iv 譯註：在本章的第一節，孔恩則用外延extension與內涵intension來說這裡說的指涉denotation與意涵sense。應該是指相同的一對概念。

20 Lyons 實際上考慮的句子是「The cat sat on the mat.」我已經把 sat 改成 sit, 因為要剔除在它評價時的記憶角色。

tability）也許不重要。但是普遍的通則化是大部分科學的核心建構，而它們的不可翻譯性卻是有深刻的後果。

這個翻譯的問題還走得更深。在一個特別的情境裡，當這說英語的人說「這貓坐在這墊子上。」而且這說法語的人也說出相對應的觀察語句，這法文語句不能翻譯成英文，反之亦然。雖然兩個語句都適用到這觸發它的特別情境，但有無數其他的情境會適用其中一句，另一則否。把mat 這詞加到法文裡來增色，也並不能達成目的。就像paillasson、tapis等，mat 是一個類詞。它的意義，不管是什麼，都靠它存在於一個對照集合中，後者包括著為了地板覆蓋物的那些非重疊英文類詞如carpet、rug，等等。如果它可以輸入法文中地板覆蓋的範疇，它會透過不同的對照過程來被了解，而會有不同的意義。這些差異可能可以忍受，如果新範疇的成員與那些已經在位的成員完全不同。[v]但是把mat 增益到地板覆蓋物的法語範疇觸犯了非重疊原則。例如mat與paillasson重疊：它們共享一些指涉，但非全部。所以兩個中只有一個能夠承載那認定它作為一類詞的標籤，而那卻是它功能的本質。雖然語言的確透過借用以及其他
188 方式來更豐富化，但豐富化（enrichment）會花時間，而且它導致的不只是增加到原有的那群體而已。把**豐富化**這詞應用到語言學是有問題的，就如把**成長**（growth）一詞用到科學發展一樣。其實，如我們的例子或許已經提示了，這兩組問題是一樣的。

---

v 譯註：這裡最後一句「如果新範疇的成員與那些已經在位的成員完全不同」中，把新範疇改成「新類詞」，整句要清楚很多。

前面說的，不是要否認觀察語句的存在或其重要性。意思也不該是說觀察語句不是常常從一個語言翻譯到另一個語言。重點反而是一個語言的整體觀察語句很少、甚至從未與另一語言的觀察語句作一一對應。甚至，要發現到哪一個可以對應、哪一個不行，唯一的方法就是與土著生活在一起，讓你對奇怪的文本片段或行為的敏感度更加銳利。在一對正在比較的兩種語言之外，不存在一個判準來決定哪個語句可翻譯、哪個不可以。

V

Lyons那個段落的最後一個面向也是相干的。他使用不可共量這個字來描述在英文與法文對範疇化地板覆蓋物的一些方式之間的關係，而且在如此作中他介紹了本書或許是最根本性的概念。超過三十年以前，費若本（Paul Feyerabend）與我借用了那個詞的近親，**不可共量性**（incommensurablity）來描述在一個較舊的與更晚近的科學理論之間的關係。[21]這兩種形式，當然都是從數學裡出來的，在那裡它們的意思都是沒有共同的度量（標準的例子是一個在邊與對角的等腰直角三角形的關係）。在它們借來的用法中，它們的意思是沒有共同的語言，沒有通用的字元（universal character），可以作為從兩種語言表達的科學理論的所有語句都可翻譯進去的最

21 我曾說了一些關於我們看似彼此獨立介紹了這個詞的事，見“Commensurability, Camparability, Communicability” *PSA 1982*, vol. 2 (East Lansing, MI: Philosophy of Science Association, 1983) [reprinted as chap. 2 in *Road Since Structure*].

終平台。與第二章的例子一起，這一章的目標就在展示那個比喻的
189 適當性。翻譯頂多是一個通向另一個文化或更早的時代的不完美橋樑：是類詞的不可共量性阻擋了它完全的使用。

但是，在翻譯失敗的地方，有另外一條路存在。當面對到奇怪的段落，提示了不可共量性時，我們可以，靠著蒯因和我所標誌的**詮釋**過程，嘗試去學習那些段落所寫成的語言。不是翻譯，而是學習語言，才是他想像的人類學家與我想像的歷史學家曾在進行的過程。雖然這也是翻譯的具體實作所必須先有的，但它首先產出的，頂多是雙語人（bilinguals）。他們可以理解這兩種語言，而且可以回應它們所說的。但他們所聽到的、所說的，無法一直在兩種語言中都表達出來，所以他們必須經常注意他們所參與的是在哪一個語言的社群中。雙語人能夠從文化到文化中移動，但是他們的行為也必須在移動前後改變。若沒有作這種改變，就會讓他的行為看來很奇怪。

現在讓我們來想想第二章的例子。因為他們看起來是以普通英文被他們的讀者（歷史學家們）呈現出來，不可共量性就已經被稱作自我否定了。「告訴我們說伽利略有『不可共量』的概念」，一個作者寫道，「然後繼續長篇大論地去描述它們，這完全是矛盾的」[22]但是那種評論沒有看到我那些例子所要溝通的方式。它們當

22 Putnum, *Reason, Truth, and History*,75（是Putnum 加的不同文體）。前一個註腳所引的文章，主要企圖是要回答 Putnum的。費若本也獨立地回答了，但幾乎用了一樣的語詞。見"Putnam on Incommensurability," *British Journal for the Philosophy of Science* 38, no. 1 (1987): 75–92。在提到伽利略時，Putnum利用的是費若本的一個例子，但那討論也明白地牽涉到我的工作。

然是以普通英文來呈現，在那裡溝通才沒有扭曲。但是在一些段落裡，以普通英文來溝通會很奇怪，那就必須由歷史學家（在這些案例中大部分是我）來學習文本作者的觀念詞彙，把它教給讀者，然後**使用它**來呈現在討論中的觀點。當翻譯失敗時，沒有任何其他的補救。巴別塔不會重建：無論不同的語言社群或文化都無法在沒有
嚴重損失下來合併。但是去學習與教導其他語言就提供了一個有力 190
的選項，而且，不像翻譯，從它來的幫助很可能是一直都有的。

當然，我們不能確定，對人類而言各種語言都是普遍地可以接近的。但是人類共享的生物與環境遺產使得普遍的接近很可能；經驗也提示說它存在；而且在第五章要發展的類的理論會更增加那種可能性。事實上，很難去理解普遍性如何可能失敗。如果我們發現一個奇怪的部落，估計有語言，然後發現說，在有技術的人經過極大的努力後，我們無法習得那個語言，那我們會如何來下結論？也許簡單說，我們不夠聰明，需要更多的工作。或者我們賦予那個部落有語言，就是個錯誤。或者不如說，那個部落的成員，雖然表面上看似人類，其實不是。在這些選項中，我們在何處應該來下結論說我們發現了一個無法接近的人類語言？還有是什麼判準讓我們能來區分那些選項？哲學家曾寫道「人類的共同行為是個指涉的系統，靠著它，我們詮釋一個未知的語言。」，但他也寫道「如果一隻獅子能講話，我們也不能理解牠。」[23]

23 Ludwig Wittgenstein, *Philosophical Investigations*. 我應該承認這兩個片段來自兩個距離很遠的文本，而且後者的脈絡可能使得這裡的使用頗勉強。[Kuhn's original reference was to the now outdated 1953 edition of Philosophical Investigations. In the edition that is now in use—

一九九五年二月二十八日

the 4th, ed. P. M. S. Hacker and Joachim Schulte, trans. G. E. M. Anscombe, P. M. S. Hacker, and Joachim Schulte (Oxford: Wiley-Blackwell, 2009)—the title Philosophical Investigations refers only to the text formerly known as part I. The text formerly known as part II is now entitled Philosophy of Psychology: A Fragment. Proper references to Kuhn's quotes above are thus to paragraph 206 of Philosophical Investigations and to paragraph 327 of Philosophy of Psychology: A Fragment.—Ed.]

第二部
一個類的世界
（A WORLD OF KINDS）

第四章　語言描述的生物性前提：軌跡與情境

193 現在回到本書第一部提過的挑戰。科學往前走的發展過程，一直是且只有是座落在歷史中。理性評價如果扮演一個角色，評價就是對不同信念集體的比較，而且是在作比較時的信念集體。理解那個過程及其方向，就要求對述說一系列這種比較的長敘事作哲學分析。而為了這種敘事的鋪路工作，就要依靠一種特別的詮釋，它會提供一組看似熟悉的語詞的新意義。但無論這種詮釋的本質或重要性都很難理解——如果它缺乏一個類觀念本質以及類詞意義的理論，一個並非純粹外延性的理論，而是把這意義關聯到它們的指涉被決定的方式。對這樣一個理論元素的素描，是本書第二部的目的，從這裡開始。

這條路很精細而複雜，並導向不熟悉的領域。在第二部的三章裡，本書表面上的主題以及與它相關的證據與論證，將可能會突然改變。前面幾章介紹的哲學問題，只有到第三部時才會重拾其重要性。同時，我將要探索人類知性裝備的一部分，它們大概提供了適當的基礎來解決在我的結論章節中會發展的那些問題。而目前這一
194 章，主要基於從發展心理學來的證據，要檢查人類與其他動物當進入這個世界時所具備的狀態。對前者，人類嬰兒，那個檢查就延伸包括了一個發生在一歲結束時的根本改變，它似乎與一個早期的語

言習得（language acquisition）彼此關聯。下一章就以這些檢視所得，作為一個蘊含在各文化日常生活中類詞的意義理論之基礎。第六章則介紹一個關於單子類的相關理論，它在科學中扮演極大的角色。

描述性的語言依靠著在類觀念和那個類的個體成員之間的一個緊密纏繞（entanglement）。那個纏繞，部分是在負責打造那些觀念發展成熟後的各種版本。亞里斯多德就反映了那種纏繞，因為他的個體物觀念，還有它們的改變，對在第二章所素描的運動觀念，是非常根本的。任何具體的個體，像這個人或那匹馬，對他而言是一個**首要實體**（primary substance）；而那個個體所屬於的類或物種，對他而言是個**次級實體**（secondary substance）；而個體行為的大部分，都要以該物體所從屬的類來理解。[1] 這些兩個相關聯的概念（屬

1　亞里斯多德，見 *Categories* V. 三個自傳式的片段可以指出是什麼帶我到實體，並且預見到我的論證會移動的方向。從《結構》以來我就注意類了，但第一次變成清楚可見是在我一九六九年 的 "Second Thoughts on Paradigms" (for a convenient version, see chap. 12 of *Essential Tension*).。從類到它們的個體成員的轉移開始於一九七〇年代中期，當我很遲才讀到 Saul Kripke的 "Naming and Necessity" in *Semantics of Natural Language*, ed. Donald Davidson and Gilbert Harman, 2nd ed. (Dordrecht: Reidel, 1972), 253–355 [Reprinted as *Naming and Necessity*, Harvard University Press, 1980]. 從一開始我就想，明顯地這因果理論提供了一個對個體名字的有力且亟需的理論，但我對之應用到類十分懷疑。例如它提供了一個非常有說服力的方式來追溯，透過那我們所知的哥白尼革命的觀念震撼，一些個體我們稱之為地球、月、水、金、土、木諸星以及太陽，但他不能對**行星**這個類詞做同樣的事。一個行星是什麼，在哥白尼之前與之後，根本就不一樣了。陳述句像「托勒密相信行星繞地球轉但哥白尼則說明行星繞太陽轉」是不一致的，出現兩次的**行星**一詞有著不同的意義、指涉不同的東西。對這些思想進一步發展的決定性事件，倒是更晚近的：在一個我和Bromberger於一九八七年的關於自然類的研討課中，我讀了 David Wiggins的 *Sameness and Substance* (Cambridge, MA: Harvard University Press, 1980)。

於一個類以及屬於那個類的個體成員）都有幫助人類存活的重要功
195 能，而且兩者在整個動物世界中都有廣泛的根源，從一生出來就顯示。它們最初的形式一定是生物演化的非常古老的產物：中介它們的神經裝置很可能是皮層下（subcortical）的。[2]

那個最初的形式，倒是與成年人中所看到的形式驚人地不同。反而是，類的觀念，還有一個個體或實體的觀念，最初似乎彼此獨立。後來我將稱為物體觀念的**基本形式**（basic form），最初是展現在物體的空間追蹤痕跡（tracking），不管那追溯的物體是母親、一個陌生人、或一些欲求的獵物。相對應的類概念的基本形式，則展示在區分召喚不同行為的各種情境。一個幼年動物對同種的反應與它對其他物種成員的反應不同。就後者而言，牠的反應可以再區分為：例如，牠逃離獵食者，但牠追逐獵物。[3]在這兩種活動的邏輯裡——追逐看到的一個物體 vs. 在不同情境中作分辨——沒有任何要求他們有觀念上的纏繞，[i] 而在人類的新生兒裡，似乎也沒有任何跡象。只有在十二個月左右更緊密纏繞的成人形態才開始出現，而且有證據顯示它的發展是與語言習得關聯起來的。而是否有一個

2　注意在這裡以及後面幾頁中**演化**這個詞是應用到認知**裝備**（apparatus）的**生物性**發展。本書的任何其他部分，則是應用到那個假設為固定的裝備的**產品**（product）。只有在這個過程之間的根本區別牢記在心後，它們之間彼此平行的力道才能夠充分地認識到。

3　對這些功能的第一種，見 Mark H. Johnson and John Morton, *Biology and Cognitive Development: The Case of Face Recognition* (Oxford: Blackwell, 1991)。對第二種的例子則見 Donald R. Griffin, *Animal Minds* (Chicago: University of Chicago Press, 1992); and Dorothy L. Cheney and Robert M. Seyfarth, *How Monkeys See the World* (Chicago: University of Chicago Press, 1990)。注意這些作者都沒有作我在這裡強調的那些區別。

i　譯註：這裡應指上一段開始時所說的緊密纏繞。

等同的發展改變出現在動物身上，則是個開放的問題。[4]這本書是侷限於人類，而且本章主要是處理前語言的物，以及關於類成員的類概念之發展。對這些概念體現在成熟的、足具語言形式上的考 196
慮，則保留在下一章來討論。

I

我們從嬰兒去追蹤一個移動物體的能力開始。原則上這可以牽涉到任何或所有的五官感覺，但是人類視覺與觸覺是這裡牽涉到的最核心的感官型態。大部分關於嬰兒追蹤痕跡的詳細證據，都是關於視覺系統，而以下的討論大部分都侷限在那裡。[5]要認真面對那證據，我們必須一開始就拋棄那仍然廣泛流傳的關於視覺本質的看法。自從在十七世紀早期發現視網膜圖像開始，人們就很自然把眼睛看成一照相機，而且把視覺過程看成類似對相片的詮釋；在那過程裡，記憶與取得的知識一開始就有了角色。[6]但是最近的研究，

---

4 這種在嬰兒與成人之間關於個體與類的不同關係形式所作的區分，我非常受惠於我的同事Susan Carey，而且那只是自從我一九七九到MIT以來，一長串受惠中最晚近的一個。她一直是在孩童發展文獻裡我主要的導引人，並不斷地作為我所提出想法的一個批評性的回響板，而且，透過她自己最近的研究，關鍵性地改變了我對這主題的想法。這一章後面的幾個部分，如果沒有她的介入，就絕不會成形。

5 不同的感官型態的相對重要性，當然從物種到物種是會改變的。對狗，嗅覺是再認定（reidentification）的主要工具，對鳥，聽覺是相當重要的，而對蝙蝠，聽覺無疑是最重要。

6 **照相機**不是一個時代錯誤的詞。十六世紀針孔成像（camera obscura）的發明——暗室裡的內牆上，有一個外景的顛倒圖像，靠著光線從對面外牆的一個小洞進來而形成——對視網膜圖像的發現，還有對十七世紀視覺理論的發展，都扮演了主要的角色。對這些

在心理學與神經科學都一樣，證實視網膜的刺激先經歷了大量皮層下的神經加工——有的還在眼睛本身外膜中——然後才會使用到先前的經驗或儲存在記憶裡的通則。在那些起始的、詮釋前的運作過程裡，有對視領域裡具一致性的片段以及對他們彼此的相對運動，作同時性的辨認工作。結合了這兩種訊息就會得到物體的三度空間
197 邊界，這是由第一階段的加工運作而得來的。[7]一些實驗提示，光是這些就足以解釋那些觀察到的人類新生兒之視覺物體追蹤行為。

出生後第一個小時內的嬰兒都被觀察到，會靠著移動眼睛與轉頭追蹤移動的物體，而這個過程似乎是由皮層下來中介。[8]這些新生兒如何再現他們所追蹤的物體，我們並不知道，但到了他們第三第四個月大時，實驗就開始提供線索。在一個設計來發現格式塔（gestalt）的良好形構（well-formedness）原則在感知物體時所扮演的角色的典型實驗裡，大約四個月大的一些嬰兒要來面對這個被遮檔的三角形，顯示在圖1a。這個面對的情況重複進行一直到嬰兒習慣於這個展示——那就是直到嬰兒的眼睛注目到它的時間段落減到

視覺新理論所來之路、還有它們所促發的觀念轉換，一個透澈的研究，見Alistair C. Crombie, "Mechanistic Hypotheses and the Scientific Study of Vision: Some Optical Ideas as a Background to the Invention of the Microscope," in *Historical Aspects of Microscopy*, ed. S. Bradbury and G.L'E. Turner (Cambridge: Heffer and Sons, 1967), 3–112.。

7 對一個主要是理論性的介紹，見David Marr, *Vision: A Computational Investigation into the Human Representation and Processing of Visual Information* (San Francisco: W. H. Freeman, 1982), and Shimon Ullman, *The Interpretation of Visual Motion*(Cambridge, MA: MIT Press, 1979).。關於這些書討論的加工機制細節的論點，仍然沒有定論，但是它們的大方向與主要的發現似乎是確定的。對這主題的實驗性探索的書目將在後面看到。

8 見，例如，Johnson and Morton, *Biology and Cognitive Development*, esp. 30–33, 78–111.

一個預定的量，通常是一半。然後一半的嬰兒再來面對圖1b，另一半則面對圖1c，然後他們注目的時間段落也要記錄。許多實驗已經顯示，在類似的情況下，嬰兒要較長的時間來注目那些與他們已經熟悉的展示不協調的新展示。那就是他們會對一些新穎或令人驚訝的展示更有興趣。在這個實驗裡，這種偏好卻沒有發現。不像成人或較年長的小孩，四個月大的嬰兒並沒有傾向去完成這三角形。同樣的在完成的與分隔的圖像之間的缺乏愛好，也顯示在一些其他的
實驗，而若是成人則會想要靠著形狀、顏色或型態等的線索來完成 198
圖像。在它們之中曾有一個被遮檔的人面速描。[9]

但是，如果測試的圖像的各部分在遮檔的避屏後一起動作，四個月大的嬰兒反應會非常不同。已經習慣於一個被塊狀物遮檔的桿子在圖2a，桿子與塊狀物二者都靜止，那麼四個月大的嬰兒在連接

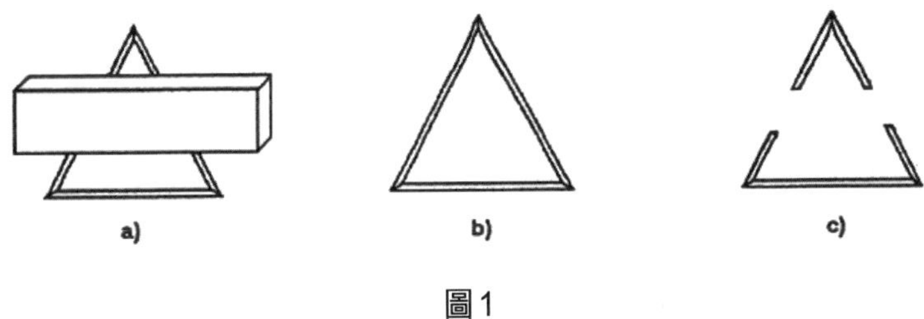

圖1

9 Philip J. Kellman, and Elizabeth S. Spelke, "Perception of Partly Occluded Objects in Infancy," *Cognitive Psychology* 15, no. 4 (1983): 483–524. Useful summaries of this and related research are given in Elizabeth S. Spelke, "Perception of Unity, Persistence, and Identity: Thoughts on Infants' Conceptions of Objects," in *Neonate Cognition: Beyond the Blooming Buzzing Confusion*, ed. Jacques Mehler and Robin Fox (Hillsdale, NJ: Elbaum, 1985), as well as in her "Principles of Object Perception," *Cognitive Science* 14, no. 1 (1990): 29–56.

與斷開的桿子之間，如測試展示在b)與c)的，沒有展示愛好。如果桿子與塊狀物一起移動，或者塊狀物移動但桿子不動，我們會觀察到同樣的缺乏愛好。但如果塊狀物保持不動，而桿子實際地在它之後左右移動（如那些箭頭在圖中所顯示的），則嬰兒會花比看完整的桿子50倍更長的時間來看那斷開的桿子。很清楚，桿子的兩個暴露部分的一致性運動會引起一個很強的預期：在不動的塊狀物後面，它們兩部分會結合成單一的整體。同樣的質性的愛好也會顯示，即使那移動物的兩個暴露的部分非常不同（例如，上面是個黑色的桿子，下面則是雜紅色的六角形），還有，即使桿子是上下移動而非橫向移動也一樣。[10]在組織嬰兒的視覺領域涵蓋物體的過程中，運動的決定性效果，還有如形狀或顏色這類性質則是可忽略性角色，非常驚人。不管彼此多麼地不同，一起移動的部分就是單一物體的部分。

很明顯地，嬰兒正走向一個類似物體的概念。在目前所描述的
199 基礎上，關於認知發展所達到的階段，我們能夠說什麼？有兩點特別相關，一個明顯，另一個則否。第一，剛才描述的嬰兒行為，顯示了我將在此之後暫且稱之為**基本—物體概念**（basic-object

---

10 除了在註3的資料外，再見Philip J. Kellman, Elizabeth S. Spelke, and Kenneth R. Short, "Infant Perception of Object Unity from Translatory Motion in Depth and Vertical Translation," *Child Development* 57, no. 1 (1986): 72–86.。嬰兒對深度的感知，就像他對橫向或垂直的感知，大概是單眼的，線索再次地從相對運動而來。雙眼的深度感知，平均而言，在四個月大之前，不在嬰兒中發展。見Richard Held, "Binocular Vision—Behavioral and Neuronal Development," in Mehler and Fox, *Neonate Cognition*, chap. 3.。更原始的有機物都以單眼來接觸深度的向度。

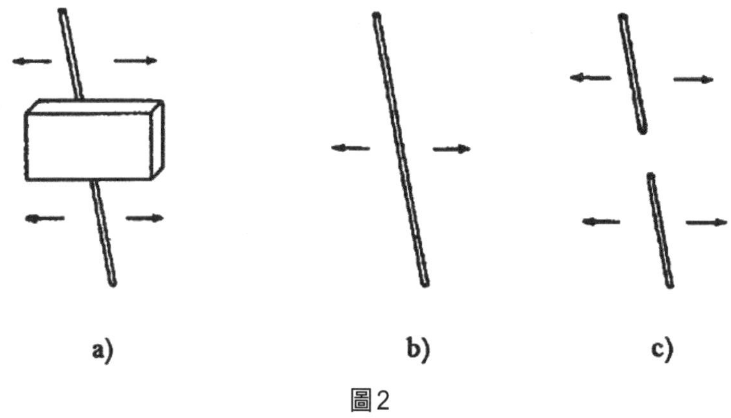

圖2

concept）的東西，這是追隨[Eli] Hirch 稱呼的：它把物體看成是有個邊界的區域，所有它的部分都會一起移動。[11]所以它與位置改變的觀念，以及它與後來比較大的小孩與成人稱之為**空間**、**時間**與**物體**這些概念的早期形式，彼此纏繞難分難解，所以之前亞里斯多德的討論實在為我們作了不少準備。那幾個概念，常是一起呈現，而且沒有理由來設想說嬰兒或任何年齡的非人動物會分開它們，說會有三個概念，而不是一個。第二，之後會浮現的這三個概念，在第三章我稱為**單子類**，而且它們說明了我在那裡所描述的定律般的通則化，也是由它們的彼此纏繞而來的。在這個案例中，那些通則化之一就是不可穿透性（impenetrability）原則：沒有兩個物體可以在同一時間裡佔據相同的區域。如果神經系統把物體再現為具邊界

11 對於分離出一個基本物體概念，以及對其長處與限制的一個討論，見 Eli Hirsch, *The Concept of Identity* (New York: Oxford University Press, 1982). 本章之後的大部分，還有下一章，都在處理如何去除那些限制的問題。

的、各部分會一起移動的區域，那麼它所再現的那些區域，原則上不能彼此互相穿透而卻仍然是不同的物體。

圖3概述了上述論證的一個兩度空間的型態。如果A與B是物
200 體，那麼3a不可能成為神經的再現結果。在點狀區域中的那些點，是兩個物體可能交錯的地方，必須與一物或另一物一起移動。如果與A移動，那麼所要求的再現是3b；如果與B移動，那麼再現的是3c。在第一例，A物體遮檔了B物體（或者說B是凹陷的而剛好與A相合），在第二例，B遮檔了A（或A的凹陷配合了B）。

對圖像3a 那樣設置的禁止，是一種無重疊原則。在這個形式，純粹幾何式，它是不可穿透性的物理原則，而且它提供了第一個例子，它的必然性我稍早將之比擬為康德的先驗綜合。雖然物體的不可穿透性是個經驗的產品，但那種經驗是體現在來自生物演化的神經系統。對個體有機物，它是先於個別物體的經驗，它對經驗提供的不是證據，而是一個前提。指涉到先驗綜合，就會要注意到在康德的立場以及這裡所採取的立場的一個重要區別，但因為到現在我一直都在使用通用的詞彙，它把那個差異掩蓋掉了。康德相信作為經驗的前提的那些概念——像是空間、時間、以及物體等概念——是獨特屬於牛頓物理學的概念。但是在第二章對亞里斯多德

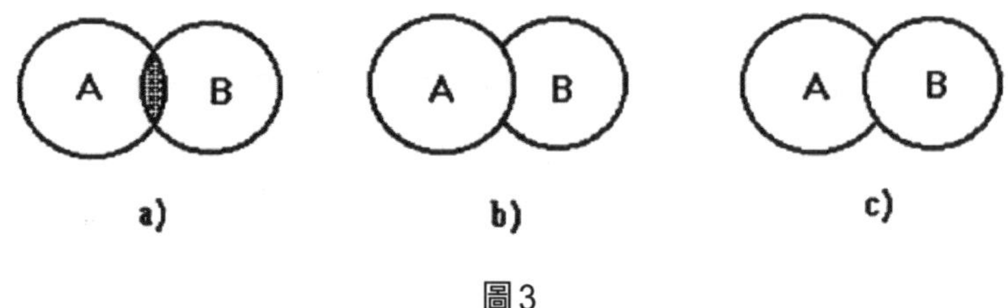

圖3

的討論或者在近代物理中非歐幾何的角色，指出另類的概念組可以有相同的功能。所有這些概念組必須替物理必然性如物體的不可穿透性（再看看圖3去注意到它如何體現在亞里斯多德對位置的定義）找到一個位置，但除此之外它們可能就非常地不同。我們到目前為止一直在考慮的是他們在神經學意義下的原始形式，一個讓它們三個概念纏繞得難分難解的形式。它們的拆解還有它們更大的轉換到之後可行的成人形式中的一個或另一個，就要求一個更大的學習過程，而這第一個形式只是後者的前提。它們的分離大概與一個
早期階段的語言習得有關，而它們後來的發展則要求一個完整發展 201
的句法。

如果四個月大的嬰兒顯示基本物體概念的宣稱是對的，那麼那個年齡的嬰兒應該展示對物體不可穿透性的直接感知，而一些不同的實驗指出他們的確如此。在這些實驗裡面，最有意思是 [T.G.R.] Bower在一九六七年的報告，且在之後它一直不斷地被重複檢驗。[12]到了四個月大，嬰兒已有能力伸手抓物，即使那個物體是部分隱藏的。 但是如果，當嬰兒正看著時，一個物體完全被隱藏在一件衣服或不透明杯子下面，嬰兒並不嘗試把它取回，好像那物體已不再存在。Bower的驚人發現是，即使杯子是透明的，而杯內的物體明顯可見，嬰兒的行為竟完全一樣。對嬰兒而言，杯子的外部邊界決定了那物體；不可穿透性禁止有任何東西在裡面。當成人看到

12 我跟隨的是後來 [T.G.R.] Bower所提供的綜合 *Development in Infancy*, 2nd ed. (San Francisco: W. H. Freeman, 1982), chap. 7.。這個說明與Bower書的第一版中有相當大的不同。

的是個內部的東西，嬰兒則似乎將之看成是杯子表面的一個特徵。當然，嬰兒的確逐漸學習到找回藏在杯子下面的東西，首先是如果只有一個杯子，然後，等到一歲大時，如果它是藏在少數幾個相同杯子之一的下面。但有趣的是，在這類的任務中，無論那些杯子是透明與否，嬰兒的表現完全一樣。在嬰兒學習取回隱藏的物件中，這兩者扮演著完全無法區別的角色。

對於嬰兒去掌握物體的不可穿透性，其他的證據就更直接。在一個系列的實驗中，勾勒在圖4，嬰兒面對一個寬的活動架子，它可以沿著軸摺回直到它平躺在地上。嬰兒們就先習慣於這整個架子的動作，如在圖4a。然後一個長方形的塊狀物固定在後面部分，嬰兒現在就給面對兩種情形——一個就是4b，架子仍然旋轉一直到最後平躺，但那個軌跡應該被擺在後面的塊狀物所禁止；再另一個是4c，架子只旋轉到剛好碰到塊狀物的地方。從四個半月大開始，
202 嬰兒經常盯著4b比較久——那個違背了不可穿透性的展示。在一群三個半月大的嬰兒群組裡，很多都已經開始如此做了。[13]

上述實驗顯示，嬰兒期待一個可見物體（架子）的軌跡，被一個物體所約制，但當它的約制將實現時，約制物卻又不見了。其他實驗顯示，嬰兒也會預期有同樣的不可穿透性約制，即使當約制將

13 Rene Baillargeon, “Object Permanence in 3½-and 4½-Month-Old Infants,” *Child Development* 23, no. 5 (1987): 655–64。其他使用類似設置的實驗顯示，至少從七個月大開始，嬰兒開始有各種預期，包括阻擋物的大小、在軸後的距離、以及可擠壓性等。見Renee Baillargeon, “Young Infants’ Reasoning about the Physical and Spatial Properties of a Hidden Object,” *Cognitive Development* 2, no. 3 (1987): 179–200.。

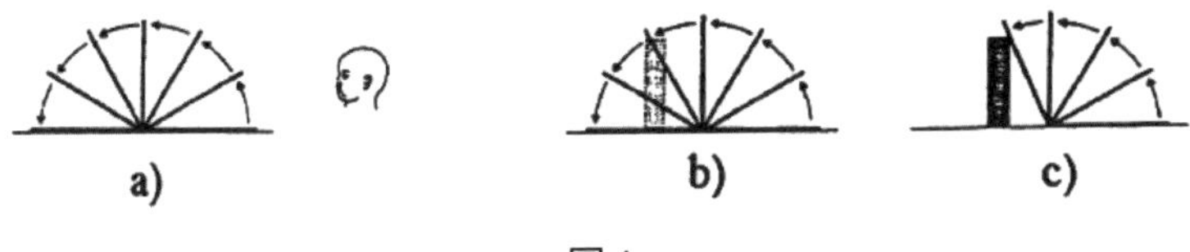

圖4

實現時，約制性的物體都不見了。在這些實驗中的一個，四個月大的嬰兒先習慣於一個展示：一顆球在一個遮擋的幕上面放下，掉在幕後面，而當幕被移掉時，就看到球靜止在地上。那就是簡單再現在圖5a的，裡面點狀的線代表著幕。在熟悉後，一個高架的活動地板擺放在真地板的上面一點，然後嬰兒在兩個情境中，如5b與5c，來作試驗。在第一個，一個不可能的情況，球掉下來，把幕移掉後，球竟然停在高架地板的下面；在第二個，球倒是停在高架地板的上面。嬰兒會花更多的時間注視著那個奇怪的5b。在一個更簡化的實驗裡，兩個半月的小孩也有相同的行為。[14]

這些最後的實驗提示了對無重疊原則的一個重新提法：雖然等
同於不可穿透性，但它卻沒有提示無重疊原則。把一個物體想成一 203
個在時空中移動的有邊界的區域，那它就是一個軌跡的示蹤計（tracer），而那些可追蹤的軌跡不可以有分叉點。如果我們把一個物體的軌跡看成它的生命線，從出生或起源到死亡或解消，那麼無

14 Elizabeth S.Spelke et al., "Origins of Knowledge," *Psychological Review* 99, no. 4 (1992): 605–32. 對一個更細緻的實驗設計，一些更年長的嬰兒也有相同的行為，見Renee Baillargeon, "Representing the Existence and Location of Hidden Objects: Object Permanence in 6- and 8-Month-Old Infants" *Cognition* 23, no. 1 (1986): 21–41.。

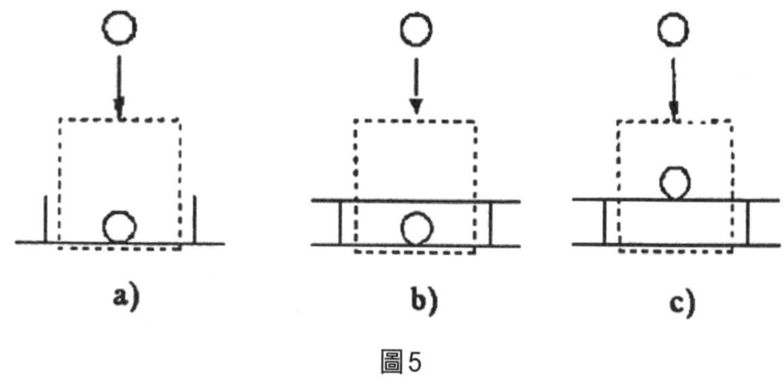

圖5

重疊原則就變成了禁止生命線的分叉或交錯，那個禁止就如在圖6中所描繪，裡面的方向箭頭指示著時間的增加。顯示在圖式左上角的那一對生命線是允許的，但是其他的生命線都被禁止，因為沒有滿足對物體性（objecthood）所要求的條件。沒有兩條生命線可以佔據同一個或重疊的空間區域。那種特性使得生命線成為專有名詞最合適而獨特的指涉物。因為生命線不可以交錯，把專有名稱附著在一條生命線上的單一位置也就是附著在整條線上。相反地，如果兩個名附著在單一一條生命線上（如Tully 與西賽羅，Hesperus 與Phosphorus）[ii]，那麼它們所命名的物體是同一個。稍微改變提法，沒有分叉點的原則會證明可以應用到類（kinds）以及物體本身。但它可能會失敗，但只有在類沒有表現出它該有的樣子時，也就是歷
204 史學家要成為詮釋者的時刻。雖然這種時刻出現相對地少，但它們

ii 譯註：這裡指西賽羅及其英語化的名字，或是黃昏星與晨星的兩個名字，後者二名都指金星。

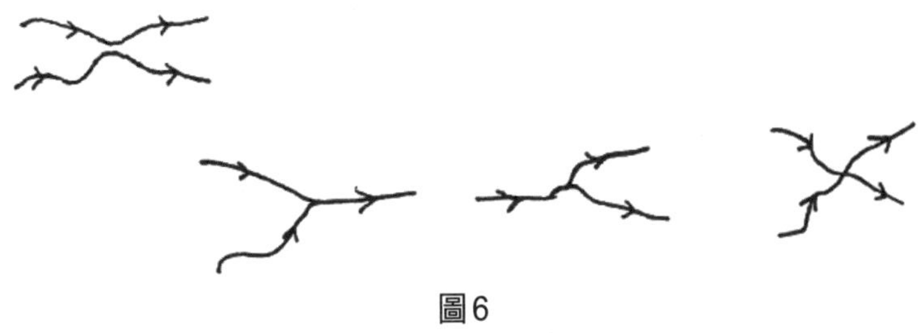

圖6

使得類不適合有專有名詞。

II

現在從基本物體概念轉到相伴的類概念。兩種概念在出生的時刻就都很明顯，且現在很容易介紹後者，如果我們注意到前者之所缺乏。作為軌跡——或生命線的示蹤計——的物體缺乏著性質：當感官對蹤跡的接觸停止的時間，一旦長過它的運動可以被追溯的那幾刻，例如當物體通過一個遮屏的後面，它就停止存在。一個看不見的物體的連續存在，是物體概念的一本質的部分，年齡較大的孩子或成人都知道。的確，那個心理學家稱之為**物體恆存**（object permanence）的特性，似乎就是所有物體的一個必要的特性，如果沒有它，它們就根本不是物體。嬰兒仍然要學的就是物體不只是有邊界的空間區域，它們具有的各種性質——大小、形狀、顏色、紋理等——通常都可以用來再次辨別它們：當經過一個不可見的適度時段、重新出現的時候。

嬰兒的確認識到、而且會使用物體的性質，但一直要到他們一歲的後期前，那種用處在他們的物體概念中並沒有發揮作用。倒是，性質的角色是能夠對召喚不同行為的情境作分辨。在這些分辨中，最早的是來自重要照顧者的出現，最值得注意的是小孩的母親。但是這些認出的早期跡象，似乎是被重複出現的母親現身情境所召喚出，但卻不能因此說那個情境裡有一個持續存在物體的回歸意涵。就如我們常會以為是母親，但她遠非是嬰兒第一個認出的物體，而當她第一次被認出時，母親根本尚未是一個物體。那個結論的證據是非常強，但也非常晚近。在考慮它之前，我們先簡短看看相信新生兒起碼認出他們母親現身的一些理由。

雖然有時嗅覺與聽覺都在分辨母親現身的情境中扮演角色，但靠著認出母親的臉孔，視覺的再認定（reidentification）一開始就是一個主要的工具。因為我們對之知道得更多、它也會證明特別地有意義，我這裡就把注意力侷限於它。在同樣的早期（出生後幾個小
205 時），當人類嬰兒們開始追蹤移動物體時，他們也喜愛聚焦於一個一般化的面部型態，兩點或兩團對稱地安置在第三個團之上。第一個兩點代表眼睛，後面代表鼻子或嘴，這兩個特徵在許多動物中，在視覺上被整合起來。[15]一直到過去十年，人們廣泛地相信，在嬰兒能夠學習到認出一個這種型態的個體例子之前，一個在神經與認知上再發展的重要階段是需要的，例如一個人類嬰兒被認為是無法偏好地回應他母親的面孔，直到大約兩個月大。但是最近的證據，

15 對相同型態的愛好也在其他動物物種中觀察到，包括雞。見 Johnson and Morton, *Biology and Cognitive Development*, 57–64, 104–6. 這本書對當前認識面部的各種觀點、還有對之的書目文獻，都是一個特別有用的導覽。

顯示說那種能力，至少以一個尚未成熟的形式，在出生後幾個小時內就是明顯的。

在兩天到五個月大的嬰兒的典型實驗中，嬰兒被放在一個有支撐的座位上，面對一個有簾子的舞台或展示的區域，然後母親和一個陌生人的臉孔，透過簾子的缺口，同時顯示出來。即使是四十八小時的嬰兒，只有少至四小時斷續地面對母親，通常凝視她的時間就顯著長過對陌生人的時間。在建立起對這嬰兒母親的起始偏好後，一個這樣的實驗就延伸成後來不斷地單單面對母親的面孔。等待達成習慣化之後，這個嬰兒再次同時面對母親和陌生人，嬰兒則固定地凝視陌生人比較長時間。[16]在後來的幾個月裡，在比較少控制的條件裡（其他不同的角度、縮短時間、較暗的燈光下等等），小孩也逐漸發展認出母親面孔的能力，而且他認識面孔的能力也延伸到更多其他重要的人身上。[17]小孩認識的面孔名單的再延伸，佔

---

16 對新生兒的實驗，見I. W. R. Bushnell, F. Sai, and J. T. Mullin, "Neonatal Recognition of the Mother's Face," *British Journal of Developmental Psychology* 7, no. 1 (1989): 3–15; and Tiffany M. Field et al., "Mother-StrangerFace Discrimination by the Newborn," *InfantBehavior and Development* 7, no. 1 (1984): 19–25.

17 在初生兩天後面孔認識的發展並不穩定。Johnson and Morton（*Biology and Cognitive Development*）在他們的第六章給了理由來設定說，有兩個半獨立的再認定系統牽涉其中。一個主要是皮層下的，初生時就開始，使用邊緣的視覺域，而且很可能與上面描述過的生命線追蹤系統關聯。另一個，一開始壓抑、然後替代了第一個，在出生後的幾個月中，要求視覺皮層進行物質的組織化（physical elaboration）。Daphne Maurer and Philip Salapatek, "Developmental Changes in the Scanning of Faces by Young Infants," *Child Development* 47, no. 2 (1976): 523–27,。提供了關於這兩個系統區別的進一步訊息。因為這個區別本身仍然是有爭議的，我要強調它在目前的論證裡並沒有扮演重要的角色。在之後的討論裡，只有一個面部識別系統的早期建立才重要。

據了他之後生活的重要部分。

206 如果不說嬰兒是在對一個物體的返回作反應，那麼甚至要描述這些實驗都很難，這也是一般詮釋嬰兒的方式。但是最近驚人的證據顯示，這是一個過度的詮釋。最直接相關的是，對嬰兒模仿成人面部表情的能力之實驗，一個出乎意料的副產品。[18]那個能力的證據，在嬰兒出生的第一天就有了，而且到了第六週，有此能力是非常確定的。與目前相關的實驗裡，六週大的嬰兒有序地面對兩個成人，即孩子的媽，以及一個未見過的陌生人。不管哪個成人嬰兒先看到，都會吐舌或張大嘴，而那兩種面部表情嬰兒都會模仿。第二個成人會表演其他的表情。在更早只牽涉到一個做表情的成人的實驗中，嬰兒在後續的面對中會固定地重複成人的表情。在這個新的實驗中，嬰兒常會立即對第二個成人重複第一個成人所做的表情。嬰兒們的反應，就好像是第一個做表情的成人重新出現一樣。除非兩個成人出現與消失在顯然不同的追蹤軌跡上，嬰兒才會等一下然後模仿第二位的表情。不論是否第一個面對的是對母親還是對陌生人，也不論是否初始的表情是張大嘴或吐舌，對嬰兒都沒有差別。軌跡的不連續，而非面相的不連續，才是一個新而不同的個體來到的訊號。雖然嬰兒能夠靠認識面部來分辨他們的母親與陌生人，但那個區分並不表示個體本身（identity）的改變，後者僅僅從軌跡的連續性來作判斷。那就好像母親本身是一個類，能夠有好些不同的

18 Andrew N. Meltzoff and M. Keith Moore, "Early Imitation within a Functional Framework: The Importance of Person Identity, Movement, and Development," *Infant Behavior and Development* 15, no. 4 (1992): 479–505.

例子。或者，回到本節開始所介紹的觀點，好像當前的母親是一個 207
常常重現的情境。

徐緋與Susan Carey 近來對十個月大的嬰兒的實驗，提供了有相同效果的決定性證據，在此案例中涉及比較多樣的類。[19]在一個實驗中，兩個不同類的物體展示給嬰兒看，那兩類是選自其雙親很有信心說他所熟悉的那些東西（例如一只杯子、瓶子、玩具卡車、鐵網籃子等）。兩個不同的物體一開始都藏在一個布幕後，然後嬰兒開始分別一個個地第一次面對它們。接下來，嬰兒透過一系列的面對它們來習慣化，一物在台上的一邊，另一物在另一邊。每一物都放在原地，直到嬰兒轉過頭去一段時間，而這個系列持續進行，直到嬰兒的注視時間減半。然後移去布幕，觀察嬰兒注視幕後物體

19 Fei Xu and Susan Carey "Infants' Metaphysics: The Case of Numerical Identity," draft dated April 28, 1994, of yet to be published paper [subsequently published in *Cognitive Psychology* 30, no. 2 (1996): 111–53]. Several other relevant experiments are described in this paper. Fei Xu[, Susan Carey,] and Jenny Welch, "Can 10-Month-Old Infants Use Object Kind Information on Object Segregation," draft for poster presentation, 1994 [subsequently published as "Infants' Ability to Use Object Kind Information for Object Individuation," *Cognition* 70, no. 2 (1999): 137–66.], get similar results with a different experimental design. Susan Carey "Continuity and Discontinuity in Scientific Development," 提供了額外的訊息——關於孩子認出與預期在一展示中有多少物體的能力。(這是作者好心提供的一個接近發表的草稿) [（私人溝通）Susan Carey 並不認得孔恩在上面所引用的那個標題，但她很清楚地記得她與孔恩分享她的成果，還有他興奮於看到他自己關於科學發展的觀點與Carey及其他人關於物體的個體化以及在嬰兒中浮現的 "kind sortals" 的關聯性。她與孔恩分享的手稿形式的論文後來都陸續發表。除了上面所引用的論文外，見Fei Xu, Susan Carey, and Nina Quint, "The Emergence of Kind-Based Object Individuation in Infancy," *Cognitive Psychology* 49, no. 2 (2004): 155–90. See also Susan Carey's book *The Origin of Concepts*, Oxford Series in Cognitive Development (Oxford: Oxford University Press, 2009). 我很感謝Susan Carey 提供這個訊息——編者]

數目所需的時間，一個或兩個，來測試嬰兒。其結果與那些在一初始實驗（baseline experiment）中嬰兒顯示一些偏好面對兩個物體的情況完全一樣。[iii]在習慣化（habituation）之後，嬰兒本應該對未預期的結果注視得比較久，對成人而言，未預期的是布幕後只有一
208 個物體。但是習慣化其實對嬰兒沒有影響，無論是單一物體或兩個物體對他們都不會有未預期感。他們持續的反應就如同一開始的一樣。

在第二個實驗，起始的面對情況（exposure）改變了。在習慣化之前，嬰兒第一次面對物體時，兩個物體同時從幕後移出來，一個移到台上的一邊，另一個另一邊。對比於原來上面的程序，一開始就有兩個同時出現的物體軌跡展示給嬰兒看。然後習慣化與測試繼續如第一個設計，但是反應就非常不同。在習慣化之前，三分之二的嬰兒偏好兩個物體的展示，但在之後，只有三分之一保持偏好。在這裡同樣地，雖然十個月大的嬰兒清楚顯示了在測試中來區別兩類物體的能力，但他們依靠的是軌跡，而非物體。就如同對面部表情的實驗，只有物體的軌跡，而非物體的性質，會被用來區別物體。一些其他不同的實驗也都指向相同的方向。

這些結果，如果與下面那實驗作比較，會特別驚人：就是剛才

---

iii 譯註：這裡的baseline experitment內容，”some preference”, 很重要地要與下一段的「第二個實驗」作對比。這裡偏好，意思該是指因為不預期，故而花更多的時間去注視，所以看似偏好。下一段的第二個實驗意思也一樣。對比這兩個實驗設計，這第一個實驗設計的意思也會比較清楚。但是不清楚的是，是否孔恩在這一段裡曾經描述過baseline experiment 中嬰兒同時面對兩個物體的情況。

兩個實驗的第一個中對十二個月大而非十個月大的嬰兒來作。在沒有任何軌跡線索的情況下，這些稍微大點的嬰兒，當布幕揭開發現只有一個物體，的確顯示驚訝。十六個十二個月大的嬰兒中，有十二個注視那個未預期的（一個物體）結果比較久，而對十個月大的嬰兒，十六個中只有四個如此反應。[20] 在另外一種實驗，十二個月大的嬰兒反覆地被展示兩種不同的物體被放進一個看不見的封閉的盒子裡。嬰兒被鼓勵去找回它們，兩次伸進盒子去，並找回那兩個物體。相對而言，只被展示一種物體被反覆地放進盒子裡時，嬰兒只一次伸手進去，找回一個物體。似乎對十二個月大，但非十個月大的，關於不同類別的訊息，在計算物體方面，能夠開始取代那之
前只能靠追蹤軌跡而提供的訊息。也要注意，為了未來的目的，在 209
這同一兩個月的時段裡，許多這些嬰兒就學習去辨識愈來愈多的語詞來命名這些不同的類。

III

我將要簡單地對觀念改變的本質作探問，而上述那些了不起的實驗就見證了那改變的開始。但是非常重要的，我們首先要考慮那些實驗所揭露的那個辨認的過程。為了那個目的，我繼續集中在面

---

20 這是從Xu and Carey, "Infant Metahysics" 中的實驗5。那個立即接著的實驗來自 Fei Xu et al., Fei Xu et al., "12-Month-Old Infants Have the Conceptual Resources to Support the Acquisition of Count Nouns" [in *The Proceedings of the Twenty-Sixth Annual Child Language Research Forum*, ed. Eve V. Clark, 231–38 (Stanford, CA: CSLI Publications, 1995).]

部辨認（face recognition），因為它提供了一個特別具意義的導引。先跳過極為豐富的細節，在生命開始的幾個星期內，當嬰兒所辨認的是當前母親類（mother-present kind）的一個成員的重複出現，這與在接近第一歲大時，當小孩辨認到回來的是一個持續不變的物體，即他的母親，這前後二個過程都是一樣的。在兩案例中的任一個，辨認來自把一個新的三團型態[iv]與其他儲存在記憶裡的來作比較，而且這兩個比較的本質也都是一樣的。這個進行中的辨認與認定，就使得一個逐漸成長的纏繞成為可能：那是個體與類觀念在小孩一歲大時所進行的纏繞，它很快地修改嬰兒的物體觀念，同時也逐漸地修改他的類的觀念。在此暫時，我將把這兩個過程看成同一個，把辨認類與辨認個體兩者都說成是認定（identification）的例子。

一開始，可以注意到這個語詞**辨認**（recognition），雖然發現到它捉住了已發生的一個關鍵的特性，卻蘊含一個不太可能的東西。而且，它那不太可能的就緊密關聯到在第三章曾討論到的另一個不太可能的事：一個意義的標準觀點，把它描述成意指一個東西的各種特徵的集合。雖然我目前關切的是辨認與認定，但下面關於它們的評論將會預見到下一章要發展的對於意義非常類似的評論。

要說Bobby，一個小孩或成人，已經學會辨認一個特定個體A的臉孔，這就提示了一個已完成的成就：或許Bobby已經學到A臉孔夠多的特徵，以致於在良好觀看的條件下，他可以在所有其他的

---

iv　譯註：見第二節前面所說的兩點或兩團，以及第三團。

臉孔中挑出那張臉。但是實驗告訴我們的，卻不太是那種情形。其 210
實，實驗指出Bobby的能力，在**區別**一個先前遇到的個人A與另一個個人X的不同，同樣是個成就，但它比標準提法的成就要小很多。Bobby也許可以區分A和X，但卻不能區分A和Y，或X與Y但卻不能區分Z，或X、Y、Z，但卻不能區分W，等等。那個系列可以繼續下去，而且在那系列的每一步，Bobby將要學會一個或更多的區別。但不管多少的臉孔Bobby過去曾學過來分辨與A的不同，他在下一個他遇到的個人時仍然可能會失敗。所以，學習去辨認人臉這個過程，在原則上，能夠無止盡地持續下去。但為什麼應該要有個止盡？沒有人需要學習去區別比他或她可能會碰到的人更多的臉。如果有更多額外的區別需要出現時，會有足夠的時間去學習的。

從這裡看來，面部辨認非常清楚地提示說，無論對一個特別個人、或他的類之認定，都不會要求如此的知識：一個由特別的性質、特性或特徵的組合，一個與那個物體所有的呈現特徵或那個類的所有成員所共享特徵的組合。我們只需要知道那些可以用來把問題中的實體或類與其他——**在目前此世界中**——可能混同在一起的東西區別開的特徵就好。我們下面會看到，辨認不是能夠認定物體或類的唯一過程。但它是一個基本的過程，而且了解到它是從差異（differentiae）而非從共享的特徵來進行，有幾個重要的好處。它們在一個侷限的環境裡的取得，在早期的學習過程裡有個相當有限的差異儲存庫，就很可能產生正確的認定。而在更一般性的使用中所要求更大的差異庫，可以逐漸地在對世界更多的經驗中取得；這個學習新差異的過程不需要有終止之日。更多的差異使得成功的認定更可能，但它們並不保證；而它們的沒有保證也與差異性彼此相容。一個終於搞定了所要求的特徵的清單？並沒有這類的東西存在。這些好處，我覺得，都可以追溯到單一個演化源頭：差異作為一個認定的工具，對比於特徵，對錯誤的敏感性要小很多。介紹進一個無法區辨的特徵，只會減低了認定過程中的效率，但非正確
211 性；但介紹進一個特徵來分隔各類或類的成員，卻沒有在使用者社群中得到肯認，我之後會辯稱，將會快速地在語言學習過程中被認出與糾正。

關於人類或動物使用一個特徵組合去作認定的工作，我們知道的很少。或許有很多的組合能夠有相同的功能，而且沒有兩個個人需要使用相同的組合。但我們對之可以說一些，特別是面孔辨認將再度提示它們是什麼。對要辨認一個特別面孔所預設的唯一共享特徵是那個三小團的型態，那個特徵是所有臉孔所共享的。而其他的特徵相干與否，只問它是否提供了在要認定的臉孔與其他臉孔之間的差異指標。就這些之中最明顯的是髮色、眼睛顏色、皮膚顏色等，但沒有任何一項是一定需要知道的。（我自己從不能記得甚至與我最接近的人的眼睛顏色，而且要我記得甚至我很熟悉的人的髮色也極為困難。）更重要的是諷刺畫家所誇張製作的那些差異，形成了那些大概的速描，展示了與它們對象不會錯的類似性。不像頭髮或眼睛的顏色，這些差異幾乎都沒有名字，而且，如果沒有諷刺畫，很少人能夠描述它們。[21]

對於面孔的辨認，有理且常被提示的差異與諷刺畫家所探索的

差異，彼此有著類似的特性。那些標準的特性通常以比例來表達：
臉高對臉寬，兩眼的距離對臉寬，兩眼的距離對兩眼與嘴之間的距
離等。顯然地，人腦可以辨認與計算這些比例，而無須心靈去認定
那些為何。它們在語言描述上不扮演角色，除了當它們是非常異常
時。除非專業地來度量它們，沒有人能夠說出一個人所顯示的那些
比例值——即使對那些他或她最熟悉的人。而且，最後，它們大部 212
分或所有的，只有在學習辨認臉孔的過程中學到或作微調而已。所
以不令人意外地，透過實作而實際取得的差異，會依學習者所接觸
面對的那些面孔而定。說一個人在一個文化、部落、或種族中善於
區辨臉孔，可能一開始會發現在另一個文化等等中的成員看起來都
很像，這種觀察，已經變成老生常談。

我一直強調把辨認過程看成是從差異而達成的好處，而非從共享的或特殊的特徵所致。但是後者，靠共享的特徵來認定，卻靠著它傳統的身份，看似有一個非常大的好處。如果認定是從一個必要與充分條件的清單或類似的東西來進行，那麼認定（identification）就成為一個慣常程序：我們可以單單檢查那需要歸類或認定的物體的特徵，來對照那張清單並決定是否彼此的對應符合。但

21 Terry Landau, *About Faces* (New York: Anchor Books, 1989), 45–48, 描述與展示一個電腦程式的結果，透過比較一個正常臉面的描繪與一個要諷刺的臉面，它會製成諷刺畫。那個取向強調透過臉面之間的比較而製成的差異（differentiae）的本質性角色。但是在日常學習的過程裡，所有需要比較的，只有那些從社群挑出來的面孔，進而在那社群裡將執行的再認定。這（社群成員的）張「正常」的臉孔，是許多這種比較後的產品，而非一個學習者預先要知道的。依靠一個正常的臉孔，就像更廣泛地依靠一個原型，仍然太類似那傳統的共享特徵取向來解決認定與意義的問題。

反之如果靠著差異特徵來認定，卻沒有任何類似的程序可以幫忙。可以用什麼方法呢？對這個問題的回答將提示，是什麼使得**辨認**成為那個過程的恰當語詞。

再想想辨認一張臉的過程，例如母親的。它所執行的是去選擇那些可以最大化她的與其他遇到過的臉孔的差異。如果把那些使用的特徵想成一個空間的維度（特別容易用比例來作，如那些在面部辨認中應該會使用的），那麼不同的人臉孔的各種位置會最大化地分開，同時同一張臉的不同顯現的位置會彼此靠近起來。在那個空間裡，母親臉孔的一個新的呈現，將會落在或接近一組先前的呈現中，而與其他人的臉孔呈現有距離。母親如此能夠在一瞥之下就被認出，不是靠著任何她所具有的特徵，而是因為，在所使用的差異空間中，沒有任何人充分像她而會導致混淆。這並不需要任何像最好或最合理的假設的推論，因為在這種環境裡，沒有另類的假設成為選項。我們不能想像會認錯，而且，如果發現到真的認錯，我們
213 會震驚，就像這個世界背叛了我們。「我怎麼會？」那個震驚的觀察者會問，「可能把那老太婆（或那漂亮的女郎）看成我媽？」一些讀者可能會認出那個震驚，其實是我在《結構》中所曾描繪議題的一個近親：那些對格式塔實驗或世界改變了的討論。在本書的後面部分，我們將不斷地回到對這種經驗的檢查。

以差異來作辨認，當然不是對類作認定或對實體作再認定時所能夠依賴的唯一過程。在很多的情況中（例如光線黯淡、距離要認定的物體遠、眼鏡找不到），一個人需要考慮他所看到的，並檢查它所呈現的特別性質（「喔對了，那是我媽今早穿的衣服」），然後

去推論不同認定中的相對可能性。但是辨認是個更原始的過程，而且即使當推論過程在發展時，辨認仍然是基本的。在此二者中，它是更快、更肯定的認定過程，而且無論如何它提供了一個可辨認物體與情況的領域，是推論認定過程所要求的。這本書的大部分會被要求來證實那個非標準的宣稱，而第三章已經預見了那要求證實的本質。讓推論（inference）能夠發生的領域是受限於我在那裡曾說的一個**類集合**。任何特別推論的概率及真假二者，就相對化於一個類集合，而且任何個別的類集合，使得我們甚至不可能去設想一個領域的部分被另一個領域所實現。不可能有如此的推論，說它的領域涵蓋了所有可以被設想的世界。這辨認過程的可靠性還有它作為推論的前提，此二者，都是本書論證的基本立場及其論證結果。在此意義下，支持此二者的論證是循環的，但是該循環性將不會證明是惡性的。

但是，這個對辨認的說明，的確關鍵性地依靠下面這個論點：在一個恰當選擇的差異空間裡，同一個個體或（同一）類的不同呈現（presentations），形成了一個組合（cluster），而它與那些被其他個體或其他類的呈現所形成的組合彼此有距離。那個陳述就等於是一個質性的無重疊原則，而且對類而言，它就是那種在第三章所保證的，作為解釋不可共量性的關鍵。這個目前的形式，它只應用到在習得一個已發展的語言之前的所能有的類：（已發展語言）它的細說會要求與那語言習得的更複雜的各種類一起運作，將在第五章 214
來討論。但是再說一次，這個前—語言的形式是基本的，而且它會幫助探問兩個問題：它存在的證據、還有它大概的源頭。

關於它的源頭，我所推定的答案已經蘊含在已說過的話裡。原始的類，主要或全部運作來區別不同情況下所要求的不同行為反應。差異性就提供了最快與最確定的工具來達到那個目的，而其運作的機制大概是演化發展中一個非常老的產品，屬於皮層下且出現在所有的動物世界中。那個機制所區辨的、或對照符合後所促動的反應的那些原始的類，當然從物種到物種、從環境到環境都會改變。它們有些可能一出生就出現了，但其他的類則是從已經知道它們的成年動物所學習得。[22]我們說存在著一些這種分辨情況的機制，應該不會讓人覺得意外。

但是在演化的合理性之外，有什麼證據可以支持說這個機制是靠差異來運作的？有什麼證據說認定功能的基本形式是靠著把糾集（clustering）同一類成員的各種呈現，座落在其他另類成員所呈現的另一個糾集的一個距離之外？對我而言，最強的證據就是簡單地把原來導致那個宣稱的路徑反轉過來。把類理解成透過差異來認定，打開了一條尋找很久的道路：類語詞的意義理論，而那個理論就蘊含了一條如何解釋不可共量性經驗的路徑、還有如何描述——我在三十年前曾將之描述成科學革命的——那個改變。但是也有一種更直接的證據。

那個證據是從一個叫範疇感知（categorical perception）的心裡
215 學研究領域而來。[23]其首先在四分之一世紀以前的聲學研究被認識

22 在類觀念的應用中，對錯誤的前語言糾正，見Cheney and Seyfarth, *How Monkeys See the World*, 129–37.

23 一個非常全面而幾乎是最新的該領域的回顧，見Steven Harnad, ed., Steven Harnad, ed.,

到，之後它也在幾個其他領域中被發現，特別是在音樂、顏色，或許也在臉部表情的感知中。這個領域極度地活躍，而且以非常具爭議性而為人所知。但是它的核心發現卻沒有被挑戰，特別是在對講話的感知上，一個有最多研究的領域，我的討論也大部分限制在那裡。範疇感知最簡單的形式發生在當受試者面對一個變化廣泛的刺激時，他們會把那個廣泛領域按感知區分成兩三個次領域，每個次領域的感知都非常類似，但次領域之間的經驗卻明顯地不同。顏色感知會提供一種牽涉到的意思。正常的三色視覺動物（trichromats）能夠感知被單色光所刺激的一整個從紅外到紫外線的顏色領域。在那整個範圍中，受試者相當一致地可以只用四個顏色詞彙來認定他們的顏色感知：**紅**、**黃**、**藍**、與**綠**，或是只單用一詞或兩個詞的合併。再者，如果被問說是否兩個顏色，它們的波長只有小的差距，是一樣或不同，那他們在顏色之間的區域的差異感知，如黃與綠，就比在一個單一顏色區域中（如在辨識尖峰的同一邊），還要敏感得多。[24]這些就是導致**範疇感知**的兩個特性：一個連續領

Categorical Perception: The Groundwork of Cognition (Cambridge: Cambridge University Press, 1987)，它包括了一系列非常完整的書目。對本書之後的討論，該書的第三、四、五章特別地有用。按次序，Bruno H. Repp and Alvin M. Liberman, "Phonetic Category Boundaries Are Flexible"; Stuart Rosen and Peter Howell, "Auditory, Articulatory, and Learning Explanations in Speech"; and Peter D. Eimas, Joanne L. Miller, and Peter W. Jusczyk, "On Infant Speech Perception and the Acquisition of Language." 其他片斷的資訊比較零散，但它們可以馬上從該書絕佳的索引來索驥。

24 Marc H. Bornstein, Marc H. Bornstein, "Perceptual Categories in Vision and Audition," in Harnad, *Categorical Perception*, chap. 9; see also [Steven Harnad, "Category Induction and Representation," in the same volume,] 535. 據我所知，是否類似的區辨能力差異也存在於

域的刺激會被感知成再次區分的次領域，以及分辨刺激的小差異的能力，在次領域之間比起在次領域本身內部，要強很多。

從講話感知來的一個比較不熟悉的例子，會更澄清與延伸這些論點。講話語言使用很多爆破音（stop consonants or plosives），發音開始時從肺突然打開空氣管道到環境中。它們以三對的方式出
216 現，對應到起始封閉的地點。對 /p/ 與 /b/ 封閉是來自封閉的雙唇，對 /t/ 與 /d/ 則來自舌頭，而對 /k/ 與 /g/ 則來自聲帶區域（glottis）。在每一對中，不同成員是靠著下面那追隨的速度來作區別：封閉的空氣管道的放鬆後有一個母音快速追隨以說話。例如在 *path* 與 *bath* 這兩個字中，開始的子音被相同的母音所追隨，但在 *path* 裡的開始子音可以在沒有追隨母音下來發聲，而在 *bath* 中若省略了母音就會把 /b/ 轉換成一個 /p/。所以前面三對中，每一對的第一個成員[v]，就以有聲的來稱呼，第二個則是無聲的。在使用中，無聲或有聲的子音最後都有個母音追隨，但是時差（lag）——稱之為發聲起始時間（voice-onset time）或VOT——在爆氣與發聲之間的時差，第一成員的都比較長。所有六個爆破音都可以都可以人工合成，而VOT則按著小階段而變化，然後聽者（受試者）就要認定他們聽到的聲音，或者他們是否可以區分有實際不同的VOT的聲音。他們的回應，提供了對範疇感知一個驚人的證明。

為了簡化，我把注意力限制在 /p/ vs. /b/ 的區分。如果出聲的

例如褐色與灰色的邊界，並沒有確認。如果的確如此，它們一定依不同的文化而改變。因為不是所有的文化都使用這兩個顏色範疇。

v 譯註：即 /p/, /t/, /k/ 三者。

時差一開始是長的，例如90毫秒（ms），然後每次減少20毫秒；聽者起初報告起始的子音是 /p/，然後他們開始區分每次少20毫秒的那些例子，大約只有百分之二十五準確。而在時差為30毫秒時，起初感知的子音很快就轉變成 /b/，而且當時差再不斷減少甚至到負值時，它繼續被聽成如此。但是，如果鄰近的刺激是座落在這個辨識尖峰（discriminatory peak）的兩邊，受試者則能區分它們到百分之七十準確。這些發現，還有許多其他類似的，展示了我一直認為的**靠差異來分辨**，還有分辨過程是靠著糾集來達成的。在區分高峰相對兩邊的刺激可以清楚地聽得不同，但那些座落在高峰的同一邊就聽得幾乎都一樣。[vi]

至於這個邊界（boundary）的位置，[vii]對非說話的聲音、還有對嬰兒的實驗都顯示，雖然人類進入這個世界時至少它們一些已經

---

vi 譯註：這一段很抽象而不易懂。譯者在此仔細針對原文字句，提出一個思考後的詮釋。在 /p/ vs. /b/ 的區分實驗裡，我們有一系列不同VOT的例子，從最初的90ms 開始，每次減少20ms, 所以要區分的例子系列大致為：90ms, 70ms, 50ms, 30ms, 10ms, -10ms(?)。在30ms以前（左邊），區分得並不準確，如區分70ms 與 50ms 的聲音，成功率只有四分之一。而在30ms以後（右邊）的例子，聽到的聲音都從/p/變成/b/，都一樣，所以例如10ms 與-10ms 的例子，也不能區分，因為聽到的都是/b/，都一樣。所以這裡孔恩說把30ms看成是一個辨識的尖峰（這裡的尖峰是關於聲音的，前一個例子的尖峰則是關於顏色）。現在，如果我們挑一個例子在尖峰之左，另一個例子在尖峰之右，那麼這兩個例子反而很容易區分，成功率為70%。這就是為什麼，若要區分的例子都集中在尖峰的左邊，或都在右邊，那就不易區分，反之兩例若來自兩邊各一，則彼此容易區分。孔恩通常對涉及科學實驗等議題，都會加註仔細說明來源，但這裡討論發音的幾段卻沒有任何註腳，而且行文比較簡略，算是比較特別。

vii 譯註：這個邊界，部分應該就指此段後面所提到的在一對一對子音之間的邊界，但也包括了本章前面孔恩討論嬰兒實驗有不同反應的邊界。還有前面註24也提到顏色的邊界。

存在，但在它們環境中說話的經驗能夠移動、抹消、或替換已經在場的辨識尖峰。所以在成人的社群裡，邊界的位置很明顯地會依語言而定。對英語而言，所觀察到的在30毫秒時差的尖峰似乎明顯地
217 是從出生以來就有的功能的一個強化。但對西班牙語，尖峰出現在10毫秒左右，而對泰語則有兩個尖峰。對在一個語言的使用者可以毫無錯誤聽到的差異，通常卻讓在另一語言的使用者聽不到。（想想日語使用者對英語 /r/ 與 /l/ 區分的問題。）最後，雖然在發聲的起始過程中的時差是一對子音之間邊界的主要決定者，但許多其它的變數——例如，起始爆音的位置、一個先前的摩擦音（fricative noise），等等——也都在它的位置上發揮作用。大致上是因為簡化，我才在這裡把相干差異性的空間呈現成單一維度。

在這裡以及其他的範疇感知案例，我一直想要瞄準的論點清楚顯現。我們並不是**推論**（infer）一個我們看到的顏色、或聽到的聲音。（我們要從哪裡來推論它們任何一項？）這些都是**辨認**的典範案例，而且我要提示說，這些類與物體，通常都是被辨認所檢出：看到它們就是知道它們。

IV

現在回到在大約十到十二個月大之間嬰兒行為的改變。我們該說發生了什麼事？目前所能有的證據沒有確定的答案，但下面的說明卻與目前我們所知的符合，並提示了未來探索的方向。我們曾看到非幾何性的各種性質，在出生後八個月或稍久的時段中，在嬰兒

的物體觀念裡，沒有扮演角色。對成年人來說的物體，對嬰兒只是被包圍住的空間區域，相對於它們的背景在移動。甚至那移動區域的大小與形狀在決定物體本身（identity）時也不扮演角色，更不用說如顏色或紋理這類的性質了。當脫離了感官範圍之外，這些物體原型對嬰兒而言就停止存在，或起碼那是成人去描述他的行為的方式。但是我們可以懷疑，那個描述是否漏掉了一個核心論點：在蹤跡與情況的世界裡，存在（existence）會是什麼？

例如 [T.G.R.] Bower相信嬰兒在六個月大時首先得到物體恆存的觀念，因為他們會把他們看到藏在衣服下的物體找出來。[25]但是他跟著說嬰兒在這個年紀「仍然似乎有個奇特的物體觀念」：他指 218
出，嬰兒仍然會在它最初藏起來的地方去尋找，即使看到它已經被移動並再藏到另外的地方去。[26]但是這些實驗，就像那些之前討論過的幾個，更好以下面的方式去理解：認為小孩在那原來藏物體的地方把衣服移開，是嘗試要再創造一個衣服蓋住它之前的物體現有（body-present）的情況，就像嬰兒靠著尖叫來再創造一個母親現有的情境。如果成人尚未移開物體，嬰兒就成功了，否則就失敗。的確，在嬰兒的物體觀念中，似乎沒有給「相同vs.不同」一個位置。即使當嬰兒在一短暫的不可見時段中外插軌跡的移動，他可能辨認出是同一個軌跡，卻不會得出是同一個物體的結論。雖然沒有更好的語詞，但在描述嬰兒究竟在追蹤什麼時，稱它作一個**物體**已

25 Bower, *Development in Infancy*, 195–205.

26 [Bower, 198.]

經證明是相當的誤導。

在十到十二個月大之間，發生在嬰兒的改變，或開始發生的改變，最明顯的是把先前只保留給類的辨認機制應用到物體原型（proto-objects）——之前只知道是它們的軌跡。那個改變對嬰兒來說，靠著在感官接觸再度建立起來後的各種性質，使得再認定（reidentify）特別的蹤跡製造者成為可能。然後孩子的行為不再表示說當看不見那物體時，它就已經不存在了；物體的恆存性已經建立起來。但是這個改變的過程，並非單單只是一經驗發現，說物體原型多了一個性質。從物體原型到物體的改變，只是嬰兒在此時經歷的一系列相關聯的觀念改變中的一個，而這些一起的改變不能只說是經驗的，如說是對世界探索所學習到的那種意思。毫無疑問地，它們部分來自在孩子的第一年裡更多皮層機制的發展。但是它們也幾乎確定地關聯到語言習得的早期階段，或許透過新的皮層機制。在勾勒出其他伴隨物體恆存性的觀念改變前，讓我先提供理由說為什麼我認為語言在這轉變中扮演一個核心角色。

219 之前討論的Xu 與Carey的實驗，提供了我所知道的唯一直接證據。對十與十二個月大的嬰兒來說，在他們對類語詞的知識（如**球**、**瓶子**、**杯子**、**書**）與他們個體化（individuate）類的成員的能力（不只是靠他們的軌跡，而是靠它們的性質）二者之間，有很強的關聯性。一個有理的解釋很容易找到，而且無疑地有其他同樣的解釋。一個小孩知道，例如**杯子**這個字，很快就學到它指涉到好幾個物體，通常藉著它們的性質可以再區分。那些區分它們的性質，也相同地使得辨識它們成為可能，而靠性質來再認定也把物體的恆存性帶進來。當這發生時，個體的杯子變成完整意義下的物體語詞，而類就停止只是情境的類，而也延伸到物體的類。

雖然非常地需要更多的直接證據來連結語言習得與物體恆定性，但演化的考慮提供了另一種令人信服的證據。對沒有語言的生命目的，沒有明顯的需要去超越軌跡與情境的觀念詞彙。能夠辨認各種情境的類，包括在場的重要個體，如母親，可以讓牠微調行為去應對現場的朋友與敵人、各類的獵食者、還有各類獵物。同時，也讓牠發出特殊的尖叫，警告在範圍內同種動物的危險情況，以便增加物種生存的機會。有了這種辨認的好能力，追蹤軌跡的反應可以符合行為的情境反應——例如靠近與避免、追逐與逃逸。在沒有語言的情形下，那種可以認定不只是一特別類的獵物或獵食者，而且還有那些類的一特別成員的能力，並沒有任何可幫助存活的功能。語言，在另方面，似乎要求那種能力。在缺乏物體恆存的觀念下，語言會失掉Ruth Millikan所稱的一個恰當功能。[27]

語言的一個根本功能是擴大可能溝通的主題，去超越在場的物
理性與時間性。用手指以及其他的姿勢，與具符碼的叫喊一起，非
常適合溝通現場的軌跡與情境，但它們可以走得更遠一點。當母親 220
變成一個對象物體，不只是一個不斷重現的情境時，那麼例如她可
以在廚房或臥室。這種訊息是有用的，但這蘊含著物體恆存，而這
要求語言來溝通。難怪這兩項一起發展。物體恆存不能單獨發展。

---

27 Ruth Garrett Millikan, *Language, Thought, and Other Biological Categories: New Foundations for Realism* (Cambridge, MA: MIT Press, 1984). 這本重要的書是那些建議哲學家認真看待演化論時，或可有所得的書之一。我無法說明我受惠於此書的程度，但大概是很大。

它要求，例如說，一個在沒看到與不存在之間的區分。而且那個區分仍然只是個開始。就像「在市場」，「在廚房」這個語詞提供了一個位置或地方，是「在哪裡？」問題的答案。在物體、地方、還有時間的觀念被解開以前——在新生兒的追蹤反應中這三個康德主義的成分難以分離地綁在一起——那個「在哪裡？」的問題就無法有意義地提出來，而且那個解開似乎與語言一起出現。我並不建議說所有這些改變都發生在十到十二個月大的時間段落裡，的確，它們完整的發展一定佔據了好多個月，可能要比一年更長地在作不確定的探索。但我的確建議，與物體恆存一起，它們是一個交纏在一起的包裹，如果觀念穩定性要保持住，它們不能夠一次剝一片地解開。

那個包裹內容的一個面向，對本書的關切特別重要。類，當它進入本章時，都是情境的類，而其成員則靠著它們的性質來認定。為了避免誤導，它們（情境的類成員）或許更好簡單稱之為**情境**（situations）[viii]。去認定它們的基本技術就是辨認，一個非推論式的過程；它的可能性條件，是透過將類成員置放在一個由差異組成的恰當領域中，其中同類的成員糾集在一起並與另類成員所組成的糾集彼此有個距離。使用那個技術，就讓各類服從於一種質性（qualitative）的非重疊原則：沒有一個情境可以同時在兩個糾集裡、屬於兩個重疊的類。不像幾何式的非重疊原則，質性的原則只

viii 譯註："situation"：本章翻譯似乎情境／情況可互用，標題則用前者。關於情境類的討論，可參考本章第二節的開頭部分。另外可再回味在第一節中間討論的「基本—物體」概念。

是推而廣之（normic），而非律則化（nomic）。那就是說，它可以接受例外，但卻有個代價，是本書不斷會回顧的。[a]在第一年結束時，當那同一個辨認技術應用到物體的再認定時，它同時也帶著那質性的非重疊原則一起進來，而且在它的新應用裡，質性的原則就與那禁止生命線交錯的幾何、律則化的原則纏繞在一起。此結果同時是一個推而廣之原則力道的增強，也是一個去想像分割任何物種
生命線追蹤計的半邏輯性的困難。一個物種如何能變成兩個卻沒有 221
一個類似的（而且是禁止的）對它個體成員的分割？那個問題有些答案，我們將回到一部分的答案，但它們並不容易找到。[ix]

V

到了現在，很明顯地，包括一些其他的，這一章已經對第二章曾描繪過的詮釋過程嘗試了一個持續延伸的例子。對任何發展敘事的啟動，那個過程都會要求一個先行的鋪路工作。但是，在這個例子與前面三個例子之間，有一個值得注意的差別。在所有四個案例裡，要詮釋的對象是行為的片段或片刻。但在第三章中那行為都是在語言中來表達與被詮釋，而在本章中那行為則是前語言的而且可能完全無法在語言中詮釋。說一個語言的使用者，在充分的努力下都能夠學習去講與了解另一個群體所用的語言，這點大概要靠著語

ix 譯註：因為前面的編者註a，孔恩自己在筆記那裡說他覺得nomic／normic的區分用在這裡可能有問題，所以對目前這幾句話我們是否該認真視為孔恩的看法，不無疑問，而且這幾句話的文意本身也不清楚。

言使用者共享的生物遺傳、靠著語言提供給他們所有人的主要功能、描述的溝通，才能夠保證的。雖然那個保證並不肯定有完整的可翻譯性，這在之後的章節會更加發展，但它的確保證有雙語性（bilinguality），一個在溝通上的侷限工具，但卻是在理解上的有力工具。但是我們不能在一個不存在的語言中成為雙語人，而缺乏了那個進入的管道，就可能大大限制了我們自己語言能夠提供的詮釋。我現在用兩個例子來完結本章。第一個來自本章，來描繪有語言的我們在面對與了解那些沒有語言的動物時所有的困難。第二個則反轉方向，並建議那些發展出來給前語言生命的中性機制，如何去約制那些能夠順利在任何語言中變成文字的東西。

這一章的前面我描述了作為基本物體觀念存在證據的追蹤反應，後來又宣稱說，在軌跡製造者靠著它們的性質可以被再認定之前，我們根本不應該提及一個「物體觀念」。在其他地方，當詮釋小孩對大人所稱之為物體的行為時，我質疑在看不見與不存在之間
222 作區分的恰當性。要從一開始談到軌跡與軌跡製作者，可能就掩蓋了困難，但它絕不會化約了困難。軌跡什麼都不是，如果它不是那些在時間裡通過空間所追溯的路徑，而且不清楚說除了物體外，還有什麼東西可以追溯它們。是這些在詮釋裡的困難，導致我建議說在嬰兒與動物中，追蹤反應並不蘊含了在認知上可以把——對語言使用者而言的——時間、空間與物體觀念分離。那個建議也可能證明為錯，但目前存在的反對論證是說，對於被賦予語言的動物而言，我們無法去想像，在缺乏那種分離的情況下，生命會像什麼。但是，那不是論證，只是一種更高形式的族群中心主義。

比較第二章的例子們與本章所發展的例子。在所有三個較早的例子裡，我以使用熟悉的語詞開始，來描述古老文本作者的信念，無論作者是亞里斯多德、伏特或普朗克。然後我堅持說，那些語詞以那種方式來使用，使得那些文本中的許多段落很奇怪。我企圖提供給讀者其他的意義，會移除那些奇怪之處，這也為意義自該文本寫就之後已經改變的現象提供證據。在這一章，我以相同的方式開始，用熟悉的語詞以熟悉的方式，然後指出那些行為會使得那些語詞很奇怪。但我並沒做也無法想像去做的，是去建議另類的意義以便移除那些奇怪之處，並使得那些行為在觀念上變成可理解。毫無疑問地，這些困難所呈現的特別形式，對我而言部分是來自證據的缺乏，也部分來自我自己對處理有什麼證據的問題沒有經驗。我對這些前語言發展的說明，當然將會增長與改正。但是我想我的討論中與此書最相關的部分大概不會有很大的改變。在沒有語言的地方，那些會產生洞見與理解的詮釋種類可能有多少？應該是極度有限的。

那個論點有一個重要的反面：訴諸語言限制了那些能夠被理解
的。下一章將會顯示這些限制如何在不同語言的使用者之間運作，
並為那個目的而引進了不可共量性的觀念。為了作準備，更多關於
類的話需要先說。但是這裡關於語言的前提的討論，倒可以提出一
個使用任何語言都會加諸的限制的例子。所有的語言，我一直在建
議，在它們的基礎都有經演化而來的神經結構，那是為了允許存活 223
在一個世界中，但其中因語言而形成的一些區別卻無任何功能。當
這些先前無功能的區別經歷演化——有的跟著一個語言，其他的跟

著另一個語言——大部分會單純地加在更古老的區別上，存留在先前存在的那個為所有的語言所共享的神經基礎中。但其他的部分，雖然被語言的使用所發現，卻不能順利地藏身其中，而當想要談論它們時所遇到困難，就如在這一章中所遇到的，當嘗試要談論例如一個前語言的物體觀念一樣。所謂的量子理論詭論提供了一個適當的例子。

追蹤生命線是我們一直在檢查的那個無論是前語言或語言的過程中的基本。有非常大量的人類經驗積累證實了它的功效與使用的程度。可是，現在有極好的理由來說，那些基於生命線的過程，不能適用於微觀世界。電子、質子、以及其他次原子粒子無法用生命線來個體化；它們並非單純地只是日常世界物體的非常小的樣本。在一個重要的意義下，它們根本不是粒子，但那也不該建議說它們其實是另外的東西。所有去描述它們是什麼的嘗試都要求訴諸一些本質上不一致的詞彙，其中**波粒**（*wavicle*）——部分像一波動部分又像一粒子——是最有名的。其他的則起於對海森堡不確定原理的闡釋。好些年來我一直期待這種不一致性會隨著更合適於該主題的觀念與語言的介入而消失。我現在則覺得任何這種事情都無法發生。[28]雖然微觀世界的粒子是真實到底的，而且雖然我們可以把我們與它們的互動裁製得十分詳細，但我們的語言或我們的觀念機制

28 這是一個首先由波爾（Niels Bohr）所提出的觀點。[See Bohr's *Causality and Complementarity*, vol. 4 of *The Philosophical Writings of Niels Bohr*, ed. Jan Faye and Henry J. Folse (Woodbridge, CT: Ox Bow Press, 1998).]

大概永遠不能給它們有個舒服的位置。[29]

一九九五年二月二十八日

29 Ian Hacking, *Representing and Intervening: Introductory Topics in the Philosophy of NaturalScience* (Cambridge: Cambridge University Press, 1983), 靠著描述人類與它們互動的本質，提供了一個對微觀粒子實在的精彩說明。

第五章　自然類：它們的名字如何有意義

224 到了一歲大時，人類嬰兒開始學習語言，而且在那過程中，去重組嬰兒的物體與類的觀念。在那過程裡，物體開始被了解成可來來去去的軌跡製造者，它們的自身則靠著與它們的感官接觸被干擾時的各種性質來作再決定（redetermined）。在這早期階段的嬰兒只可以認得不超過兩個不同的類：一方面是物體，另方面是嬰兒據之調整反應的情境，而關於從此再發展的方式是如何，我們就知道的不多，除了他們與大人語言使用者的**互動**（一直是）那階段再發展的核心。但是如果去繼續這發展的敘事，說可以重建類／物體觀念的演化基礎，在目前的議題需求上，卻沒有什麼相干的功能。現在我寧可假設一個成人對類與類語詞的熟悉是對科學發展最相干的，然後問說什麼是所需的主要細節，來說明一歲大小孩的類觀念能向成人的方向去發展。在這過程中，我將發展一個有結構的類集合之觀念。它在第三章已提出來，我們要它來理解在第二章中所描繪的那些特別的信念改變。對這些經改變的科學知識的理解結果，將零散地在討論過程中顯現。

成人說話者，他們可辨認各種各樣的類，當然遠比我們這裡可以處理的要更多更廣，所以我將把注意力限制在與科學發展最相關
225 的那些類上。其中三種，都展現在日常的言談中，扮演著特別基礎

性的角色。第一，而且大概是其他兩種後出現的基本類，是日常生活中的有機體：人與動物、樹與植物。他們都在背景之前製造軌跡，要麼是因為他們自己移動（人與動物），或者是被遮住的背景因觀察者的移動而改變了（樹與植物）。還有，在一延展的時間段落裡，所有的都繼續存在，但在那時間段落的一些部分中，所有與他／它們的感官接觸可能會消失。第二個類的主要項目是那些製成物體的物質材料：木、石、肉、骨、金、水等。就像動物與植物，物質也在時間裡持續存在，但它們不是物體而且它們不造成軌跡。當動物與植物的類以數詞（count name）來命名，物質之名則是量詞。即使有那個重要的區別，這兩種類共享了許多本質性的特性。大多數或所有的所謂自然類都屬於這兩類之一，而本章都將討論。第三種不同的類是日常的人造物：杯碗、桌椅、鞋與手套、球與棒、腳踏車與自動車、刀子與螺絲起子。就如活的動物，它們也是軌跡製造者，並以數詞來命名，但是它們的再認定與分類所需要的技術，非常不同於那些自然類所要的。它們的討論將保留在下一章。

即使在這個相當限制的類的種類裡，它仍提示了等在前面的複雜性。物質的類，例如說，不是物體或軌跡製造者，但它們的確似乎服從那個之前提過的簡單形式的無重疊原則：沒有物質可以同時是木與水，起碼我之後會來爭論。但對於物體，那個無重疊原則更為複雜。例如一個煎盤，能夠同時是一個器皿也是一個鐵的物體；一隻狗可以是一個動物、一隻雄的、一個寵物。像這類的考慮帶我們遠遠超過第四章所考慮的物體與情境。但是，所有的類觀念似乎都已經被物體觀念所形塑，且在那章所發展出的幾個論點將繼續被證明是基本的。對它們三類的一些提醒，應該是個有幫助的引子來發展一個類的理論，它目前主要侷限在所謂的自然類。

第一，物體是軌跡製造者，而對它們軌跡的形狀，有兩個必要
226 的限制：單一物體的軌跡不能夠分叉；不同物體的軌跡不能交錯。第二，物體必須是可再認定的（reidentifiable），當在一個夠長的、阻礙連續軌跡的再認定的時段之後，那就靠著再出現時它們的性質來認定。一個軌跡製造者原則上無法如此再認定的，就根本不是一個物體。一些這種原則性的區分：如在先前見過的物體的再認定，與認定一個無法區辨的新物體[i]二者間的區分，是日常生活中許多實作都已預設的，例如算數的運作。只有如果一個集體的成員保持同時可看到，我們才能分別去數它的成員數目的這種實作（例如缸子裡魚的數目），它需要去區別另一種實作：不斷重複數到集體的某些成員。但是注意，這種保證在量子力學中就無法維持，物體的觀念也同樣失效。某些類的基本「粒子」，在原則上是無法區辨的，需要新的方式來「數」它們，而且展示了相對應的統計規律性。

第三個在第四章曾引介的具有後果的論點就比較是暫時的。雖然再認定一個物體的能力必須學習，但它並不要求習得一個太強的能力，如知道關於那物體、且只有它有的那些特徵的集合。遇到一

i 譯註：這個說法有點特別，大約指下面數魚缸裡的魚數目時，重複計算到同一隻魚的情況。

個所謂的新物體，一個人只需要學習分辨它與她或他先前已學到去再認定的其他物體。再認定可以發生在，那就是說，一個差異性的空間，當使用者遇到（也學習去再認定）新物體時，那空間就會因新差異的加入而逐漸地豐富化。但是，在討論物體時，那傾向差異性，而非那特徵集合的證據，倒相對有限。之前引進主要與臉孔辨認關聯的部分，它以兩種形式來引進。第一，不斷的嘗試都無法提示說，究竟要什麼樣的特徵才能夠在所有可能臉孔的宇宙裡挑出一張特別的臉（或物體）：例如去確定一組必要與充分條件來辨認那張臉是蘇珊的，或那隻動物是我的貓。還有第二點，通常對必要與充分條件的強調，使得那個再認定的過程毫無必要地複雜。學習去再認定一張特別的臉或特別的物體，更合理的方式是將之看成一個連續的過程，它要求一個差異性的空間，在學習者遇到更多的物體需要分辨時，它必須穩定地被豐富化。

這些論證也相同地應用到各種物體類的再認定，但在類的案例 227
下，也有非常多其他的論證，它們大部分來自那些已認識或未認識到的困惑，但在發展一個關於它們的理論過程中，逐漸被解決或消失。那個工作就是本章的主題，而且我的進路一開始就假設說，類成員是靠差異性而非特徵來建立的。更多支持那假設的證據將在我們的進行中累積。

I

朝向一個類的更一般性理論的第一步，我以大小可被肉眼看見的活有機體來開始。就像非生物的軌跡製造者一樣，這些動物的物體身分來自一事實說，在一個感官不可見的時段後，它們能夠被再認定。那對非生物也是真的，而後面大部分的論證也可以應用於它們。[1]但是活生物的再認定有個特別的問題：當個體們在它們的生命線從生移動到死，與他們再認定相關的性質也改變了。在實作上，那個改變常充分地阻礙了再認定，但是物體性（objecthood）並不要求在一包括了大幅改變的時段後仍可以再認定。質性的改變通常是連續發生而緩慢；物體性只要求物體在質性改變時，有一點一點漸進式地再認定。對任何物體，那就是說，必須要有一個有限的時間段落 Δt，在其中再認定永遠是可能的，不管在那物體的生命線上那時段會被放在哪裡。如果那個條件可滿足，沿著整條生命
228 線的物體恆在性，靠著一系列設定的短時段裡再認定，可以在原則上被確定下來。一個物體若無這種時段存在，也就必然地根本就不會是個物體。

所有物體都必須要有一個可再認定（reidentifiable）的時間段落 Δt，它限制了可以存在世界上的物體的多樣性。但是這個要求

1　物體的類的名稱，在哲學上，通常指涉的是 "*sortals*" 或 "*sortal predicates*"，而我在本章還有下一章的片段裡，深深地受惠於這個主題的文獻。兩本特別有幫助的書是 David Wiggins, David Wiggins, *Sameness and Substance* (Cambridge, MA: Harvard University Press, 1980), and Eli Hirsch, *The Concept of Identity* (Oxford: Oxford University Press, 1982). 在物體與它們的再認定上，我所強調的大部分都始於我前面讀到的第一本書（參考本書第四章，n.1）（譯按：原書錯字成 "n.10"）。而強調變化的連續性則特別來自前面第二本。它們強調的差別，最好了解成來自這些關於 "sortal" 的文獻，常傾向於把所有物體處理成一個整體，並讓它們所愛好的例子來導引討論（Wiggins 選驢，Hirsch 選車子）。

限制的強度，會依賴再認定可以達成的情況而有不同。[2]如果，就如常被一般假設的，物體可以靠著某個特徵集合來再認定，且是靠著它們且只有它們在 Δt 中擁有的那些特徵，那麼在那同一時段中，一個不可分辨的物體的存在就必須要被禁止。[3]但是如果，如我目前所採取的立場，再認定是靠著差異性來達成，那就要有一個更強的條件，等於是萊布尼茲的不可分者同一性原理（identity of the indiscernibles）的條件。[ii]物體的再出現，如在時段 Δt 的兩端所觀察到的，在這個情況是需要被比較的，不單是兩者相比較，而是要與所有當時的其他物體、或從一些先前一手或二手遭遇的回憶都要來比較。這個比較必須顯示最初的那一對彼此更為相像（彼此更接近），超過那一對中任一個與（或接近）任何其他所知的彼此

---

2 具知識的讀者馬上會問這個限制是否是形上學的（一個關於多樣物體可以存在的限制）或是知識論的（關於多樣物體可以被知道的限制）。我要堅持說，因為這個限制被要求成是否物體觀念本身是可行的，所以它的形上學與知識論的面向是不可分的。我們不能知道某物是否為一物體，除非存在一個相對應的 Δt，但同時，如果沒有一個 Δt，彼物就不是個物體。在這一點上，量子理論的詭論又會很具參考性。

3 這個陳述句是個假設語句，因為這個顯然是不可超越的解釋困難：以特徵來作的再認定，它的應用同時跨越了短時段 Δt 還有長時段中的再認定，都會一般被要求。我的認定是那個過程在原則上是不可能的，但它卻長久提供了關於再認定的思考標準。而從轉換到差異性所導致的觀念改變的深度與中心性，在這裡要求特別的強調。（譯按：此注孔恩說某個過程是不可能的，原文是 “the former process”, 但若只指短時段那個前者，就很難解，所以我把那過程譯成是整個長、短時段都一起考慮在內的那個傳統一般性看法的過程。）

ii 譯註：為何用差異性來再認定，這裡需要一個比傳統特徵集合更強的條件，不易理解。反而之前（一兩頁前，本章前言的第三個論點中）孔恩說當再認定一個新的物體時，用差異性來再認定，條件反而比特徵集合要容易。這個對照需要注意，但起碼用差異性來再認定時，孔恩突然提到記憶的問題，但比照在用特徵集合來對比時，傳統說法的確不需要碰觸到記憶，或許這是個強弱差別。我們同時需再往下讀來了解孔恩的細節說明。

的相像程度。如果在任何時間中，曾有一個物體能夠留下一個記憶的軌跡，與目前需再認定的候選者彼此無法分辨，那麼一個碰到這兩者的人，會不可能分辨哪一個消失或再出現了。如果這樣的一個不可分辨的物體會出現在未來，那麼較舊的物體，當要再認定新物體時，也會製造出同樣的不確定性。所以物體性要求沒有兩個不可區辨的物體存在於宇宙的任何地方，除非是被一個大到[iii]它們的生
229 命線不可能同時出現在其中的時間段落所區別。[4]兩個不可區辨的物體，要麼就是同一個物體，要麼就沒有一個是物體。

如此，物體的再認定要求一個質性的差異空間，裡面再認定的候選者要與一個已經消失的物體更接近——更緊密糾集在一起——超過任何一個其他在記憶或在目前的物體。那個空間的大小可能原則上需要其中每一個與所有其他的個體都能夠彼此區別開來。但是它的幅度就會非常大，然後為了要找出一個糾集群來安置一個先前見過但又鮮活呈現的軌跡製作者，所需搜尋記憶的時間，會冗長到令人望而卻步。不過，如果把軌跡製造者分成不同的類，而每一類中使用一個數目更為限制的差異性來達成再認定，同時恰當的集合與可應用的 Δt 會隨著不同的類而變化，那麼結果這證明是可能的。[iv]的確，上一章結束前的幾頁也提示說，再認定個別物體的能

iii 譯註：這裡孔恩說「大到」，是難懂的，按常理，應該是「小到」。

4 這個條件，就像前面曾給予的以特徵來做再認定那樣，能夠有個略微弱的提法，如果可能溝通的相對論限制能夠考慮進來。但這個論證會變得愈來愈麻煩，而我想沒有原則性的新論點要引進了。下面會說到更多關於對無重疊生命線的限制。

iv 譯註：這是一個關鍵轉折。前後孔恩的差異性作法所碰到過大的困難，現在一轉而以分類來解決。

力與去區別不同類的物體的能力，二者是很緊密關聯的，而且似乎是在即將滿一歲的小孩最後的幾個月一起萌生的。兩者都是在一個差異的場域中糾集各種顯現（appearances）的能力的應用。在第一者，同一個體的不同顯現被糾集在一起而與另一個體所糾集的顯現群彼此有距離。[v]在第二者，同一類的不同個體的顯現被糾集一起而與其他類的個體的顯現糾集，彼此也有個距離。那個能力的兩種應用的發展，似乎在那使用它們的個人發展時，彼此互相建構。

下面圖1a將開始建議所牽涉其中的情況。它展示一群鴨子顯示在一個選擇的差異空間裡，如此它們可以分辨彼此。那個可分辨性是靠著分開它們的白色空間而點出來，而那個白空間是被我已稱之為**萊布尼茲原則**所要求的，它本身也是物體性的一個前提。[5]注 230
意這裡也說到這個空間的大小不需要包括那些我們都會期待鴨子有的特色（features），如羽毛，或蹼腳，因為這些都被所有的鴨子與其他旁邊的動物所共享。而我們要的是個體鴨子有何不同的特色，就如第四章臉孔分辨的案例，我們很少有一般或系統性的知識。但幸運的我有個年輕時照顧家庭中的鴨子的朋友，她說她覺得特別有用的一些特色，如包圍眼睛註記、從鴨喙底部延伸到臉兩邊的「微笑線」的曲線、體重的一般性分布（如屁股大、或頭重腳輕）、還

---

v 譯註：一歲前最後的幾個月，物體概念尚未成形，所以孔恩這裡只用沒有本體意義的顯現來代替，而顯現來自的個體（individual），也不是直接說物體（objects）。孔恩上一章只提過一次「顯現」（也提過幾次「呈現」〔presentations〕），但在本章這幾頁中提過多次。

5 白空間的呈現也被一個較弱的原則所要求，該原則在第四章被發展，它說不同物體的生命線不可以交錯。

有一定身體大小之下的腿長。毫無疑問地，許多其他的特色也能夠在再認定中扮演一個角色，而且沒有理由來假設說所有能夠對鴨子叫出名字的人都使用相同的特色清單。但在這過程中也說出了一些事情，例如在我朋友的案例裡，顏色，雖然對區分年齡有用，在再確認中卻沒有什麼作用：她的鴨子都是同一批孵化的（all of one breed）。

到目前為止，我們關切的是物體的再認定，但那個關切現在帶我們到那曾促動我介紹這個題目的原點，它不太會再出現在此書中。它的功能是為一個類的理論提供基礎，而我們現在能開始把它放入那種使用裡去。圖1b與圖1c分別展示，一群鵝與一群天鵝，每個都呈現在它的特色空間（feature space）裡，它分辨各群的成員，也允許它們的再認定。這些不同的動物應該，就如1a裡的鴨子，被想成是日常的類，會被某些社會群體或社群成員所認識，而非是動物學家或鳥類學家發展出來的一些科學種類。雖然日常生活的類可以通往自然史科學、而且運作的方式也一樣，但它們所要求的完整功能的條件卻是遠遠沒有那麼嚴格。就如鴨子的案例，雖然關於允許那些再認定的不同特色我們知之甚少，但是臉部標誌大概仍很重要，而在這幾個群體間往來移動的起始困難，大概就如那些去學習再認定不同人類族群的成員的經驗一樣。

II

231 把動物分成類，如此可以允許再認定，並賦予它們物體性

圖1a

圖1b

圖1c

（objecthood），但是要達成再認定，即使是原則上的，必須依靠去認定一個未知動物所屬於的類的能力。只有當知道它的類後，再認

232 定所需要的特色空間才能夠開始施展。而反之類的認定，它若要有可能，則需要靠安置它們在一個階層體系中，觀察者能夠從頂端或一個中間點進入，然後往下追溯直到發現一個類，而其成員是個體動物為止。對目前在討論的動物來說，下面圖2建議了所牽涉其中的議題。[6]

首先要注意，圖2所描繪的階層體，在頂部與底層都被上一章所描述的演化與發展型態所固定住。在頂端是軌跡製造者們，[vi]在底層是個體物體（individual objects），或亞里斯多德的實體，它製造軌跡；兩者都被一歲大的人類嬰兒大致控制的觀念所涵蓋。在最頂端節點（node）的下一層，軌跡製造者分成活物（living things）與非活物，一個根本的的區分（圖中未顯示），在系統發生（phylogenetic）與個體發生（ontogenetic）兩者的發展中，它必須要學習、修訂、不斷地再學習。因為非活的軌跡製造者是人造物，以它們的功能而非性質來分類，我將大部分忽略它們直到下一章。就現在此刻，注意力會侷限在活的軌跡製造者，生物演化的產物。用來分類它們的階層體大概提供了所有樹狀階層作為模型的根本形式。

對這個階層運作的第一個觀察，注意它各種不同的節點都標籤

6 與日常用法相反，任何一高層類的成員，簡單說，在這裡說成是直接在其下一層的類，而非是個體。我的狗Fido所以是一個**狗**類的成員，但不是**動物**類的成員。是所有狗的集合才屬於動物這類。如果高層可以允許個體作為成員，就會要用一些更複雜的技術來區分這個底層。那一層，我即將顯示，是唯一其中的成員可以隨著時間改變它們性質的一層。

vi 譯註：這該是所有的、未分類前的軌跡製造者。是否也都是個體？

著某特色的名字，大概會在分辨它下一層的各類上有所用處。就如在面部辨識的案例，那些特色究竟是什麼？沒有人知道很多，但可以合理假設說，在鴨子、鵝、還有天鵝作區辨的空間裡，像頭長對頸長的比例、身體寬度對身體長度的比例這些特色，扮演著角色。顏色與成鳥的大小無疑地提供了其他的面向，而且還會有很多其他的。如果那些顯示在圖1a, 1b, 1c的個體們被安置在這個差異性的空間中，可以預期說他們會各自糾集成團塊如顯示在圖3的那樣。
現在這個空無的空間，它在圖1a, 1b, 1c中表達的是禁止重疊的生 233
命線，出現在三個團塊之間，且表達了不同類之間的無重疊原則。假設它沒有出現，例如如果有一個動物它靠近鵝與靠近天鵝一樣，那麼那空間就不合適來把這些動物區分成各類。如此就會要求其他的差異性，或者要重新分類這些之前沒問題的動物，即鴨子和鵝。

這個空間的三個特性要特別地強調。第一，如圖3中顯示，在那些團塊中動物間的重疊性高，所以區分類的空間並不一體適用於區分各類中個體的生命線。偶而，非常不尋常的特徵（胎記、損傷
的腳或翅）可能允許區辨一特別的個體，但一般來說，要有一個次 234
級的空間來作個體的再認定。它的大小就介紹在圖2提供給個體的各類節點中。第二，雖然各類區塊間的空間通常並不允許來追蹤個體的生命線，它必須要足夠豐富來區辨各類成員生命線中的各階段。不然，一個特別的個體可能生命開始時是某類的成員，後來卻成為另一類的成員。

第三個值得注意的，讓各類動物可以區分的空間特色，就更為複雜：它全面的討論就要求考慮到那些關於人類動機與行動的標準

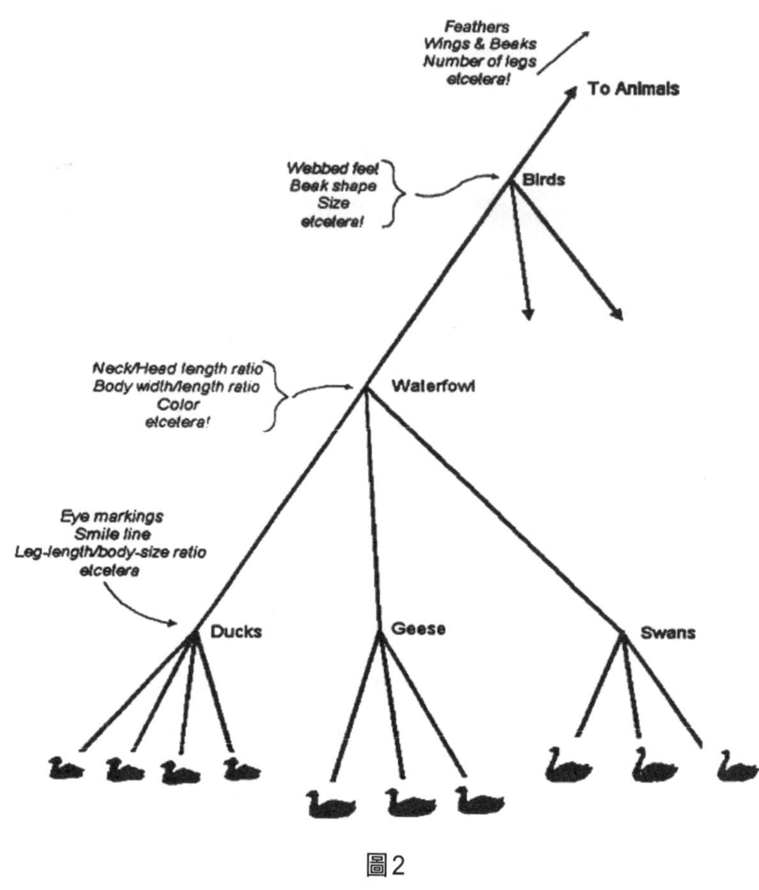

圖2

困難，但在這裡我們只能稍微看它們一眼。在有些案例裡，物體走過一個時空連續的生命線時，會或慢或快地，變成另一類的成員。最明顯的例子就是人造物：那些案例裡，在一個連續改變中出現的物體，其所服務的功能，與進入變化前的物體功能已很不同。想想

圖3

一座冰雕變成一桶水，或一部汽車變成一堆廢鐵。但像這類的主要討論，就必須要等到下一章討論人造物。但是活物從出生到死，也會有這類的功能轉變，在這兩類裡，都改變了它們在人類實作中扮演的角色。一個鴨蛋不是一隻鴨子，雖然它可以是食物或一隻新鴨子的來源；一隻鴨子屍體很可能就是食物，雖然它也可能，如果它是隻野生鴨子，成為動物標本的候選物。在這些點上，動物改變了所屬的類，變成或根本停止是一隻活物。一條生命線它延伸，通過
出生，或更明顯地，死亡，就會是一個允許類變的情形。雖然作為 235
一個物理個體的生命線，它可以分析，但它卻不能是任何生物個體的生命線。[7]

要如何分析這些生命線是個問題，因為它引起了關於人類意向

7 注意這裡我們回到亞里斯多德在*kinesis*與*metabole*的區分，在第二章曾引介了。*Kenesis*是改變了一條生命線的內在，省略了末端的點：而*metabole*延展了觀念到包括了生命線的末端點，在這些點物體開始存在與消逝。這個再認定的過程的一部分就要求一個標記兩個末端點特徵的知識。

性（intentionality）的爭議。例如蛋，大概最好一開始將之處理成身體的一部分（最後是可分離的），而在分離後可以成為腐敗的物理物體，食物，或活物。而死後的鴨子可以處理成屍體（腐敗的物理物體）、食物、打獵所得，而在這些類中的選擇會關鍵地受死亡的型態所影響。雖然像這些選項中的選擇，最後會變成直接了當，但對於時間點的選擇，它所對應的改變發生，就引介了一個任意的元素，它有時對人類行為有巨大的後果。想想目前關於墮胎與安樂死辯論中所投注的激情：二者都牽涉到在一個觀察上是連續改變中的對一個點的規定，並在那裡發生了類的改變，一個改變它要求對被改變的物體可接受反應的改變，還有對之相關的責任的改變。這種選擇無法避免，但它們也不是被有關事實所決定。這章後面我會描述這些困難後果的本質，它們正是內在深植於類的觀念中。

到目前為止，我們一直在處理最底層的類，那些包括著個體的類，但在轉向高層的類之前，很值得再多研究它們一點。首先要注意，它們的成員，雖然被分類在一個相對小的空間中，卻繼承了從最高點的軌跡製造者開始，下降通過所有高層節點，而最後觸及到它們之前的所有性質。例如說鴨子，是活的，因為動物是如此；是有羽毛的因為鳥類都如此；是有蹼的因為水鳥都如此，等等。這是繼承的型態，它讓底層特色空間的認定成為可能，且在那裡有了再認定的過程。若有一個未認定的動物，我們就進入圖2階層體中，我們有信心它屬於的那最下面的一層類（例如鳥類，如果牠有翅膀
236 與羽毛），然後從那一層再往下降，在每一個節點上，選擇依著有牠差異特色而合格的分叉之一往下降。

看到這裡介紹了一個具豐富差異特色的集體，這些動物所屬的類，就是近年來哲學家一直稱之為**自然類**（*natural kinds*）的典範。[8]它們是「自然」，因為它們的成員，在任何給定的時間，屬於自然環境中的可觀察的諸元素。人類與其他活物能夠影響到這些類的成員的本性，但只能靠著介入它們的發展歷史：例如摧毀牠們或牠們的食物供應，或者在人類介入的案例中，靠養殖或基因工程。[9]即使從非活的物質（materials）來創造活物變得可能，其可以創造的生命形式，也將會被自然所提供且適合操弄的那些物質的類所限制住。只要自然是「給定的」（given），它就將背負著主要是生物或物質的形式，而從那裡活物與非活物被製作出來。地理學的特色對象——河流、山岳、丘陵、湖泊——提供了自然類的第三個集合，而它們將在此章的最後一節，簡短地進入天文學的討論。包括它們還有生物（creatures）、物質，它們可說完成了自然類的名單。

說自然類的成員是給定的，就是說它們的性質可以靠直接觀察來建立，獨立於關於這些性質成因的信念或理論，而且也獨立於在決定它們時的個人或社會利益。有哪些性質事實上被觀察了，還有觀察的結果有多仔細地被批判性地檢查，那當然會深刻地受利益與信念的影響，而這些就相對應地是知性發展的速率與方向的重要決

8　在此書中，**典範**一詞的使用，只限於它的前一孔恩形式。

9　對**自然類**一詞的使用，在目前哲學文獻中並不都一致，所以就可能來論說人類的介入，即使是侷限於發展歷史，使得它的產物顯得人造而非自然。但是下一章我將訴求一個更基礎的方式來區分自然與人造的類，用一個我現在可預見的方式：自然類成員可以用牠們所觀察的性質來分類，而人工類的成員則不行。

定因子。但是面對同一生物或物質的兩個人永遠能夠——假設它們
237 有正常的感官裝備且說相同的語言——對它的觀察性質達到同意。如果一人認真地（truthfully）說它是綠的，而另一人也認真地說它是紅的，那要麼他們中的一人是色盲，要麼他們使用語言的方式不同。這些診斷的其一或兩者都可能對：神經的不正常情況與語言的差異可以很細微，很難發現。色盲，例如說，一直到十九世紀早期才被認識；在使用語言中去找出差異的困難性，在第二章中已經提供了重要的例子。但是，當面對的異議是關於一個體物體的觀察性質時，一個語言／文化社群的成員有急切的理由去解決它們。如果他們甚至對被觀察物體的性質都無法達成同意，溝通就會崩潰，如此就毀壞了一個依靠它的社會基礎。這一點很關鍵，我將一再地回到這點。

一個語言社群的團結，在於要求它的成員能夠達成關於物體的被觀察的性質的最終同意。那個通則化應用到一般的物體，不只是活的生物或自然類的成員。但是，因為活生物的觀察性質會改變——當它們在生命線上移動時——那麼使得它們有物體身分的再認定，就一定要在一個特色的空間中達成，那個空間糾集了同一個體的各種呈現，它們分別來自不同的、最小以 Δt 來分開的時間段落。那個段落的長度還有那特色空間的大小，兩者都是那活生物所屬的類的函數。所以要再認定一個生物，就一定要知道那生物所屬的類。這章的後面我們將發現，沒有類似條件應用到不是物體（就像物質）的那些自然類，[vii] 還有在下一章，我們會看到同樣的類的獨立性，限定了人造物的再認定（即非自然類）。

III

自然類的成員，無論是生物或物質，還有一個關鍵的特性，首先由彌爾（John Stuart Mill）所強調。[10]無論是一組有限數量的觀 238 察或它們的邏輯後果，都不能決定一自然類的成員所共享的所有性質。從觀察來說，自然類的成員是無法窮盡的（inexhaustible）。對彌爾來說，這個特性提供了在自然類與人造類（artificial kinds）之間有時是難以捉摸的區分。一個人造類的成員，他說，是完全取決於它的定義。所有被三條線包圍的黃色平面都屬於黃色三角形的集合，而反之，作為那個集合的成員，沒有任何其他可觀察的。彌爾繼續說，用同樣的方式，自然類也有如此定義來找出它們的成員的。來自一類成員所觀察到的共享特性，它的一個或更多的特性子集合，可能可以提供該類成員身分的必要與充分條件；那扮演該角色的特別的子集合可以依方便選定。但是無論如何選擇，不存在一個企圖定義的子集合可以窮盡那類成員的共享特性，即使把它的邏輯後果也加進來。

彌爾對自然類本質的討論，在我對一般類觀點的發展上，扮演了決定性的角色。但一定已經很明顯：他所陳述的論點行不通。回想一下在第三章開始時對分析／綜合區分的討論。一個水鳥可能是

vii 譯註：這裡孔恩應該是指那些不在階層體的頂層與底層的那些自然類，基本涉及的都是物體以外的生物高層分類。

10 見J.S.Mill, *A System of Logic, A System of Logic*, 8th ed. (New York: Harper and Brothers, 1881), 95–104, 406–10.在許多其他版本中，目前的材料可以在book I, chap. vii, §§ 3–6; III, xxii, §§ 1–3 找到。

黑的（或非水棲的）而仍是隻天鵝。一個自然類的成員所（通常）明顯共享的特徵組合，如果其中任何一個特徵在一個成員中不見了，但卻不會改變那成員的類成員身份。不存在一先前已知的類成員所共享的某特徵，是該類成員身分的必要特徵；沒有這種特徵可以安全地包括進那類的定義中。[11]

239 通常能夠期待類成員所具有的特色，是在一個用來區分它們與其他類的成員的差異空間中的一些向度（dimensions）。因為那個空間的向度很多，任何特別的特色缺席，並不會阻礙一個有點奇怪的生物與它的同伴們糾集在一起。如果它的確造成困難——如果這奇怪的生物是位在那應該是空的空間——那麼對它作更多的觀察，並且與其鄰近類的成員一起觀察，應該能提供一個更豐富的空間好讓它的成員身分更清楚。如果甚至那樣也不成功，那麼一些我們過去運作過的類，可能結果就根本不是自然類，這個可能性我將在本章的後面再回來考慮。

---

11 彌爾，他知道生物分類的問題，不可能不知道去找一個能滿足條件的**定義**的困難。但是他找不到其他的路徑來表達他與亞里斯多德對自然類概念的不同；而亞里斯多德認為類成員是被一個神祕的共享本質所決定的看法，從十七世紀以來就被批評了。他的那個概念相當符合生物的情況，且亞里斯多德把所有自然現象都放進生物的模式裡去處理。參考一個特別有用的對亞里斯多德本質觀念以及它的生物學源頭之說明，見Marjorie Grene, *A Portrait of Aristotle* (Chicago: University of Chicago Press, 1963), 78–85 and chap. 4. 當意義的問題在過去三十年變得多多少少嚴重時，愈來愈多的相關哲學家就已迅速開始去重整自然類與本質那一對概念。（後者甚至沒有出現在*Encyclopedia of Philosophy* published by Macmillan in 1967 [ed. Paul Edwards, 8 vols.]的索引中。）而收集在Stephen P. Schwartz, *Naming, Necessity, and Natural Kinds* (Ithaca, NY: Cornell University Press, 1977),中的論文提示了那種情況改變的突然性。在該索引中， essence, natural kinds, 還有natural kinds terms 都大為擴張。

簡言之，我正在提示的是，那個把某一類的成員與鄰近類的成員區分開的空間，是一個包含眾多不同糾集（cluster）座落的空間，各自帶有著相對應類成員特色的期待。那挑出類成員的個人，顯示他或她關於那個類成員可觀察特徵的期待（expectations）。如果最底層的差異空間會被從階層體的高層所傳遞下來的特色所豐富，那麼那些糾集的各個座落也將產生其他鄰近類所共享的特徵的期待：例如在水鳥個案中的羽毛、翅膀還有蹼。這些特色中的有些可能比其他的在建立類成員身分時更重要、更明顯。[12]但是它們沒有一個單獨來說是必要的。把它們在一個特別類的成員中的出現加以一般化，永遠會有例外；它們是，也就是說，是一般化（normic） 240
而非律則化（nomic）。

這種期待是從哪裡來的？[viii]或問一個緊密相關的問題，我們怎麼知道是否一組給定的期待會挑出一自然類的成員？對第一個問題，答案是一個已經知道的人教導我們去認識類別；對第二個，我

---

12 當提及到一些特色的特別強度或明顯性時，突出了一個二維度的圖表如圖3（或如圖1a, 1b, 1c）特別會誤導的地方。它們沒有提示說能構成空間向度的特色變化程度，也沒提示各糾集在不同向度中的巨大不同寬度。一些向度可能是二元的，有羽毛或沒有羽毛；其他的可能有一系列不同的值，例如生物的腳的數目，從蝸牛到蜈蚣；還有其他——例如，成年時的大小——在一個特定的幅度裡連續變化。那些對認定類成員特別明顯的特色，常被一糾集中分布特別窄的向度所提供。所以明顯度是相對於那要進行的特別區分而定：例如，有羽毛／沒羽毛在區分鳥與其他動物時特別明顯，但若要區分鴨子、鵝與天鵝時就不明顯。

viii 譯註：孔恩在這裡前後開始討論「期待」，一個不太熟悉的語詞。其目的為何？與前後文的關係為何？須要了解。在稍後引用Paul Hoyningen-Huene的信件後，孔恩把「期待」與經驗推廣、normic 推廣三者幾乎等同。

們假設該類是自然類是因為我們老師的權威。發生在學習者與教師之間的互動是教師的文化中所使用的範疇的傳遞。一九六〇年代晚期，當時我在搜尋一個可以幫助解釋不可共量性現象的意義理論，我想像一個小孩Johnny與他父親去到一個公園，而在那裡學習來認定鴨子、鵝、與天鵝。[13]大體上，這學習過程是如此進行——父親指向一隻鴨子，說「看啊，Johnny，那是一隻鴨子」。稍後，Johnny指向另一生物說「看啊，爸爸，另一隻鴨子。」爸爸看了，但說「Johnny，不是，那是一隻鵝」。那個過程以這個方式繼續著，而天鵝也在其中進入了認定過程。最後，在不少成功與不成功的嘗試後，Johnny一致地達到與他父親（教師）同樣的判斷。他已經學到去認定鴨子、鵝、與天鵝。

當然，那個對話是想像的，而且很難找到支持它所表達的觀點的直接證據，雖然等一下我會提供一點。但讓我先問：為什麼證據如此難以找到？我懷疑理由是相關的研究者——大部分是發展心理學家或哲學家——沒有認識到一個關鍵的差異：以特徵來作認定或以差異來作認定。雖然他們大部分已經拋棄那個說分類與類語詞的意義要求一個一般接受的特徵集合的觀點，但他們要麼就完全拋棄
241 特徵說而採取指涉說，或者它們繼續去問要如何使用特徵以及什麼

13 "Second Thoughts on Paradigm" in *The Structure of Scientific Theories,* ed. Frederick Suppe (Urbana: University of Illinois Press, 1974), 459–99. 那本集子是一個一九六九年的會議的成果，當時我的那篇報告與後來刊出的內容幾乎一樣。讀者不會驚訝到說在這一章的圖表中（雖然不是圖表本身）的鴨子、鵝、天鵝是第一次出現在那裡，它們是我女兒Sarah [Kuhn] 畫的。那篇論文後來重印在我的文集，*The Essential Tension*, 293-319.

能夠是相關的特徵。在那過程中，特徵說與差異說二者的方法似乎幾乎一樣了。但被忽略的是這個事實：雖然兩者都依靠在獨立講話者們或獨立分類者們之間的同意，但他們所要求的同意內容卻非常不一樣。

當然，沒有理由來假設說在我故事中的Johnny在挑出鴨子、鵝、以及天鵝時，是在一個與他教師（父親）使用的相同特色空間。原則上，他們使用的那些空間的向度，可以完全不重疊。同意所要求的，只是他們把相同的標籤適用到相同的東西上，而非他們以相同的方式來適用。如果兩個個體（不再是小孩與父親）同意於他們共享語詞所指涉的東西，那麼每位都可以從另一位學到認定這些指涉物的新方式，在學習過程中，兩人都豐富了他們各自的特色空間。他們每個人的特色空間所要求的，只有他們以相同的方式糾集物體，製造在相同個體集合之間空的空間：每隻鴨子都必須比任何鵝或天鵝更靠近一些其他鴨子。

所以必須要共享的，不是不同的特色空間，而是在其中可以找到的各類之間所展示的結構關係。類語詞並非各自附著在自然之上，一次一件。Johnny尚未學習到鴨子的觀念（或「鴨子」一詞的意義），直到他也對鵝與天鵝做了相同的事。他必須從學習過程所抽取的不是一個特殊的特徵清單，而是一些相似與差異的考量，如此可產生每一類成員的糾集還有把空的空間放在那些糾集之間。在過程中，他也必然習得一個如何安排各類的類似考量：一隻鵝與一隻天鵝彼此相像，要比它們各自和一隻鴨子相比都更像。就是這個安排我們把它**講**成「結構」，而且只有結構才是那些把相同個體糾集成相同類的每個人們需要共享的。那個糾集動作是他們能夠沒問題地在關於糾集的生物上彼此溝通的前提，而且也是那溝通證實了他們所共享的相關觀念與相同意義。諷刺的是，原型理論（prototype theory），最像我自己的那個意義理論與觀念形構，遺
242 漏了需要這個局部的、非揃因式的整組觀點（holism）。就像那些相信特徵的人們，原型理論家把分類與意義想成一次一個地把類附著在自然上。他們關切的，是在一個類中，去分離一個個體與該類的原型例子的距離。[14]但對於與鄰近各類的距離，卻沒有扮演任何角色。

相對於那個背景，想像一下最近來自一位住在蘇黎世的朋友、有時也是合作者的一封來信中，我對下面這片段的愉快閱讀感受：

> 這是我們最小的亞力山大所做的事。他現在二十二個月大。當我們每天開車到幼稚園時，他馬上變得對路上移動的大東西感興趣，而我們教他——一開始多少是無意識的——這些語詞 “*Lastwagen*”（卡車）、巴士、還有電車。這個訓練與你的天鵝、鵝、與鴨子的老例子完全一樣：沒有提到任何特徵，更不用說定義了。只有說，“*Ja, das ist ein Lastwagen*”（是的，這是一部卡車），或說「不是，那不是一部電車」。他現在掌握這三個語詞的能力已很完美，而且他開始對其他車輛有興趣，特別是摩托腳踏車。但是這個平行

14 對於原型理論，見 Edward E. Smith and Douglas L. Medin, *Categories and Concepts* (Cambridge, MA: Harvard University Press, 1981).

> 關係延伸得更長。我不知道他是用哪些特徵來作認定，但它們一開始一定是視覺的（因為頭與眼睛的運動、還有用手指）。但幾天以前，他在我們的園子裡聽到一部巴士的聲音，的確非常典型的聲音，然後亞力山大就如此叫著「巴士！巴士！」所以他延伸了特徵使用的範圍來挑出指涉物，延伸到聲音的東西了，那麼這就是說……他現在有了，起碼是隱性的，關於巴士的經驗推廣。[15]

那些觀察，當然，能以好幾種方式來解釋；它們所提供的證據
並不強。但是它們的確描繪了從觀察者的起始視角影響了所作的觀 243
察的那種方式。視角若改變，就應該可能揭露更多且更強的證據。

暫且擱置這種證據，讓我對我發展到現在的意義與分類觀點，再提出更多一些特性。第一點，在一些面向上，已經被預期到了，特別在上一個引言的最後一句話。在那裡所稱的「經驗推廣」，就是我稍早稱的「期待」或「normic 一般化」。學習把個體生物放在它們自己那類成員中，也就是在同時學習很多關於那類成員以及其他鄰近類所被期待的性質。進一步豐富化（enrich）那在訓練時最初習得的特色空間，就增加一個人關於座落在其中的生物的知識——推而廣之我們所儲存的。現在，在類及其名稱從一個世代傳遞到下一個的過程中，還可以期待什麼其他的？那個過程，會要求那些已經知道的人、還有他或她所知的真實世界中生物類的例子，兩方都要在場。而指向那些物體是關鍵，一方面在聚焦那個例子，

15 一九九四年四月二十七日的信件，來自蘇黎世的Paul Hoyningen-Huene。

另方面也在允許辨識的錯誤。[16]所以對自然世界的觀察是非常重要的，不只是對類觀念的起始發展與評價，也同時是對那個過程，透過它所繼承的經驗結果會保留在那它們源起的文化中。每個世代都能更豐富化或不然就改變它所繼承的類，而它就是文化演化的來源。

我使用**保留在文化中**這個語詞，是因為公園裡Johnny教育的另一個重要面向。在與他父親的互動中，他所習得的不只是分辨鴨子、鵝、與天鵝的能力，也是能夠掌控那些足以進行分辨的特色。那些所要求特色的其中一部分——也許是那些使他能挑出這些水鳥
244 作為鳥——他先前已經學過且帶到公園來。它們已經是我將稱之為他的**特色詞彙**（vocabulary of features）的一部分，我以一延伸的意義來使用**詞彙**一詞，並不要求它完全只包含文字。[17]說這樣一個詞彙一定要習得來作個體的再認定，我在上一章討論臉孔辨認時已強調過，還有在本章討論水鳥的再認定時也一樣。在再認定與分類之

---

16 有些人常說，用手指或顯示的動作本身是模糊的，而這種模糊性其實否定了它在這裡使用的目的。他們宣稱，我們無法分辨這個不可避免的不精確手勢是朝向，例如說，一隻天鵝，或天鵝頭、或一片天鵝形狀的白片。但如果讓脈絡說話，就如目前情況的確如此，說這姿勢是朝向一個物體，那麼那片白色就被排除了，那些一起在物體輪廓中移動的部分亦然。Johnny，如果他真的學習到用手指物，那麼一定意圖指涉到一個整體生物，一隻天鵝。那是從上一章所學到的課程之一。（譯按：特別是一些對幼兒物體觀念的實驗。同時，孔恩這裡也隱含批評到蒯因所說的指涉之難以捉摸性〔inscrutability〕）

17 注意這裡，雖然對每個用來區分個體或類的特色，並不一定需要有一個字，但經由文字或姿勢的幫助，透過與一個使用它們的對話者的練習，它們都能夠被習得。想想那個告訴我微笑線在認定個別鴨子的角色的朋友，或我談到在分辨鴨子、鵝、與天鵝時，它們頸長對身體長度的比例。

間的緊密關係，很可能使得一個類似的習得過程也該應用到類的區別，而且在如此做時，它也會證明是那些在第二章的歷史例子的關鍵。

一定要靠著伴隨一個已經知道如何在那裡生活的人一起來與世界互動，學習者如此習得一重要的特色詞彙，這個看法，有好幾個後果。第一，雖然所要求的特色是透過應對世界中的物體而來學習，但它們在此之後也可用來創造神話或想像的對象。馬、狗還有貓，就像鴨子、鵝與天鵝，是真生物，因為可以用手指向它們，而且，伴隨著恰當的導引，可以在那過程中了解這個世界。但是學習到關於世界的東西，可以拿來用於創造想像的不存在的生物：例如有翅膀的馬、半人馬、蛇髮女、牛頭人。當學習者還習得掌控他的文化中所認可的那些各類情感與性格時——這種習得仍然要求一個導引以及與世界的互動——他就能夠部署它們來描述一些從未活過的人還有從未發生過的行為。宣稱說一物是或曾是真的，就是宣稱它能或可以指出以及描述。宣稱說它是神話或想像的，就是說它只能被描述，但沒有人在任何時候或地點可以指出它；它的真實處只是那用來描述它的特色，而它們也必須從世界裡習得。

這種思考類與再認定它們的成員的方式，打開了一個我相信通常都會被實現的可能性。物體類還有那些用來區分彼此的特色，兩
者都是每個世代，通常以一更豐富的形式，傳遞到下一世代的文化 245
資源。它們形塑了一個文化的成員們處理他們的世界的方式，以及如何處理它們體現在神話與想像中的故事。那些資源都能夠改變，且我想的確如此，從文化到文化、從一個文化裡的學科到學科，以

及從在文化與學科中從一個時間到另一個時間。[18]個體物都可以在任何這些文化中來作觀察，而它們的成員不可以——否則他們的文化會出問題——對他們文化已裝備他們來觀察的那些在場的特徵，產生異議。但是那種強迫性，不適用於不同文化成員之間的論辯。對於一個在場的特徵，如果它們中只有一個文化具有裝備去觀察，我們能夠說他們之間有異議嗎？與其說異議，用誤解來描繪他們間的談論會更恰當。如果他們認定那是誤解，那就會求諸其他幫助，而我之後對這情況會說很多。但是求助的需求並不容易被認識到，而且當認識到時，也並不容易找到，因為它會要求一些程序，但對生活在一個文化中的人，本來就不會要求有那能力。那些程序就是在第二章描繪過的，在下一章我將回到那些例子。

到現在，我正預示了本書的一些核心論點，而它們將需要更多的澄清與討論，有些會在這一章進行，有些則在後面的各章中。但是走向它們的路需要準備，首先要有一個額外的預示（anticipation），然後，在後面兩節裡，我要挑出一對題材，它們在本章前面已經介紹進來但卻又不斷地延後。對於這個預示，當問說為何人們在不同文化中成長的人有不同的特色詞彙，可能的理由是他們的文化在這裡那裡把物體糾集成不同的類，所以他們所習得並用來挑出類成員的特色也自然不同。但原則上並不需要如此。一個文化

18 當然，我是在一寬廣且或許是很個人式的意義下使用像**文化**與**文化的**這些語詞，而我想不到有任何辦法可以避免如此做。至少在複雜社會裡，文化存在於不同的層次裡，而且社會成員都參與在大文化、以及一些次文化中。不是所有的次文化都是學科，但所有的學科都是次文化。

的成員能夠，我建議說，豐富他們的特色詞彙——以一個不同文化所部署的特色來豐富，且不傷害到他們自己的，這種豐富化就提供了去研究其他文化的主要理由。[a]但是習得這樣一個擴大的詞彙， 246
而沒有在與另一個文化互動時對方所提供的教導，是極不可能的。這特別是如此，因為一個文化的類集合，不像支持它的特色詞彙，不能擴張來替其他文化的類騰出空間。這樣的一個膨脹會違背無重疊原則，摧毀一個或另一個類集合的完整性。那就是這個錯置，我先前曾用**不可共量性**（incommensurability）這語詞來稱它。

這些論點我將不斷地回溯，並將它們在過程中關聯到第二章的例子，且偶而也關聯到其他的例子。這一組的預示，現在已經結束。但在繼續往前之前，讓我嘗試來排除一種理解不可共量性的方式，它曾嚴重地阻礙了理解。特色詞彙與類集合這兩者都是文化資源，我現在宣稱，它從一個文化或次文化到另一個，都會有所不同。但是在任何一對文化之間，許多類以及許多特色詞彙的元素，必須要共享。如果它們不是如此，那將沒有辦法在二文化的鴻溝之間去搭橋，也沒有辦法讓一個文化的成員去學習另一文化的類集合與詞彙。那情況竟然會發生，不是不可想像的，例如一個部落竟然被發現說他們的語言與行為兩者都持續難以捉摸，即使在不斷的努力下。但是在環境之間所共享的基因傳承與重疊使得它不太可能發生，而且不清楚說把這樣的一個部落說成是人類，是否會牽涉到語詞的矛盾。不可共量性，如同它在實作中所經驗到的，永遠都是一個局部的現象，侷限到一個或更多相關聯的觀念與稱呼它們的語詞。而其他的觀念與語詞則是共享，而且能夠用來造橋以便允許這學習過程。

IV

為了把這些預示搬到更可觸及的地方，我們重新看在圖2曾引介過的那階層體。如同所介紹的，它的功能是去幫助追溯相關的差異來作再認定——靠著一個給定的類的個別物體的性質。這種再認
247 定的可能性是用來讓這些個體被給予作為物體的資格，那種可以擁有、可以算、交換、偷搶、追溯等等的東西。而那種資格，同時也使它們符合人類社會各種不同實作的基礎性角色。是這些實作，與可分享的觀察之要求一起，約制了類的階層結構，而社會成員就透過此結構來與他們共享的世界以及彼此互動。

所以一個類集合的約制（constrains）是實用的，而在本書的剩下部分我將更加建議說，當在評價這一個集合時，唯一相關的問題就是它是否能成功地滿足使用者的需求，包括他們有共享的觀察之需求。但是，需求會改變，不只從文化到文化，而且也從一個到另一個身處所有複雜社會中的不同次文化。雖然有很多的重疊，一個農業社會類集合的約制，會與一個狩獵與採集社會類集合的約制不同。同樣地，在一個物理學家類集合之上的約制，會與在一個化學家、一個工程師上的都彼此不同。雖然所有這些文化與次文化大概都演化自單一個根，但那個演化已經被它們實作上的連續分化與專門化所定性。

這些關於階層體的評論，可應用到所有類的物體，無論人工或

自然的。但是與前者相關的特色與階層體會與那些自然類的非常不同，而我將繼續侷限注意力在後者，且暫時將重點放在活物的類。由於下面我將考慮的那些理由，活物類的一個完整的類集合，會透過在那區分活物與非活物的節點之下的所有層次上的差異性來運作。然後每一動物會比任何非動物更接近一些其他動物，如此等等。不會比最底層的類更多——鴨子、鵝與天鵝那一層——更高層也能安全地訴諸必要的特徵。在澳洲的黑天鵝描繪出了最底層的類會有的困難：有鴨喙的獸（platypus）——一個卵生的生物會哺乳牠的幼兒——也描繪出一個高層類的困難，哺乳類。

但是，對日常生活的目的，特別在地理上是侷限的社群而言，
要達到這個理想，或甚至要所有成員都能挑出高層類中同樣的生物 248
集合，倒並不需要。如果鴨子、鵝、與天鵝是他們實作中的項目（例如吃、或填充小枕頭之類），那麼他們必須能夠把這些生物放在相同的範疇裡，而且在一些案例裡，來再認定牠們（那是我的鴨子，不是你的）。如果在此層次不可化解的異議竟然很平常，那麼社群的一個核心的實作就會有危險了。但是在更高層的範疇裡，這種異議的可能性很少會有關係。主要的（例外）是在人類生命線兩端的，在活的與死的之間的範疇區分，而且那個例外清楚地顯示從影響社會實作的異議而來的社群危機。更典型的是前面提到**動物**這範疇。魚是動物嗎？鳥是嗎？那麼昆蟲或蠕蟲也是嗎？我的《藍登書屋未節縮字典》給所有這些問題授與一個既是也不是的答案，還給了另一個可能：一個標準的英文使用者侷限動物這個字到哺乳類。這些用法的每一個都對應著一個不同繪製這個階層樹的方式。

其中一個，例如，鳥、魚、動物、還有昆蟲都來自一個單一節點。但是所有這些樹都提供了路徑通到供日常生活所需的低層的類。個人通常使用多於一種階層樹（hierarchical tree），依脈絡而定。而且無論他們使用哪一個，它在會有重要影響的個案中都會導引他們到同樣的認定。對我們地理上侷限的社群成員而言，很難去堅持說，不同階層樹之間差異的異議是關於事實對錯的，一個對另一個錯。反而是，一個階層樹當用於一個目的時，也許更有效率，另一個則為另一目的，但是所有在日常生活實作中都會導致相同的結論。

但是，生活會改變，日常生活也跟著改變。上面的討論是關於一個小而在地理上孤立的社會，一個沒有特殊化實作的社會，除了或許有些關於性別方面的。現在想像一個跨越時間的情況——足以有很多世代改變的時間——旅行者探索更遠的地方，發現其他的人類社會，而且帶著之前沒遇見過的植物與動物樣本回來，牠們有些
249 對其中幾個社會的實作很重要。在這點上對原來的社會而言問題就來了，而在更多的探索中問題也逐漸累積。其中一些由探險者帶回來的獵獲物，只是單純地很稀奇：犰狳（armadillo），或許還有，火雞、或煙草，這些很清楚都是一個先前未知類的成員。但是其他的——特別是但不侷限於鄰近的區域——則頗類似一個在地熟悉類的成員，且用一標準的差異性都可糾集在一起。但它們與從收集區域來的其他樣本甚至更聚集、接近。那麼這些幾乎是熟悉的個體也是一個之前未知類的成員，或者它們只是在地類的未知的變種（varieties），且或可在家透過選擇育種、或改變環境以來生產它

們？問題是它們是兩類，還是只是一類？[19]

若無法回答那個問題，就會威脅到一個先前建構起的社會的可行性。這牽涉到兩種威脅，第一是短期的，第二是長期的，我會循序檢查如下。想像一個社會分裂為兩部分：一部分成員認為那些新樣本是一些熟悉類的變種，另部分的人則認為它們屬於一未知的類，需要在分類樹上一個新的名稱與位置。那些認為它們是一單一類的兩個變種的，就不可避免地以如下的方式來豐富化它們的差異空間：緊密拉近新樣本與先前那一類的熟悉成員，同時增加它們與其他類成員的距離。而那些認為是不同的兩類的人，就會以更加分開它們各自的糾集群來豐富化那空間。雖然我們不能，除非以一高度人工化的方式，把任何東西都糾集在一起，但當我們有理由去問說「兩類或一類？」時，上面剛描述的那兩個選項，大概永遠都存在。如果一開始就不曾存在一個強相似性，那個問題就不會被問出來。

我假設的這個分裂，可以描述成一個關於新樣本的不同信念，且在某種意義下，它的確如此。但它不是一個孤立的信念，不是一個該社會的成員可以自由表達異議的信念。對於社會的類集合的整
體性的信念，大致而言是那個社會的構成性部分，而從中浮現的差 250
異，如果繼續下去，會強制那個社會進行部分的再構作（reconstitution）。時間一長，它所造成的結果，要麼就是出現兩個分離社

19 這個對分類樹一些問題的討論，我相當受惠於三十多年或更久之前與我先前同事 A.Hunter Dupres 的討論，更受惠於他精彩的書 *Asa Gray, 1810–1888*(Cambridge, MA: Harvard University Press, 1959).

會，要麼更可能的是，過渡到一個更複雜的社會，它會正當化與制度化這兩個群體的分離。因為這兩群體的差別並非只是基於事實，它們的成員會繼續不同意關於歸屬於某類的爭議。結果，一個販賣或交換的契約，滿足了一個群體的成員，卻可能違背了另一群體的同意，而且沒有基於事實的基礎來促成二者的協商。或者，一群體的成員會被另一群體成員控訴說違背了飲食法律，諸如此類等等。但是在所有實作中被分裂所傳染的，最核心的就是溝通，這點我將不斷地回來討論。兩派都會用那一類的傳統名稱，而且都會把它應用到該類的傳統成員。但一派會將之用到新的樣本，而另一派則拒絕它的可應用性。如此一個包括那兩派群體但卻無分化的社會，將會受到損害。一個陳述句，一派會視之為真，另一派則宣稱其為假。而且同樣地，不會有關於事實的法庭告訴。我正在提示的這個問題，一直到目前，不是起因於事實問題，而更是來自使用的問題，是由品味或也許來自個人的癖好；就這樣首先決定了一派的成員身分。

那些還是短期的威脅。如果只單單考慮一個派別，威脅就不會於其中存在，而如果一個或另一個用法在整體社會中被強制執行，那威脅就會在社會中消失。無論是哪一用法會被選上，只要有一致的使用，就不會有任何**當下的**差別。但是，強制本身卻是一個問題。很少社會有如此的權威在這種使用議題上來授權強制同意，而且無論如何，也不清楚如何能夠有效率地讓強制能夠達成。但是，有另外一方式可以更好地來管理這問題，這種方式是對於我之前稱之為新樣本所導致的長期威脅的一個反應。被一個未分化社會的成員所使用的傳統的類集合，我曾提示，是一個對那社會的世界的長期經驗產物，那個世界在傳遞那社會的類集合也扮演一個根本性的角色，從一個世代傳到下一個。在那個在地世界中，並沒有給新樣 251
本現成的空間：它們是未預期的、奇怪的。如果它們要被吸收到傳統的類集合中，由於前面討論過的短期理由，它們必須被調整來適應。一個進一步的考慮增加這種調整的迫切性：社會成員將冒著風險，直到完成調整。在面對這些新樣本時，他們會要求回答這類問題像：這個新取得的植物是否有毒？這個新發現的野獸是否是食肉的？等等。簡言之，他們需要有個基礎來知道，對這新樣本或其他在未來可能發現的，可以期待什麼？他們需要，那就是說，對把未見過的活物整合進未來的社會實作中，有一個基礎來思考如何達成有智慧的決定。這些長期的問題，不像那些短期的相關問題，在社會的長期發展下，可能造成非常大的差異。

在這裡的確牽涉了事實問題，但主要是未來的事實，而非那些對任一派別成員的當下問題。這裡所需要的是一個什麼自然類可以存在的理論，一個允許對未來作有智慧的預期的東西。那個需求，一個有效的分類樹可以滿足。

這樣的一個分類樹，會要求來提供的，不是預測，而是有智慧的期待，不是定律般（nomic）的處方，而是一般推廣式（normic）的期待。但是，至少對自然類而言，期待是來自分類樹所提供的，且這些期待的大部分，都內在於且傳承自更高層的類。對日常的目的而言，一個改良後的階層結構所能產生的期待是無關緊要的。對日常生活的目的，如我已經提示過，是否鳥或魚是獸／

動物，並無差別。所有這三類，例如說，都可以來自一個單一的更高的節點。但如果是如此，那麼它們三個的唯一共同期待會是傳承自更高節點，像是一個區分動物與想像動物的節點。[ix]相反地，如果魚與鳥都是更高一類**動物**的成員，它們都會共享傳承自更高層一類的期待。所以，如果動物被視作哺乳類，魚和鳥就不能是哺乳類的子集合，因為魚會被期待是溫血，而鳥會被期待是胎生的。注意在發現鴨嘴獸之前，沒有哺乳類被期待會生蛋：在生蛋的動物與那些會生產出活生生的後代的動物二者的區分，曾經在階層結構中被放在哺乳類的上方。

252 階層的結構所決定的期待，不只關於早已熟悉的動物，也包括那些可能在未來出現的，而要做出關於後者的智慧決定的需求，它對階層結構的約制，要遠強過對日常生活的需求。如果這些擴充的需求要能滿足的，那麼一個階層結構就必須包含一些起碼的任意元素，而且應該也能夠回應已知的類的所有訊息。理想上，高層的那些類應該，就如那些在第一層的，是自然而非人工的。它們的成員也應該被一個差異性的空間所決定，那空間裡面的所有動物，例如說，都與其他動物更相像，要超過與一個非動物類的任何成員。在這個空間裡，因為發現了黑天鵝或鴨嘴獸所造成的問題，就可能容易解決，或起碼能夠成為有智慧的討論主題。但是要找到這種差異性，就要求對那大量已知的多樣生物作仔細的研究（且有時要作實驗）。對內在器官的結構與功能的類似及差異性，大概就很重要：

ix 譯註：將 nonliving creature 翻成想像動物，unicorn 這種想像動物，也算是 creature。

哪些動物有心臟及多少心房？另外相關的問題也許是關於生殖與發展的過程：那些動物或植物能夠或不能夠以交配來生產可發展的後代？那些後代是如何生出、如何養育？而那些問題只是開始而已。

因為對目前所關心的議題不相關，社會的普通人不能期待或要求來作這必要的研究。但是，為了未來，這些普通人也需要某人來做那些事。在這裡，一群專家（specialists）就發展出來對這種工作來負責。所有大社會的成員都必須知道（或能夠很快就找到）是哪些人屬於這個群體，因為是他們會收到社會成員在面對奇怪樣本時所提出的問題。而且是社會所認識到的對這種問題有智慧答案的需求，賦予這個專家團體以權威。[x]當有需要時，知道有專家可以幫忙，大社會的成員就能夠如他們過去一樣的生活那樣，繼續下去。

V

對類還有對階層（hierarchy）更多的理解，可以從另一種自然
類的簡短考慮來得到，它特別與科學發展相關。這些是物質的類， 253
由它們所作成的就是物體（不只是自然類的物體）。物質與動物共享了三個重要的特性：在它們的認定上，差異性的角色；在安置恰當的差異性集合時，階層的角色；以及社群成員通常必須同意的觀察及其角色。這些我將大部分作為預設，繼而集中在這兩種自然類

x 譯註：社會對於專家的需求與權威，在孔恩於一九九六年過世之後，起碼STS學界已經有許多批評性的研究。如Harry Collins 等人所提出的科技研究的第三波(2002)及其後續，可以與孔恩當年的觀點作比較參考。

的不同及其後果，它們的不同還有彼此的平行，都值得注意。我這裡會考慮四個面向，彼此都相關聯。

第一，物質不是物體：它們不在時空中追溯生命線。它們的名字是物質名詞（mass nouns），非可數的名詞。那些名字不接受不定冠詞（「一隻鴨子」，但沒有「一個金」），而且沒有複數（「鴨子們」，但沒有「金子們」）。其他值得注意的不同從這裡延伸：「一些金」（some gold）但不是「一些鴨」（some duck）證明是個特別重要的例子。[20]這是個根本的區分，而且小孩在相對早期的語言發展中就可以掌握。[21]

第二個區分與第一個緊密關聯。在活物階層的底層，是要被分布在各類中的個體動物。一些社群成員可以比其他人分辨更多的類（例如鵝vs.不同類的鵝），但對所有的人來說底層皆為實際的動物，是專有名詞的潛在承受者，而且牠們在階層中不能再次作區分。如果這底層的成員竟要再區分，那就必須要進入其部位：腿、翅膀、喙、心、肝等等。動物的部分，當然它們自己也有權利為物體，而且它們也追溯生命線，但它們不是活物，而且一旦從它們的原初擁有者強行分離——若沒有分離它們就不會是物體——那麼它們會更合適被描述成人工而非自然類。無論如何，其他動物都有相

20 事實上，存在著這樣一些情境，語詞 *some duck* 是文法上可接受的。第一個情境是，*some* 等於 *a*（「某隻鴨子曾進入我的菜園」）。第二個情境是，鴨子被用成是物質名詞，如在「鴨肉」或「獵鴨」。兩者都很容易與下面的案例區分：**一些**指的是一個整體中的未確定的部分。

21 Nancy Soja, Susan Carey, and Elizabeth Spelke, "Ontological Categories Guide Young Children's Inductions of Word Meanings," *Cognition* 38, no. 2 (1991): 179–211.

同類的部分——腿、肝、心等——而且這些類也可以被階層式地安 254
排。但是它們所在的階層與給動物的階層，在區分活物與非活物的節點上，彼此區分開來。而另方面，物質的階層，其底層不是屬於類的個體，而是它們本身就是類——鐵、水、木等等。這些也有部分，但不同於動物的部分，它們不是直接可觀察的，直到人類干預把它們從物質的部分分離開（化學或物理的分離）。在它們分離的狀態中，它們也最好描述成人工而非自然，而且對分離的需求以及困難，會再度召喚一個或更多的專家的特殊社群。

那個不同是第三個區分的來源。其實最後根本沒有不同，但（在過程中顯示的確如此時）卻會揭露出類的一個之前並沒有點出的、本質性的特性。動物與其他物體都在時間裡改變。但物質的類沒有。人們曾相信一些日常的物質是從其他轉化來的，例如鉛，曾是金屬中最原始的，它在地球中變得成熟，經過如此一連串的發展階段，到鐵、銅，以及金。但是那並不影響經過時間的物質的**類**的恆定性：正在轉化的物質並非金，直到它能夠——不論透過什麼方法——被認定成金：它反而會是鉛、或鐵、或銅、或其他的金屬。還有，那個恆定性並不意味著一個相應的成功認定方式的恆定性。從有歷史以來，當人們對於金學習到更多，而且發展出更細緻的認定技術，他們能夠顯示說，那些曾被認為是金造的物體，其實裡面只有很少金的成分。但是，雖然測試與相對應的關於金的信念可以隨時間改變，那名字叫金的類自己不能改變，就如那叫**三角形**的圖形類不能改變一樣。在金屬的類集合中金的位置必須保持不變。不管是用什麼差異性集合來分辨金屬，它們必須在所有時間裡保留在

金屬之間的空間。如果不是如此，那麼一個曾是金做的物體雖然可以繼續說是金做的，但卻逐漸變成一個鐵做的物體。名為金的那一
255 類，就會與名為鐵的那一類的成員身分重疊。人們會無法在重疊區中來分辨金屬。就如在建立生命開始與結束的點所遇到的困難，保持金屬類的完整一致性所遇到的問題，一樣要求著解答。

這無重疊原則，適用到各類的動物，所以也適用到各類的物質。反之，剛才給予物質類之不可改變性（unchangeability）的論證，也同樣地適用於動物的各類。的確，如果類成員的認定是透過差異性而非特徵而達成，那無重疊原則與類的不可改變性二者為等同。如果重疊仍然發生，那就只顯示重疊的那些類根本都不是類，或至少不是一個自然類。一個對人工類的類似原則將會在第六章出現，但需要先為之打下基礎。

在物質與動物之間的最後差異，是它們所身處的階層結構。物質自然類的階層相對簡單：物質，例如說，是區分為固體、液體、還有各種「空氣」或氣體；它們的每一種可以再細分（液體，例如分成油、酸、鹼）。但是，只要這些區分是完全基於可觀察的性質而沒有人類的干預，那麼這階層的層次不多，而每層也只有幾個範疇。但是即使為了日常生活的目的，動物的階層，比起物質的，都遠為豐富而複雜。雖然當專家召喚進來時，階層結構就變得極端複雜，但這情形仍然只完全集中在動物的自然類上。這是為什麼植物學、動物學、還有其他的分類科學被稱之為**自然**歷史。當然，也有在物質領域中被承認的專家——化學家、物理學家以及工程師——但他們的工作是從物質的基本層往下走，所以是物質的「部分」；

他們工作所揭露的類不再是自然的，而是人工的；而且，就像動物的部分，它們屬於另一個階層。這些人工階層就延後到下一章去討論。

對於物質階層我最後的一個評論，不是關於它與動物階層的不同，而是它的獨立於後者，也獨立於任何物體的階層。動物階層上升到一個終點標籤為**物體**；而對物質而言相對應的節點是**物質**。而
在此二者之間沒有聯繫。因為如此，雖然無重疊原則適用於每個階 256
層的內部，但它不適用於它們二者之間。例如，木料東西的集合，與包括家具的集合重疊，等等，這個複雜性已經在本章的開頭暗示過了。還有其他獨立的階層，而類似的重疊也會發生在那裡。包括著狗的類能夠與雄性的集合以及寵物的集合重疊，且後二者也能彼此重疊。無重疊這個條件，只能適用於個別的階層。

VI

我以回到第一章開頭所宣布的一個論點來作為本章的結論。對科學的認知權威的理解，我在那裡提示說，會要求不可共量性（incommensurability）這個觀念的復甦，雖然這觀念常被看成是對那個權威的一個威脅。在許多許多中介的準備後，那復甦終於可以開始了。

無論是個體的再認定或是它們所屬類的認定，我已經論證說，是在一個差異特色的空間裡面會最有效地達成。對再認定而言，所要求的空間必須是糾集一單一個體先前的諸呈現（presentations），

與其他個體的先前諸呈現，彼此之間有個距離。對類的成員身分的認定，所要求的空間必須糾集一單一類的成員與其他類的成員，彼此之間也有個距離。認定與再認定的諸候選者，那麼就可以預設成屬於與他們所在最接近的糾集裡。這個技術是有效的，當然，只有在這個世界持續表現得如同過去經驗一樣，導致社群成員也如此期待。如果不存在那些候選者所清楚屬於的糾集，就要靠特殊的技術，但在一個差異空間裡的認定與再認定通常都沒有問題。甚至，即使社群成員可能使用頗為不同的向度（dimensions）。（原則上向度可能完全分離，雖然在實作上不會如此極端。）當然，它們可能根本不會使用任何向度：令人滿意的差異集合必須都導致相同的糾集，但是很多集合都可以做到。只要高階的類是自然類，它們的可允許的諸差異集合都會以相同的方式受約制。

257 現在想像兩個文化（或者單一文化發展中兩個距離頗遠的階段）的成員使用類集合，其中把相同的一些物體，這裡或那裡，收納進不同的糾集裡。它們兩個，以這個有點人工的描繪為例，都把魚與動物分開。[b]但是其中一個文化把鯨魚和海豚，與鱈魚和鱸魚擺在一起（因為它們屬水生，它們的形狀適合在水中行動，等等），另一個文化則把它們與水獺和河狸擺在一起（因為它們的溫血、生殖方式，等等）。明顯地這兩個文化的成員對魚與動物二者都有不同的觀念；他們使用的差異特色空間來分離二者的結構也不同；而且他們用來指涉那兩類的語詞，對每個文化的成員也有不同的意義。

在這種情況下，如果把一個文化裡指涉魚和動物的觀念或詞彙，介紹進另一個文化的觀念詞彙，那就會製造混亂。這兩個文化使用了不可共量的類集合；若為了豐富化一個文化的詞彙，而把另一文化的語詞**魚**或**動物**介紹進這個文化來，那就會違背了無重疊原則。如果對（魚與）動物的傳統語詞在兩個文化中是指fish1與fish2，兩者都會命名包括鯨魚的那些類：[xi]把它們包括進一個單一的詞彙會違背類的無重疊原則。那些先前被兩個文化的成員使用來指魚與動物的語詞，在新豐富化的語言中，失去它們的意義。[22]然而，在缺乏這種豐富的情形下，任何關於魚的陳述句在一個文化中就無法翻譯進入另一個文化裡。

那個例子很清楚地是杜撰的，所以我要舉另外一個例子。通常大家會說（我的幾個前世中我自己也如此說）古希臘人相信行星繞著地球走，而我們現在相信行星繞著太陽走。但是，那不太能是對的，因為那個比較古希臘與我們的信念的陳述句是不一致的。古希
臘人的行星觀念（還有他們使用去討論它們的詞彙）與我們非常不 258
一樣。對我們而言，行星和恆星是物理物體，它們追溯著通過空間與時間的軌跡。對古希臘人而言它們與其說是物體本身，不如說是物理物體的特色或面貌。就是說，它們沒有它們自己的運動，而是

xi 譯註：這個條件的意義，很難懂。其實孔恩在這裡說的不可共量性，一般來說，不難懂，但這個例子的細節，卻有問題，所以我加了「魚與」在前面，或許容易讀一點。

22 我這個語詞借用自 James Boyd White's *When Words Lose Their Meanings: Constitutions and Reconstitutions of Language, Character, and Community* (Chicago: University of Chicago Press, 1984)。此書從一個非常不同的源頭捕捉到許多我所關心的問題。同樣還可見他的*Justice as Translation: An Essay in Cultural and Legal Criticism* (Chicago: University of Chicago Press, 1990), 特別是前三章。

被其他物體帶著走，就如我們的湖川、山嶺，還有其他的地貌被地球帶著走。恆星是天球的面貌，而天球繞著地球每天往西轉。它們再被分成兩種：固定的恆星（*aplanon astron*），它們一起移動，永遠保持它們在天球上的相對位置；而漫遊的星星（*planon astron*），它們逐漸落後於向[西]行的恆星，所以是往[東]走而通過它們。[xii]有七個這種漫遊的星星：月亮、水星、金星、太陽、火星、土星、以及木星。不像那些恆星，它們不閃爍，這是另外一個來幫助我們區分它們的特徵；我們可以使用這個特徵，而沒有任何延遲，否則延遲有時還很長，常需要來決定是否一顆星自從先前觀察之後改變了它的相對位置。

是這些漫遊的星星，讓古代天文學家相信它們是繞著地球走。[23]那個糾集與我們的不同，而且它在一個不同尺度的差異空間中形成。它所以包括了太陽，對我們而言是一顆恆星，以及月亮，對我們而言不是行星而是衛星。還有它排除了地球，它對我們而言是顆行星。把古希臘的觀念及其名字介紹進我們的詞彙中會違背無重疊原則。我們可以在這兩種用法中做選擇，但是沒有可行的類集合可以同時支持它們兩者。當前面我建議說用那標準的方式來比較

---

xii 譯註：這一句話，原文(p.258, ln11-ln12)說恆星往東走，而行星落後，所以行星看起來是往西走。但原文應該是錯字，方向剛好相反。恆星被天球帶著往西走，而行星落後，所以看起來是往東走，除非碰到逆行時。

23 對於太陽與月亮，古希臘的用法有點不確定。當討論到它們的運動、數量、與地球的距離時，它們永遠被說成是行星，而且與其他漫遊的星星歸在一起。但它們與其他漫遊者明顯的不同卻無法讓人忘懷，而在文本中經常包含著這種語詞如「太陽、月亮、以及諸行星」。關於這一點的討論，我受惠於Noel Swerdlow。

古希臘與現代關於行星的信念是不一致時，那就是我心中所想的。
當我們報告說古希臘人相信行星繞著太陽走，我們即是在賦予他們
一個像我們的**行星**的觀念，這個觀念排除了太陽，讓它與恆星糾集
在一起，而且把月亮與衛星糾集在一起，但後面這些物體在古希臘 259
的宇宙裡沒有空間。古希臘關於行星與恆星的陳述句不能翻譯進我
們的語言。

話說回來，有另外一個方式來捕捉他們心中所有的。我們能夠表現地像個人類學家，習得他們的觀念詞彙，成為他們文化的一個間接的（與非常部分的）成員，以及使用我們的語言，不是去翻譯，而是去教導他們的語言給其他人。這就是我在剛給的兩個不可共量的例子中一直在做的事。但可惜的是，在這類的例子中，學習語言是如此地簡單，以致於它的角色大概會被忽略。在兩個案例中，那就是說，兩個類集合中不可共量的部分大都是可觀察的物體。人們只需指向那些物體或叫出其名——那些兩類重疊的物體，並解釋它們如何被另一個文化所糾集。但是，那並非如此簡單，如果那些類成員或用來糾集它們的特色無法直接觀察到，如同第二章的例子。因為所有它們都牽涉到人工而非自然類，它們的討論就必須延到下一章。同時，讓我使用自然類的案例，來提示不可共量性在面對標準觀點的科學知識時所帶來的困難。如果人們無法在同一個語言中陳述兩個競爭中的信念（或信念集合），那麼就無法直接以觀察的證據來比較它們。但那不表示說沒有好的理由來解釋為什麼，隨時間推移，只有一個存活下來。也不表示說那些理由在最根本的意義上並非建立在觀察上。而應該是說在二者之間，基於觀察

證據而做**選擇**的標準觀念並不太對。比較要求的是同時接觸到被比較的東西，而這裡卻被無重疊原則所擋住。如何渡過這個阻礙，會是第七章的主題。但我們首先需要碰觸人工類。

一九九五年九月二十四日

第六章　實作、理論、與人工類

日常的人工類（artefactual kinds）的成員，首先，是被活的動 260
物所製作的，且主要是人類。我想到的是桌椅、刀叉、螺絲起子與開罐器、房子與車站。它們許多是工具，而其他大部分也可以如此來想像。就像上一章所討論的自然出現的物體，它們直接可觀察，而且它們在時空中造成軌跡。但在其他方面這兩者是根本地不同，而對它們的差異作一個簡短的檢查，就會標定出它與這類科學觀念如力與重量、電荷或絕緣體、基因或細胞等，所共享的那些核心特徵。就如出現在科學中的樹狀類（taxonomic kinds）來自日常生活中的自然類，與來自討論它們的需求，所以這出現在科學理論的抽象類（abstract kinds）也很合理地來自日常人工類以及來自對它們的討論。

I

除了顯著的例外如藝術或建築的成品，很少人造物（artefacts）能夠由它們可觀察的性質來再認定，除非是故意或意外地被標籤：例如透過系列號碼，或被刮到或失掉了一片。它們可以如此標籤就保證了它們物體的身分，但在正常使用中很少需要這種標

籤。相反地，對大部分的人造物這是一個重要的特徵：它們廣泛地
261 可以互換。為了等下就會解釋的理由是，一個給定的人工類的許多成員，通常必須馬上就可以彼此替換而不會讓使用者無器可用。與這些差別平行的是這兩種物體區分成類的方式差別。在兩個案例裡，一個類的成員必須靠它們可觀察的性質而成為可認定的；如果不是如此，則將不可能挑出一個人所要的那類的人造物。但是那些性質不是那糾集它們成類的原因，它們是以它們的功能來集成一類的。（所有的開罐器都可打開罐頭，但它們並非都展示相同的性質給一個人——如果他不清楚它們所服務的功能的話。）不像自然類的成員，在同一空間糾集其他類的成員的過程中，人工類的可觀察性質只產生最寬鬆的那種糾集（有時還是幾個寬鬆的糾集）而且差異性根本不重要。人造物的本質因此是雙重的：作為物理物體它們顯示可觀察的性質，但是它們的功能，它們在一個實作中的位置，才把它們集合成一類。[1]一個類的任何成員都可表現出那功能，而實作則是靠著容易上手的一個或另一個成員來達成。

一個例子可以澄清這個區分。人們有時會很難區分一只杯子與一個碗。杯子通常有把手，但碗通常沒有；大部分的碗比大部分的

1 對「雙重性」，見 William H. Sewell Jr., “A Theory of Structure: Duality, Agency, and Transformation,” *American Journal of Sociology*, 98, no. 1 (1992): 1–29. 雖然此文提出的想法在傳到我的過程中已經大為改變，但這篇精彩的論文對我如何設計此章的結構，特別是這一節，提供了非常需要的導引。那情況可能更為可信，如果我承認說，一直到我完全進入第五章的書寫前，我都把分隔自然類與人工類的區別，看成是我稱為**樹狀類**（例如鴨子、鵝與天鵝）與**單子類**（例如質量、力、與重量）之間的區別。

杯子大。但這兩個特徵，雖然在我們的文化[i]有用，但並不都充分，而且對於有的文化它們根本沒有用。不像鴨子、鵝、與天鵝的案例，從杯子到碗，有個**物理的**連續性存在：在它們之間並沒有空間出現。但在它們的功能中，卻有個區別：在我們的文化裡，杯子是用作飲的，碗是用作吃的，而且在一個完整的室內餐具中會包含著兩者。說某些盛器可以達成某一或兩種都有的功能並不重要，雖然在一個家居中，有效率的使用會依靠家居成員知道某種盛器通常 262
是作什麼用的。[2]吃就是吃、飲就是飲，不管使用盛器的物理形式可能有的模糊性。

就像上一章考慮的自然類成員，大部分的人造物是可觀察的物理物體，而在一文化中關於那些性質的異議，會讓此文化本身遭致風險。但是那些糾集人造物成為類的功能，單獨來說卻不是可觀察的。必須要觀察到的是某個給定人造物所運作的實作整體。[3]這種觀察是一個學習過程的部分，兒童很早就開始了（在我們文化裡，如廁訓練與餐桌禮儀提供了例子），而這個過程持續進入成年，按照專業與學門而有不斷增加的專門化（例如法律、醫學、或化工）。在整個學習過程裡，成年實作者的參與都是必須的，而語言

---

i　譯註：孔恩這裡當然是指美國文化。

2　當廚子叫助手拿杯子（或碗）來時，助手需要知道在餐具中哪個盛器有哪個功能。如果不知道，就會前後多跑幾趟來滿足廚子的要求。那就是說，關於家事的這些活動本身可能就是相關的次文化。我說的這一論點（雖然不是如此來表達）是來自 Jehane Kuhn.

3　在學習與了解到功能之後，通常就可能從它的物理特徵來認定一人造物的功能為何。但這種認定都有風險而且有時是不可能的。想想一個豆袋坐墊（beanbag chair）或一個床墊（futon）。

通常（或許一直）是成年人所扮演角色的核心部分：「杯子是為了喝的，碗是為了吃的」或「不要用刀子來吃，用你的叉子或湯匙。」[4] 還有，如同那些例子所提示的，學習一個實作要求學習幾個不同的功能，並與好幾類的人造物一起來服務它們。上一章裡我建議說我們不能學到**鴨子**但卻沒有同時學到**鵝與天鵝**。而現在我則建議說人們不能學到杯子卻沒學到碗，或學到叉子卻沒學到湯匙。[a] 人造物與它們的功能如此就是一個實作的節點，而諸節點的分化，則是靠著把它們的功能關聯（通常透過語言）到其他節點的那些其他功能。對人工類而言，不像自然類，無法有關於空無的感知空間或自然的關節（nature's joints）的那些言談。

263 雖然描繪得粗糙而不完整，但這個物理人造物以及它們日常實作的觀點，對目前的目的而言是足夠了。許多剛才檢查過的特色，很快就會再出現為科學理論的特色，它們自己也是科學的各類專門實作的核心。如果上述的論點多少是對的，它們會提示說，那些實作之所以專門，大部分也是從日常早已在位的實作的精煉而來的。如果是否定的，那些評論仍然應該可以澄清在科學中關於人工類角色的討論。我下面要討論的，並不依靠前面的部分。

4 我不確定是否動物（非語言的動物）會進行實作，因為實作有目的，而實作者必須能夠保持實作目的，同時也要應對新環境來調整實作。依照那個判準，我懷疑是否蜜蜂跳舞是一個實作，或者在一個螞蟻群體內的分工是否也提示了實作。但證據一點都不明確，特別是對高等動物。

II

自然類最值得注意的，如上一章所顯示，是它們是直接且立即可觀察的，所以是給定的。它們的性質裡面有哪些是實際上被觀察到，則從文化到文化而有不同，但任何人類文化的成員都能夠——如果有充分的動機與訓練，學習去認識那些不同文化成員所從小就在使用的那些性質。可以作臉面認識的性質，提供了一個特別適合的例子。對自然類的思想發展時，不可觀察的東西就被提出來解釋它們觀察到的性質或它們成員的行為。想想**心靈**（*psyche*），那使得活的動物活躍起來的精神或靈魂，而在死亡時離開它們的身體。或者想想四個亞里斯多德的元素——地、氣、火、水，不像那些可觀察的且使用相同名字的物質，它們存在於所有的物質身體中，但比例有所不同。是從像這些的根源處，自然類的科學研究開始發展，特別是在生物學與化學中。

但是，也有一些科學它們的根源來自於研究的不是自然類，而是人工類。物理學是這些裡面最可注意的，而它起源於研究運動中的物質；物質還有運動的觀念兩者都是從對自然與人工類的研究中抽象而來。但是，抽象可以以不同的方式來作。把物理學描述成研究運動中的物質符合亞里斯多德的物理學，但也一樣符合伽利略與牛頓的物理學。但是亞里斯多德的**運動**不是伽利略或牛頓的，亞里斯多德的**物質**也不是。被亞里斯多德抽象成運動（kinesis）的，包 264
括了普遍的性質的改變。而他抽象成物質（至少在他的《物理學》）就是一個地層，它在性質（qualities）的變化的底層中維持不變，但它也一直是一整個性質集合的支撐者，不管那些性質是什麼。對伽利略與牛頓，另一方面，運動單指位置變化，而物質則沒有所有的性質，除了大小、形狀、位置，或也許還有重量，這些所謂的首要的性質（primary qualities）。這些抽象的方式，沒有一個可恰當地稱之為對或錯，真或假。它們的不同在於它們在兩個頗不同的歷史情境中，作為實作工具的效率性。它們是工具，而且它們是透過人的活動才存在，這些事實都使得把它們與人造物糾集在一起是恰當的。從這點來看，人造物是物理的，也能夠是知性的。

這兩種抽象的方式對應著不同的方式來分解開我在第四章稱之為「康德式的元素難分難解地在新生兒的追溯反應中綁在一起」。任何人有著充分的詞彙去描述一個物體在過程中改變它的位置以及它部分的性質，就可以靠著語言被教導二種抽象中的一種或兩者全部。那就是我剛好已經做完的。但是研究運動中的物質還牽涉著其他的人工類——在牛頓的案例這些包括著質量、力、與重量，所有它們都有著不相同的亞里斯多德的版本。不像自然類的成員，這些人工類的成員無法直接觀察。它們也不能，不像**物質**與**運動**，一個個地從可觀察的自然類或人工類抽離出來。它們是，作為原型，科學哲學家曾命名為**理論語詞**（theoretical terms）的東西，而且與在**觀察詞彙**中的語詞作對照，那詞彙是用來描述自然類與人工類二者成員的。[5]

5　在傳統觀念的理論語詞與這裡發展的觀念二者之間的配合相當地接近，但在本書沒有相同的概念可全部對應傳統的觀察語詞（observation terms）概念。自然類的成員與人造的物體二者都必須可觀察，而任何給定的文化必須習以為常地對這些觀察沒有任何異議，

我們個人如何學習去使用這些語詞？通過個人與如下兩方面的 265
同時互動：與已知如何使用它們的人，還有與它們所應用的世界。這個學習過程因此是個傳遞的過程，從一個世代到下一個。它也是另一個學習過程：新的世代在使用這些語詞時，學習到這個部落的世界中包含了哪些類。

（譯按：孔恩的遺稿到此停住，也無日期。）

包括必須也有標準的裁判方式——如果在某情境下這種期待竟然失敗。但是不同文化的成員無法有類似的跨文化期待，雖然，透過充分的訓練與經驗，每種文化的人可以學習去作那些在另一文化中立即可作到的觀察。

編者註

編者〈導言〉

275 1. *The Structure of Scientific Revolutions* (Chicago: University of Chicago Press, 1962)，簡稱*Structure*（《結構》）；增訂版於1970年上市，引文頁碼均出自這一版。（譯按：中譯引文出自《科學革命的結構》第四版，遠流出版公司，2021年。）

2. 就科學哲學而言，這是顯而易見的，但是孔恩的研究也影響了語言哲學、知識論、科學的歷史與社會學、科學研究，以及其他更為遙遠的領域。例如**典範**與**不可共量性**在當代學術討論中無所不在；它們的多重意義都源自《結構》的啟發。

3. 這些論文大部分都收集在孔恩過世後出版的*The Road Since Structure: Philosophical Essays, 1970–1993, with an Autobiographical Interview*, ed. James Conant and John Haugeland (Chicago: University of Chicago Press, 2000).

4. 為讀者提供必要的資訊與脈絡，而不將我自己對孔恩的詮釋與評價強加於讀者，二者非常難以取得平衡。雖然在哲學中闡述與詮釋不可避免地難保分際、互相滲透，但倒也不是無法權衡輕重。

在有疑處，我總是謹飭編輯、詮釋之界。例如我決定只提供一些旨在釐清孔恩文意的尾註，我從未利用尾註作為評論孔恩的哲學觀點的舞台。（關於那些編輯決定，見我的編者註。）

5. 特別是 “Possible Worlds in History of Science,” “The Road since Structure,” and “The Trouble with the Historical Philosophy of Science,” reprinted as chapters 3–5 in *Road Since Structure.*

6. 見MIT圖書館孔恩檔案：Thomas S. Kuhn Papers, MC 240, box 23, Institute Archives and Special Collections, Massachusetts Institute of Technology, Cambridge, Massachusetts (henceforth IASC MIT). 不過， 276
本書印行的希爾曼紀念講座，為同一組想法提供了更為詳盡的說明。

7. MIT圖書館孔恩檔案：Thomas S. Kuhn Papers, MC 240, box 23, IASC MIT.

8. MIT圖書館孔恩檔案：Thomas S. Kuhn Papers, MC 240, box 22, IASC MIT.

9. 我從芝加哥大學出版社取得孔恩為《複數世界》所作的筆記，以及書的最後一個稿本；均獲得孔恩遺產管理人的同意。

10. 孔恩的筆記，有一些強調相關章節仍待解決的問題，否則不算完稿；有一些指出仍待發展與併入的想法。不過，有些筆記似乎與它們出現的章節並不相干。

11. 很遺憾，孔恩夫人於2021年1月過世（譯按，Jehane Robin Kuhn, September 25th, 1938 – January 26th, 2021）。孔恩的女兒Sarah Kuhn繼任遺產管理人。這一份會談謄本的標題是 “Interviews with

Tom Kuhn, June 1996." 訪問人是James Conant、John Haugeland，由 Joan Wellman謄寫，John Haugeland校對。

12. 他說，「這些訪問紀錄在任何情況下都不可收入〔可供後人查考的〕檔案。」見"Interviews with Tom Kuhn, June 1996," 142.
13. Brandeis University, May 30, 1984; University of Minnesota, October 21, 1985; Tokyo, May 2, 1986.
14. 孔恩為什麼認為這份講稿會在*Revue de Synthèse*發表，以及最後為什麼沒有在那裡發表，我都毫無線索。
15. 日譯本刊載於岩波書店的《思想》月刊，1986年8月號，pp.1-18；譯者佐々木力、羽片俊夫。感謝美國威廉斯學院教授加賀谷真子協助我取得這一日譯本。這裡印行的是英文原稿，從未發表過，現藏美國MIT圖書館：Thomas S. Kuhn Papers, MC 240, boxes 23–24, Institute Archives and Special Collections, Massachusetts Institute of Technology, Cambridge, Massachusetts.（譯者註：本篇另有中國社科院紀樹立教授翻譯的中譯本〈科學知識作為歷史產品〉，發表於《自然辯證法通訊》1988年第5期，pp.16-25。本書譯者於今年七月才發現這一譯文。）
16. 聖母講座的核心論點，修訂後以兩篇論文的形式發表："What Are Scientific Revolutions?" and "Commensurability, Comparability, and Communicability" (both reprinted in *Road Since Structure*, as chaps. 1 and 2, respectively), 並在塔爾海默講座與希爾曼講座一再重申。
17. "Scientific Development and Lexical Change," Thalheimer Lectures, Johns Hopkins University, November 12–19, 1984. (Thomas S. Kuhn

Papers, MC 240, box 23, IASC MIT.) 塔爾海默講座講詞有西班牙譯本：*Desarrollo científico y cambio de léxico: Conferencias Thalheimer*, ed. Pablo Melogno and Hernán Miguel, trans. Leandro Giri (Montevideo, Uru- guay: ANII/UdelaR/SADAF 2017). 這四場演講中的第一講，Pablo Melogno 曾以專文討論過，見 "The Discovery-Justification Distinction and the New Historiography of Science: On Thomas Kuhn's Thalheimer Lectures," *HOPOS: The Journal of the International Society for the History of Philosophy of Science* 9, no. 1 (Spring 2019): 152–78.

18. 孔恩在英國倫敦大學發表希爾曼講座時，聽眾踴躍，學校裡沒有一間講堂容得下所有聞風前來的人。孔恩將講詞影本分派給在走廊等著聽講的一些人。這些影本後來沒有得到孔恩同意便流傳開 277
來，見 "Interviews with Tom Kuhn, June 1996," 111.
19. Ian Hacking, "Working in a New World: The Taxonomic Solution," in *World Changes: Thomas Kuhn and the Nature of Science*, ed. Paul Horwich, 275– 310 (Cambridge, MA: MIT Press, 1993); Jed Z. Buchwald and George E. Smith, "Thomas S. Kuhn, 1922–1996," *Philosophy of Science* 64 no. 2 (1997): 361–76.
20. "Afterwords," in Horwich, *World Changes*, 311–41; reprinted as chap. 11 in *Road Since Structure*.
21. 孔恩為每一個系列演講起草講稿，都期望完成一本書的稿本，但是他覺得自己從來沒有成功過。他認為希爾曼講座講詞「其庶幾乎」，但是他仍然不想發表（見 "Interviews with Tom Kuhn, June 1996," 50）。看來他特別不滿意的是，他在講詞中認可了康德唯心論的某個版本（p.61, p.81）。

22. James A. Marcum 在 *Thomas Kuhn's Revolution* (London: Continuum, 2005) 一書，也使用這個書名指涉那本未完成的著作，見p.25、p.126.

23. David Lewis, *On the Plurality of Worlds* (Oxford: Blackwell, 1986).

24. 與Lewis的書名太接近引起的討論，見 "Interviews with Tom Kuhn," p.92。

25. 雖然那本書的核心想法有一些已見諸早先的論文，例如 "Second Thoughts on Paradigms"——首次發表於 *The Structure of Scientific Theories*, ed. Frederick Suppe, 459–82 (Urbana: University of Illinois Press, 1974); reprinted as chap. 12 in *The Essential Tension: Selected Studies in Scientific Tradition and Change* (Chicago: The University of Chicago Press, 1977)——孔恩直到完成希爾曼講詞才開始著手寫作那本書。

26. 現在主義的個案研究，一般而言是簡化的，而且完全是去脈絡化的。它們用來申明今日的聽眾在意的一個特定論點，通常是方法論的。現在主義把科學史當成一系列踏腳石式的成就，它們理所當然地導致現代科學。我們的眼光受制於現在的信念透鏡，過去的科學家只有在被視為現代科學的先驅的時候，才看來理性又有洞察力；否則他們的信念與研究就會被置之高閣，罪名不外犯錯、不理性，甚至頑固守舊、反對進步。孔恩認為負責任的歷史研究不該那麼做。他是對的。引起爭論的是，《結構》出版的時候孔恩也相信：除非復原過去的科學，否則科學哲學不會成功。

27. 孔恩對於他為這一想法提供的說法非常滿意。他說：「後記」的主要論點「其實脫胎於希爾曼講詞的最後一部分」（"Interviews with Tom Kuhn," p.65）。

28. 有時他心血來潮，會稱他的最後一本書是「《結構》的孫子」，說他從來沒有寫過「《結構》的兒子」（"Interviews with Tom Kuhn," pp.48-49）。

29. 他想澄清**典範**的意思，好幾次之後，他放棄了這個詞，改採**範例**、**學科基質**、**詞彙結構**。在討論孔恩的後《結構》作品時，我 278
不會使用**典範**一詞，雖然我相信只要做一些澄清它對孔恩的哲學仍然是個不可或缺的觀念，無法被他後來使用的任何一個詞完全取代。我的主張見*Kuhn's Legacy: Epistemology, Metaphilosophy, and Pragmatism* (New York: Columbia University Press, 2017), 19–20.

30. 關於對孔恩的早期反應，見Alexander Bird, *Thomas Kuhn* (Princeton, NJ: Princeton University Press, 2000); Wes Sharrock and Rupert Read, *Kuhn, Philosopher of Scientific Revolutions* (Cambridge: Polity Press, 2002); K. Brad Wray, *Kuhn's Evolutionary Social Epistemology* (Cambridge: Cambridge University Press, 2011); Mladenović, *Kuhn's Legacy*.

31. 例如 Imre Lakatos, "Falsification and the Methodology of Scientific Research Programmes," in *Criticism and the Growth of Knowledge*, ed. Imre Lakatos and Alan Musgrave (Cambridge: Cambridge University Press 1970), 91–196; Israel Scheffler, *Science and Subjectivity*, 2nd. ed. (Indianapolis: Hackett, 1982); W. H. Newton-Smith, *The Rationality of*

Science (Oxford: Oxford University Press 1981).

32. 《結構》中譯本p.229、p.241。
33. 這個分期法只是一個方便法門，有助於理解孔恩從《結構》到《複數世界》這一路上企圖解決的問題；因此它是一條模糊的線，容許很大的重疊空間。
34. 見《結構》〈後記—1969〉以及"Logic of Discovery or Psychology of Research?"、"Reflections on My Critics," in Lakatos and Musgrave, *Criticism and the Growth of Knowledge*, 1–23 and 231–78. 整部論文集 *The Essential Tension* 都反映孔恩這一時期的思想，但是第十三篇"Objectivity, Value Judgment, and Theory Choice" 也許是其中最重要的一篇。
35. 孔恩認為關鍵價值是精確、一貫、簡約、豐富、範圍，古往今來的所有科學家都接受、採用，但是詮釋與排序不同。
36. 《結構》中譯本p. 91。
37. 以歷史進路處理哲學問題與觀點，是將它們置於較廣闊的歷史脈絡中。因此歷史主義講究整體，總是放眼脈絡，留意研究對象的興起、發展、以及消逝。它往往採用敘事體，包容歧義。批評者會堅持它也是一種知識、語意、甚至存有學的相對主義。對於科學哲學中的歷史主義的詳細說明，見Thomas Nickles, "Historicist Theories of Scientific Rationality" in *The Stanford Encyclopedia of Philosophy* (Spring 2021 Edition), ed. Edward N. Zalta. 正如Nickles所指出的，孔恩是科學理性的歷史主義理論的主要提倡者。當然，波普所謂的歷史主義與這裡所說的歷史主義不屬於同一範疇。波普所說的歷史主義，指相信歷史發展有一目的，而且是不可避免的；歷史行動者能夠選擇加入最終必然勝出的一方，或者對抗它，但是無法改變朝向註定了目的的歷史發展。波普是這種歷史主義的堅強反對者，見他的*The Poverty of Historicism*, 2nd ed. (London: Routledge, 1961).

38. 回溯式的民族誌（retrospective ethnography）是英國歷史學者 279
Keith V. Thomas引介的著名表述，見“History and Anthropology,” *Past and Present* 24 (April 1963): 3–24. 孔恩在希爾曼講座第三講比較了歷史研究與民族誌研究。

39. 孔恩影響了許多莫頓（Robert K. Merton, 1910-2003）之後的科學社會學者，例如Barry Barnes, David Bloor, Harry Collins, Bruno Latour, Trevor Pinch, Steve Shapin, Steve Woolgar。

40. 見他的“The Trouble with the Historical Philosophy of Science,” reprinted as chap. 5 in *Road Since Structure*, 105–20. 以及同書中的 “A Discussion with Thomas S. Kuhn” in the same volume, 253–323.

41. 孔恩一向承認現在主義史學在科學家養成教育中的重要性：詮釋的科學史需要細密的研究功夫，費盡心思才能重建過去的觀念、假設、與信念，會使當代的科學家分心，而他們必須花費大量精力才能成為本行的專家。在孔恩的最後著作中，新義在於他將現在主義敘事視為對所有的人都有用的資源，而不只是對科學家。

42. 見 “Afterwords” (特別是 pp.229, 250) 、 “The Road since Structure” (特別是pp.97–99)，收入 *Road Since Structure.*

43. 歷史主義與自然主義公認的緊張關係已持續很久，而**自然主義**這個觀念有許多用法更是雪上加霜。要是我們將**超自然**當它的對照組，幾乎所有當代哲學都有自然主義的特徵，但是自命為自然主義者的大部分哲學家會認為自己的研究與所謂的空想哲學正相反，而與自然科學的研究在方法上有連續性。自然主義一直與存有學與解釋的化約主義相關，與科學主義相關，與實證論相關。因此有時自然主義被視為一種十足的反哲學態度，旨在以直截了當的科學問題取代困難的哲學問題，以經驗研究為解答那些問題的基礎。不過，就孔恩的自然主義而言，那是屬於比較綜合的、非化約主義的一派，源流可上溯杜威（John Dewey, 1859-1952）。

44. （本書）*Plurality*, this volume, p. 114; italics mine.

45. 對於這個問題，維根斯坦後期哲學對孔恩的提問形式發生過無與倫比的影響，但是孔恩在《複數世界》裡提出的具體答案，受惠於發展與認知心理學之處比維根斯坦還大。

46. 他主要受惠於羅施（Eleanor Rosch, 1938-）對觀念習得的研究，雖然他並不贊同羅施支持的觀念的原型理論。見Eleanor Rosch, "Natural Categories," *Cognitive Psychology* 4, no. 3 (1973): 328–50; "Wittgenstein and Categorization Research in Cognitive Psychology," in *Meaning and the Growth of Understanding: Wittgenstein's Significance for Developmental Psychology*, ed. Michael Chapman and Roger A. Dixon (Berlin: Springer, 1987), 151–66. 此外，Hanne Andersen, Peter Barker, and Xiang Chen 三人的精彩討論亦值得參考："Kuhn's Mature Philosophy of Science and Cognitive Psychology," *Philosophical*
280 *Psychology* 9, no. 3 (1996): 347–63; 他們的書有更完整的討論：*The*

Cognitive Structure of Scientific Revolutions (Cambridge: Cambridge University Press, 2006).

47. Kuhn, *Plurality*, this volume, p. 181.

48. 思想史家——例如科學史家——仔細地以詮釋重建現在已被放棄的科學詞彙後，會有同樣的覺悟。

49. 孔恩在《複數世界》第九章的筆記裡，提出這個看法。

50. 孔恩認為自然類詞在用來分類物件（如鴨子、天鵝），與用來分類物體（如木頭、金子）的時候，運作方式不同，見《複數世界》第五章第五節。也許他應該限定這個觀察的普遍性。雖然有些語言（如英語）這樣分別物件與物體，但孔恩認為所有的人類語言都以同樣的方式分別它們的說法，未必是真，事實上也不真。

51. 孔恩舉鴨嘴獸為例，見"Possible Worlds in History of Science," in *Possible Worlds in Humanities, Arts, and Sciences*, ed. Sture Allén (Berlin: Walter de Gruyter, 1989); reprinted as chap. 3 in *Road Since Structure*.「人遇見一隻產卵、哺乳的動物時，該說什麼？牠是哺乳動物，還是不是？這正是那種情況，以奧斯汀的話來說，『我們不知道說什麼。這是不折不扣的言語失靈。』那種情況要是持續得很久，就會為局部不同的詞彙開方便之門，它可以回答稍微改動過的問題：『是的，這隻動物是哺乳類』（但是哺乳類的定義已經與過去的不一樣了）。新詞彙開啟新的可能性，使用舊詞彙便無法約定那些可能性了。」(*Road Since Structure*, p.72)

52. 孔恩，《複數世界》第六章的筆記。

53. 這是《複數世界》第八章的核心議題之一。

54. 孔恩，《複數世界》第六章的筆記。

55. 孔恩，《複數世界》第七章的筆記。

56. 孔恩，《複數世界》第六章的筆記。

57. 孔恩在《複數世界》第一章對全書做了概述，還宣布會在結論章討論這兩個問題。見《複數世界》第一章，本書p.115。

58. 兩則引文都見《結構》中譯本 p.241。

59. 用不著說，相信個體獨立於人的心靈、語言而存在的唯名論者，不是有關個體的建構論者（或觀念論者）。

60. "The Road since Structure," chap. 4 in *Road Since Structure*, p.101.

61. 我們所有的實作——從文化的共相，如製作食物、交配、養育孩子，到文化與歷史的殊相，如投票、參與宗教儀式、或工程——都以識別**某些**類為基礎，無論是自然的還是人為的、具象的還是抽象的。

62. 因此孔恩的論述承認物種間有強大的連續性，而且不認為範疇化必然與理性聯繫在一起（即使語言的範疇化也未必）。

63. 孔恩，《複數世界》第九章的筆記。

281 64. 孔恩，《複數世界》第九章的筆記。

65. 希爾曼講座，本書p.70。

66. 希爾曼講座，本書p.70。

67. 希爾曼講座第三講，本書p.80。

68. 古典實用主義者對於「有保證的論斷」的看法，見杜威：*Logic: The Theory of Inquiry* (New York: Henry Holt, 1938)， 以及 "Propo-

sitions, Warranted Assertability, and Truth," *Journal of Philosophy* 38, no. 7 (1941): 169–86. 孔恩在希爾曼講座第三講與《複數世界》第一章對這個論點提出了簡短批評。更詳盡的討論可能會在第九章之後，因為孔恩說他要在第九章提出他的真理理論。

69. 也許孔恩心裡的論敵是普特南（Hilary Putnam, 1926-2016）的真理觀點，就是他在*Reason, Truth, and History* (Cambridge: Cambridge University Press, 1981)一書捍衛的理論，而不是往往受到誤解的皮爾士 (Charles Sanders Peirce, 1839-1914) 的理論。皮爾士說真理是研究的終點，並不打算將真理定義為「研究終點的任何產物」。事實上皮爾士根本無意為真理——或真與假的謂語——下定義，雖然他的一些說法也許會令人以為他想做的就是那種事。他最感興趣的是說明真理觀念在實作中的角色，特別是在科學研究中。根據他的看法，科學是集體事業——眾多個體戶從不同的觀察與假設出發，最後在研究領域的**真實**層面匯聚。見Charles S. Peirce, "How to Make Our Ideas Clear," *Popular Science Monthly*, January 1878; reprinted in *Writings of Charles S. Peirce: A Chronological Edition*, vol. 3, 1872–1878, ed. Christian J. W. Kloesel (Bloomington: Indiana University Press, 1986), 257–76; "Truth and Falsity and Error" (1901), in *Collected Papers of Charles Sanders Peirce*, vols. 5 and 6, ed. Charles Hartshorne and Paul Weiss (Cambridge, MA: Harvard University Press, 1935), 394–98.

70. 希爾曼講座第三講第二節，本書p.80。

71. 在這一方面（以及許多其他方面），孔恩是個實用主義者。

72. 在他的《複數世界》筆記中，孔恩感謝哈金、Jed Buchwald、Peter Galison三人以極為清晰又有說服力的文字闡明了這個論點。

〈科學知識是歷史產物〉

註a：本文最初的草稿在1981年完成。增訂稿曾在幾個講座中宣讀：布蘭戴斯大學（1984年5月30日）、明尼蘇達大學（1985年10月21日）、東京大學（1986年5月2日）。本文由佐々木力、羽片俊夫譯成日文，發表於岩波書店的《思想》月刊1986年8月號，pp.1-18。感謝威廉斯學院教授加賀谷真子協助我取得這份日譯本。這裡印行的是英文原稿，從未發表過。原稿現藏美國MIT圖書館：Thomas S. Kuhn Papers, MC 240, boxes 23–24, Institute Archives and Special Collections, Massachusetts Institute of Technology, Cambridge, Massachusetts.（譯按1，佐々木力 (1947-2020)，日本知名數學史家，1976赴美國普林斯頓大學留學四年，與孔恩結緣，1989獲得博士學位。）（譯按2：本篇另有中國社科院紀樹立教授翻譯的中譯本〈科學知識作為歷史產品〉，發表於《自然辯證法通訊》1988年第5期，pp.16-25。）

282 註b：對邏輯經驗論者倡導的科學形象提出批評的學者，在英文學界除了孔恩之外，最重要的是Paul Feyerabend (1924-1994), R. N. Hanson (1924-1967), Stephen Toulmin (1922-2009), Michael Polanyi (1891-1976), Alistair Crombie (1915-1996), Mary Hesse

(1924-2016), Nelson Goodman (1906-1998)，當然還有蒯因 (1908-2000)。歐洲大陸的科學哲學與科學史早有交集、已難分難解，與英美恰成對比，特別是法國，影響最大的學者是夸黑 (Alexandre Koyré, 1892-1964)、Gaston Bachelard (1884-1962)、Georges Canguilhem (1904-1995)。關於這兩個傳統的重要差異，孔恩的看法見於他的訪問錄中，收入 *The Road Since Structure: Philosophical Essays, 1970–1993, with an Autobiographical Interview*, ed. James Conant and John Haugeland (Chicago: University of Chicago Press, 2000), part 3.

註c：關於洛克「感覺的單純概念」，見他的 *Essay Concerning Human Understanding*, ed. Peter H. Nidditch (1689; Oxford: Oxford University Press, 1979。關於羅素的「直接知識」，見他的 *Problems of Philosophy* (London: Williams and Norgate; New York: Henry Holt, 1912)。關於維根斯坦早期著作中的「基本語句」，見他的 *Tractatus Logico-Philosophicus*, trans. C. K. Ogden (London: Kegan Paul, Trench, Trubner, 1922)。

註d：發現脈絡與證成脈絡的分別，由德國學者萊興巴赫 (Hans Reichenbach, 1891-1953) 首先提出，見 *Experience and Prediction: An Analysis of the Foundations and the Structure of Knowledge* (Chicago: University of Chicago Press, 1938)，很快就廣為邏輯經驗論者接受。

註e：這個詞經由卡納普 (Rudolf Carnap, 1891-1970) 的引介而流行起來，他是從胚胎學者杜里舒 (Hans Driesch, 1867-1941) 那裡採借來的，見 *The Logical Structure of the World: Pseudo-problems in Philosophy*, trans. Rolf A. George (Berkeley: University of California Press, 1967), 101–3. 根據這個立場，知識是從經驗之流中理性地建構出來的某種東西。限定語「方法論的」表明對於自我的存有或超越的自我的存有抱持不可知的態度。這個詞與它個人主義的內涵是批評的共同目標，例如Otto Neurath, "Protokollsätze," *Erkenntnis* 3, no. 1 (1932): 204–14. 我感謝Evan Pence對本註的貢獻。

註f：所謂的杜韓—蒯因論點又稱作「證據不充分決定論」，是說理論無法以證據充分決定：個別的經驗假說必然伴隨著輔助假說，無法單獨拈出進行證實或否證。這個立場的經典陳述也許出自法國學者杜韓 (Pierre Duhem, 1861-1916) 與美國哲學家蒯因，見Pierre Duhem, *The Aim and Structure of Physical Theory*, trans. Philip Paul Wiener (Princeton, NJ: Princeton University Press, 1954), chap. 6; W. V. O. Quine, "Two Dogmas of Empiricism," *Philosophical Review* 60, no. 1 (1951): 20–43; reprinted in Quine's *From a Logical Point of View* (Cambridge, MA: Harvard University Press, 1953), 20–46.

過去的科學風華（希爾曼紀念講座講詞）

註a：孔恩在這裡也許是回應人類學者Brent Berlin與語言學者Paul Kay對於跨文化、語言的顏色群集所做的重要研究。他們發現，雖
283 然我們似乎能夠以不同的方式、根據任意的判準分類顏色，但

是不同語言的原型顏色詞往往以同樣的方式叢集。見Berlin and Kay, *Basic Color Terms: Their Universality and Evolution* (Berkeley: University of California Press, 1969). 我感謝Evan Pence對本註的貢獻。

註b：這裡孔恩所想的也許是受維根斯坦啟發、並由美國心理學者羅施（Eleanor Rosch）發展的觀念的原型理論，例如Eleanor Rosch, "Principles of Categorization," in *Cognition and Categorization*, ed. Rosch and Barbara Bloom Lloyd (Hillsdale, NJ: Lawrence Erlbaum Associates, 1978), 27–48; Eleanor Rosch and Carolyn B. Mervis, "Family Resemblances: Studies in the Internal Structure of Categories," *Cognitive Psychology* 7, no. 4 (1975): 573–605.

《複數世界》摘要

註a：對《複數世界》現存的文本摘要是以Arno Pro字體來呈現。對本書計畫中但未寫的部分，編輯對其主要想法的重構則以另一字體 Chapparal Pro來寫。我的重構是基於孔恩在草稿已寫就的章節中對後來章節的預示，還有基於他對後來設想的章節所留下的筆記（這要感謝芝加哥大學出版社的提供資料，還有孔恩的遺稿保管人Jehane Kuhn 以及 Sarah Kuhn的允許）。對未完成的每一章節，我所能有的資訊量並不平均，只要可能，我都嘗試給讀者孔恩意圖在每章中進行的一個大方向。

註b：孔恩的筆記中有些片段裡，他似乎懷疑是否無重疊原則真的可應用到所有的單子類。

註c：孔恩在《複數世界》最後一個版本的目錄中給了第七章前面提過的標題「回顧與向前走」，但他留給第七章的筆記裡，卻給了一個不同的標題：「類的諸多世界」。

註d：孔恩為這一章作的筆記，並沒有提供充分的基礎來說出他給那兩個問題的答案會是什麼，即使他能夠繼續完成此書。後面只是留在他筆記中的幾條思想線索，它們可能、也可能不會整合進此章的最後版本中。

致謝

註a：孔恩在這本書的筆記中留下了一份致謝名單，該名單並未解釋具體的貢獻，而且很可能不完整。

第一章　科學知識是歷史產物

註a：說真理是探究的終點之觀點，通常都說是來自Charles Sanders
284 Peirce. 例如見 “How to make our ideas clear” *Popular Science Monthly*. Jan. 1878. reprinted in *Writings of Charles S. Peirce: A Chronological Edition*, vol. 3, *1872–1878*, ed. Christian J. W. Kloesel (Bloomington: Indiana University Press, 1986), 257–276.

註b：一個實踐主義觀點的有保證的可宣稱性，見John Dewey, *Logic: the Theory of Inquire* (1938) 以及他的 “Propositions, Warranted

Assertability, and Truth" (*Journal of Philosophy* 38, no. 7(1941), pp. 169–86).

註c：在他為第一章所作的註釋中，孔恩為「如何去保存非矛盾律的必然性但卻不接受真理的對應理論」的問題，提供了一種回應。比較性的評價並不要求一個以真理為極限的量尺。它們要求一個「存在性的選擇」(existential choice)。一個存在性的選擇需要服從某種形式的非矛盾律：雖然我們可以選擇任何候選者（一個眷屬、一個典範、一個語言……）但我們在一個時間裡只能選擇一個。特別是，一個科學社群當面對著兩個不相容的詞彙組時，它不能同時接受它們二者。我們不需要涉及真理才能解釋這種在歷史情境中的選擇。提出這個回應的核心洞見，孔恩要歸功於他的太太 Jehane Kuhn.

第三章　樹狀分類與不可共量性

註a：冥王星在孔恩過世時仍然被看成是一行星。國際天文學聯合會(International Astronomical Union)透過投票的多數決，把冥王星再分類成是一準行星(dwarf planet)的事，發生在Aug.24, 2006.

註b：此書的第二部，標題是「一個類的世界」，包括第四到第六章，孔恩仍然沒有完成。

註c：「一個單子類的成員」聽起來奇怪。孔恩大概應該寫成一個單子類的案例或應用(instantiation or application)。

註d：這個義大利的片語可以譯成「一個譯者就是一個叛徒」。

第四章　語言描述的生物性前提：軌跡與情境

註a：這個註的位置是孔恩自己在第四章的頁旁附註，孔恩說：「這點現在對我而言是清楚地錯了。nomic／normic之間的區分必須只能用於內在各種世界裡。」編者又說：「孔恩首先在他的〈後記〉裡介紹這個nomic／normic的區別，在Horwich, *World Changes*, 311-41(Cambridge, MA: MIT Press, 1993); reprinted as chap. 11 in *Road Since Structure.*」

第五章　自然類：它們的名字如何有意義

註a（後再加譯按）：在這裡，孔恩作了下面的註給他自己：「嘗試引用Daiwie Fu的論文，處理透過學習其他文化，你得到什麼。」不清楚是否他心中的是篇已發表的論文（且如果是，哪一篇），或者是一篇草稿。（譯按：孔恩這裡提到的論文，應該是指我一九九二年發表的那一篇。當一九九〇年十二月我在波士頓大學科哲討論會報告該文草稿時〔見下〕，孔恩在現場聆聽，事後還邀我到他家中小坐，那是個令人難忘的回憶。Daiwie Fu, 1992, "Problem Domain, Taxonomies, and Comparativity in History of Sciences——with a Case Study in the Comparative History of 'Optics'" in Philosophy and Conceptual History of Science in Taiwan, pp. 123 - 148., Vol. 141 of Boston Studies in the Philosophy of Science. ed. by R. Cohen. This paper has been read in a special section of the 31st Boston Colloquium for Philosophy of Science at 4/ Dec/ 1990.）

註b：在大部分的分類中，魚是動物，但這裡孔恩把這些範疇看成彼此不聯屬：例如**動物**是指**哺乳動物**。

第六章　實作、理論、與人工類

註a：顯然，孔恩不能在這裡真的認為如此，而大概會在文本的最後 285
版本中寫得更仔細。我們應該把碗與湯匙讀成只是對照杯子與叉子的可能的例子（而在我們文化裡，這倒是實際的例子）。重點是如果要掌握人工類，那就與掌握自然類一樣，都要求掌握那些對照的組合（本章在文本書寫上、還有在修改上，都是未完成的）。

參考資料

Agassi, Joseph. *Towards an Historiography of Science*. The Hague: Mouton, 1963.

Algra, Keimpe. "Concepts of Space in Classical and Hellenistic Greek Philosophy." PhD diss., Utrecht University, 1988. Published as *Concepts of Space in Greek Thought*. Philosophia Antiqua 65. Leiden: Brill, 1994.

Anscombe, G. E. M., and P. T. Geach. *Three Philosophers: Aristotle, Aquinas, Frege*. Ithaca, NY: Cornell University Press, 1961.

Aristotle. *Generation of Animals*. Translated by A. L. Peck. Loeb Classical Library 366. Cambridge, MA: Harvard University Press, 1942.

Aristotle. *On Sophistical Refutations. On Coming-to-Beand Passing Away. On the Cosmos*. Translated by E. S. Forster and D. J. Furley. Loeb Classical Library 400. Cambridge, MA: Harvard University Press, 1955.

Aristotle. *On the Heavens*. Translated by W. K. C. Guthrie. Loeb Classical Library 338. Cambridge, MA: Harvard University Press, 1939.

Aristotle. *Physics*. Edited by W. D. Ross. Translated by R. P. Hardie and R. K. Gaye. Vol. 2 of *The Works of Aristotle*. Oxford: Clarendon Press, 1930.

Aristotle. *Physics*. Translated by P. H. Wicksteed and F. M. Cornford. 2 vols. Loeb Classical Library 228, 255. Cambridge, MA: Harvard University Press, 1957.

Asquith, Peter D., and Henry E. Kyburg Jr., eds. *Current Research in Philosophy of Science*. East Lansing, MI: Philosophy of Science Association, 1979.

Asquith, Peter D., and Thomas Nickles, eds. *PSA 1982*. Vol. 2. East Lansing, MI: Philosophy of Science Association, 1983.

Bacon, Francis. *The Works of Francis Bacon*. Edited by James Spedding, Robert Leslie Ellis, and Douglas Denon Heath. Vol. 8, *Translations of the Philosophical Works*. New York: Hugh and Houghton, 1869.

Baillargeon, Renée. "Object Permanence in 3ó-and 4ó-Month-Old Infants." *Child Development* 23, no. 5 (1987): 655–64.

Baillargeon, Renée. "Representing the Existence and Location of Hidden Objects: Object Permanence in 6-and 8-Month-Old Infants." *Cognition* 23, no. 1 (1986): 21–41.

Baillargeon, Renée. "Young Infants' Reasoning about the Physical and Spatial Properties of a Hidden Object." *Cognitive Development* 2, no. 3 (1987): 179–200.

Benjamin, Walter. "The Task of the Translator." In *Illuminations.* Edited by Hannah Arendt. Translated by Harry Zohn, 69–82. New York: Harcourt Brace & World, 1968.

Bohr, Niels. *Causality and Complementarity.* Vol. 4 of The Philosophical Writings of Niels Bohr, edited by Jan Faye and Henry J. Folse. Woodbridge, CT: Ox Bow Press, 1998.

Bornstein, Marc H. "Perceptual Categories in Vision and Audition." In Harnad, *Categorical Perception*, 287–300.

Bower, T. G. R. *Development in Infancy.* 2nd ed. San Francisco: W. H. Freeman, 1982.

Brower, Reuben A., ed. *On Translation.* Cambridge, MA: Harvard University Press, 1959.

Brown, Theodore M. "The Electric Current in Early Nineteenth-Century French Physics." *Historical Studies in the Physical Sciences* 1 (1969): 61–103.

Bushneil, I. W. R., F. Sai, and J. T. Mullin. "Neonatal Recognition of the Mother's Face." *British Journal of Developmental Psychology* 7, no. 1 (1989): 3–15.

Butterfield, Herbert. *The Origins of Modern Science: 1300–1800*. London: G. Bell, 1949.

Butterfield, Herbert. *The Whig Interpretation of History*. London: G. Bell, 1931.

Carey, Susan. *The Origin of Concepts.* Oxford Series in Cognitive Development. Oxford: Oxford University Press, 2009.

Cheney, Dorothy L., and Robert M. Seyfarth. *How Monkeys See the World.* Chicago: Chicago University Press, 1990.

Clark, Eve V., ed. *The Proceedings of the Twenty-Sixth Annual Child Language Research Forum.* Stanford, CA: CSLI Publications, 1995.

Crombie, Alistair C. "Mechanistic Hypotheses and the Scientific Study of Vision: Some Optical Ideas as a Background to the Invention of the Microscope." In *Historical Aspects of Microscopy*, edited by S. Bradbury and G.L'E. Turner, 3–112.

Cambridge: Heffer and Sons, 1967.

Davidson, Donald, and Gilbert Harman, eds. *Semantics of Natural Language*. 2nd ed. Dordrecht: Reidel, 1972.

de La Rive, Auguste Arthur. *Traité d'électricité théorique et appliquée*. Vol. 2. Paris: J.-B. Baillière, 1856.

Descartes, René. *Le Monde*. Edited by Charles Adam and Paul Tannery. Vol. 11 of *OEuvres de Descartes*. Paris: Léopold Cerf, 1909.

de Waard, Cornelis. *L'expérience barométrique: Ses antécédents et ses explications*. Thouars: Imprimerie Nouvelle, 1936.

Dewey, John. *Logic: The Theory of Inquiry*. New York: Henry Holt, 1938.

Dewey, John. "Propositions, Warranted Assertability, and Truth." *Journal of Philosophy* 38, no. 7 (1941): 169–86.

Dupree, A. Hunter. *Asa Gray, 1810–1888*. Cambridge, MA: Harvard University Press, 1959.

Edwards, Paul, ed. *Encyclopedia of Philosophy*. 8 vols. New York: Macmillan, 1967.

Eimas, Peter D., Joanne L. Miller, and Peter W. Jusczyk. "On Infant Speech Perception and the Acquisition of Language." In Harnad, *Categorical Perception*, 161–95.

Ereshefsky, Marc, ed. *The Units of Evolution: Essays on the Nature of Species*. Cambridge, MA: MIT Press, 1992.

Faraday, Michael. "Experimental Researches in Electricity." *Philosophical Transactions of the Royal Society of London* 122 (January 1832): 125–62.

Feyerabend, Paul K. "Explanation, Reduction, and Empiricism." *Minnesota Studies in Philosophy of Science* 3 (1962): 28–97.

Feyerabend, Paul K. "Putnam on Incommensurability." *British Journal for the Philosophy of Science* 38, no. 1 (1987): 75–92.

Field, Tiffany M., Debra Cohen, Robert Garcia, and Reena Greenberg. "Mother-Stranger Face Discrimination by the Newborn." *Infant Behavior and Development* 7, no. 1 (1984): 19–25.

Fodor, Jerry A., Merrill F. Garrett, Edward C. T. Walker, and Cornelia H. Parkes. "Against Definitions." *Cognition* 8, no. 3 (1980): 263–367.

Grene, Marjorie. *A Portrait of Aristotle*. Chicago: University of Chicago Press, 1963.

Griffin, Donald R. *Animal Minds*. Chicago: University of Chicago Press, 1992.

Gutting, Gary. "Continental Philosophy and the History of Science." In Olby et al., *Companion to the History of Modern Science*, 127–47.

Hacking, Ian. "Language, Truth, and Reason." In *Rationality and Relativism*, edited by Martin Hollis and Steven Lukes, 48–66. Cambridge, MA: MIT Press, 1982.

Hacking, Ian. *Representing and Intervening: Introductory Topics in the Philosophy of Natural Science*. Cambridge: Cambridge University Press, 1983.

Hacking, Ian. *Why Does Language Matter to Philosophy?* Cambridge: Cambridge University Press, 1975.

Hacking, Ian. "Working in a New World: The Taxonomic Solution." In *World Changes: Thomas Kuhn and the Nature of Science*, edited by Paul Horwich, 275–310. Cambridge, MA: MIT Press, 1993.

Hanson, Norwood Russell. *Patterns of Discovery*. Cambridge: Cambridge University Press, 1958.

Harnad, Steven, ed. *Categorical Perception: The Groundwork of Cognition*. Cambridge: Cambridge University Press, 1987.

Held, Richard. "Binocular Vision: Behavior and Neuronal Development." In Mehler and Fox, *Neonate Cognition*, 37–44.

Hempel, Carl G. *Philosophy of Natural Science*. Englewood Cliffs, NJ: Prentice Hall, 1966.

Hiley, David R., James F. Bohman, and Richard Shusterman, eds. *The Interpretive Turn*. Ithaca, NY: Cornell University Press, 1991.

Hirsch, Eli. *The Concept of Identity*. New York: Oxford University Press, 1982.

Hollis, Martin, and Steven Lukes, eds. *Rationality and Relativism*. Cambridge, MA: MIT Press, 1982.

Horwich, Paul, ed. *World Changes: Thomas Kuhn and the Nature of Science*. Cambridge, MA: MIT Press, 1993.

Hull, David. *Science as Process: An Evolutionary Account of the Social and Conceptual Development of Science*. Chicago: University of Chicago Press, 1988.

Jakobson, Roman. "On Linguistic Aspects of Translating." In Brower, *On Translation*, 232–39.

Jammer, Max. *The Conceptual Development of Quantum Mechanics*. New York: McGraw Hill, 1966.

Jevons, W. Stanley. *The Principles of Science: A Treatise on Logic and Scientific Method.*

1874. Reprint, New York: Dover, 1958.

Johnson, Mark H., and John Morton. *Biology and Cognitive Development: The Case of Face Recognition*. Oxford: Blackwell, 1991.

Kellman, Philip J., and Elizabeth S. Spelke. "Perception of Partly Occluded Objects in Infancy." *Cognitive Psychology* 15, no. 4 (1983): 483–524.

Kellman, Philip J., Elizabeth S. Spelke, and Kenneth R. Short. "Infant Perception of Object Unity from Translatory Motion in Depth and Vertical Translation." *Child Development* 57, no. 1 (1986): 72–86.

Kox, A. J., ed. *The Scientific Correspondence of H. A. Lorentz*. Vol. 1. New York: Springer, 2009.

Koyré, Alexandre. *Études galiléennes*. 3 vols. Paris: Hermann, 1939.

Kripke, Saul. "Naming and Necessity." In *Semantics of Natural Language*, 2nd ed., edited by Donald Davidson and Gilbert Harman, 253–355. Dordrecht: Reidel, 1972. Reprinted as *Naming and Necessity*, Harvard University Press, 1980.

Krüger, Lorenz, Lorraine J. Daston, and Michael Heidelberger, eds. *The Probabilistic Revolution*. Vol. 1, *Ideas in History*. Cambridge, MA: MIT Press, 1987.

Kuhn, Thomas S. "Afterwords." In *World Changes: Thomas Kuhn and the Nature of Science*, edited by Paul Horwich, 314–19. Cambridge, MA: MIT Press, 1993. Reprinted in Kuhn, *Road Since Structure*, 224–52.

Kuhn, Thomas S. *Black-Body Theory and the Quantum Discontinuity, 1894–1912*. 2nd ed. Chicago: University of Chicago Press, 1987. First published 1978 by Oxford University Press.

Kuhn, Thomas S. "Commensurability, Comparability, Communicability." In *PSA 1982*, vol. 2, edited by Peter Asquith and Thomas Nickles, 669–88. East Lansing, MI: Philosophy of Science Association. Reprinted in Kuhn, *Road Since Structure*, 33–57.

Kuhn, Thomas S. *The Essential Tension: Selected Studies in Scientific Tradition and Change*. Chicago: University of Chicago Press, 1977.

Kuhn; Thomas S. "The Natural and the Human Sciences." In T*he Interpretive Turn: Philosophy, Science, Culture*, edited by David R. Hiley, James F. Bohman, and Richard Shusterman, 17–24. Ithaca, NY: Cornell University Press, 1991. Reprinted in Kuhn, *Road Since Structure*, 216–23.

Kuhn, Thomas S. "Possible Worlds in History of Science." In Allén, *Possible Worlds in*

Humanities, Arts, and Sciences, 9–32.

Kuhn, Thomas S. "Rationality and Theory Choice." *Journal of Philosophy* 80, no. 10 (1983): 563–70. Reprinted in Kuhn, *Road Since Structure*, 208–15.

Kuhn, Thomas S. "Revisiting Planck." *Historical Studies in the Physical Sciences* 14, no. 2 (1984): 231–52. Reprinted as the afterword to the paperback edition of Kuhn, *Black-Body Theory*, 349–70.

Kuhn, Thomas S. *The Road Since Structure: Philosophical Essays, 1970–1993, with an Autobiographical Interview*. Edited by James Conant and John Haugeland. Chicago: University of Chicago Press, 2000.

Kuhn, Thomas S. "Second Thoughts on Paradigms." In *The Structure of Scientific Theories*, ed. Frederick Suppe, 459–99. Urbana: University of Illinois Press, 1974. Reprinted in Kuhn, *Essential Tension*, 293–319.

Kuhn, Thomas. *The Structure of Scientific Revolutions*. 2nd ed. Chicago: University of Chicago Press, 1970. First published 1962 by the University of Chicago Press.

Kuhn, Thomas S. "What Are Scientific Revolutions?" In *The Probabilistic Revolution*. Vol. 1, *Ideas in History*, edited by Lorenz Krüger, Lorraine Daston, and Michael Heidelberger, 7–22. Cambridge, MA: MIT Press, 1987. Reprinted in Kuhn, *Road Since Structure*, 13–32.

Landau, Terry. *About Faces*. New York: Anchor Books, 1989.

Laudan, Larry. "Historical Methodologies: An Overview and Manifesto." In *Current Research in Philosophy of Science*, edited by Peter D. Asquith and Henry E. Kyburg Jr., 40–54. East Lansing, MI: Philosophy of Science Association, 1979.

Liddell, Henry George, and Robert Scott. *A Greek-English Lexicon*. 9th ed. 2 vols. Revised and augmented throughout by Sir Henry Stuart Jones, with the assistance of Roderick McKenzie. Oxford: Clarendon Press, 1940.

Locke, John. *An Essay Concerning Human Understanding*. 1689. Edited by Peter H. Nidditch. Oxford: Oxford University Press, 1979.

Lyons, John. *Semantics*. 2 vols. Rev. ed. Cambridge: Cambridge University Press, 1984.

Markman, Ellen M. *Categorization and Naming in Children: Problems of Induction*. Cambridge, MA: MIT Press, 1989.

Marr, David. *Vision: A Computational Investigation into the Human Representation and Processing of Visual Information*. San Francisco: W. H. Freeman, 1982.

Maurer, Daphne, and Philip Salapatek. "Developmental Changes in the Scanning of Faces by Young Infants." *Child Development* 47, no. 2 (1976): 523–27.

Mayr, Ernst. "Biological Classification: Toward a Synthesis of Opposing Methodologies." *Science* 214, no. 4520 (1981): 510–16.

McMullin, Ernan, ed. *Construction and Constraint: The Shaping of Scientific Rationality*. Notre Dame, IN: University of Notre Dame Press, 1988.

Mehler, Jacques, and Robin Fox, eds. *Neonate Cognition: Beyond the Blooming Buzzing Confusion*. Hillsdale, NJ: Erlbaum, 1985.

Meltzoff, Andrew N., and M. Keith Moore. "Early Imitation within a Functional Framework: The Importance of Person Identity, Movement, and Development." *Infant Behavior and Development* 15, no. 4 (1992): 479–505.

Mill, John Stuart. *A System of Logic, Ratiocinative and Inductive, Being a Connected View of the Principles of Evidence and the Methods of Scientific Investigation*. Vols. 7–8 of *The Collected Works of John Stuart Mill*, edited by John M. Robson. London: Routledge and Kegan Paul, 1963–74.

Millikan, Ruth Garrett. *Language, Thought, and Other Biological Categories: New Foundations for Realism*. Cambridge, MA: MIT Press, 1984.

Nida, Eugene. "Principles of Translation as Exemplified by Bible Translating." In Brower, *On Translation*, 11–31.

Olby, R. C., G. N. Cantor, J. R. R. Christie, and M. J. S. Hodge, eds. *Companion to the History of Modern Science*. London: Routledge, 1990.

Peirce, Charles S. "How to Make Our Ideas Clear." *Popular Science Monthly*, January 1878.

Piaget, Jean, and Bärbel Inhelder. *The Child's Conception of Space*. Translated by F. J. Langdon and J. L. Lunzer. New York: Norton, 1967.

Pickering, Andrew, ed. *Science as Practice and Culture*. Chicago: University of Chicago Press, 1992.

Putnam, Hilary. *Reason, Truth, and History*. Cambridge: Cambridge University Press, 1981.

Quine, W. V. O. *From a Logical Point of View*. Cambridge, MA: Harvard University Press, 1953.

Quine, W. V. O. *Word and Object*. Cambridge, MA: MIT Press, 1960.

Reichenbach, Hans. *Experience and Prediction: An Analysis of the Foundations and the*

Structure of Knowledge. Chicago: University of Chicago Press, 1938.

Repp, Bruno H., and Alvin M. Liberman. "Phonetic Category Boundaries are Flexible." In Harnad, *Categorical Perception*, 89–112.

Rosen, Stuart, and Peter Howell. "Auditory, Articulatory, and Learning Explanations in Speech." In Harnad, *Categorical Perception*, 113–160.

Russell, Bertrand. *The Problems of Philosophy*. London: Williams and Norgate, 1912.

Schagrin, Morton L. "Resistance to Ohm's Law." *American Journal of Physics* 31, no. 536 (1963): 536–47.

Scheffler, Israel. *Science and Subjectivity*, 2nd. ed. Indianapolis: Hackett, 1982.

Schwartz, Stephen P., ed. *Naming, Necessity, and Natural Kinds*. Ithaca, NY: Cornell University Press, 1977.

Sewell, William H., Jr. "A Theory of Structure: Duality, Agency, and Transformation." *American Journal of Sociology* 98, no. 1 (1992): 1–29.

Slaughter, Mary M. *Universal Languages and Scientific Taxonomy in the Seventeenth Century*. Cambridge: Cambridge University Press, 1982.

Smith, Edward E., and Douglas L. Medin. *Categories and Concepts*. Cambridge, MA: Harvard University Press, 1981.

Soja, Nancy N., Susan Carey, and Elizabeth S. Spelke. "Ontological Categories Guide Young Children's Inductions of Word Meanings." *Cognition* 38, no. 2(1991): 179–211.

Sorabji, Richard. Matter, Space, and Motion: *Theories in Antiquity and Their Sequel*. Ithaca, NY: Cornell University Press, 1988.

Spelke, Elizabeth S. "Perception of Unity, Persistence, and Identity: Thoughts on Infants' *Conceptions of Objects*." In Mehler and Fox, Neonate Cognition, 89–113.

Spelke, Elizabeth S. "Principles of Object Perception." *Cognitive Science* 14, no. 1 (1990): 29–56.

Spelke, Elizabeth S., Karen Breinlinger, Janet Macomber, and Kristen Jacobson. "Origins of Knowledge." *Psychological Review* 99, no. 4 (1992): 605–32.

Steiner, George. *After Babel: Aspects of Language and Translation*. London: Oxford University Press, 1975.

Sture, Allén, ed. *Possible Worlds in Humanities, Arts, and Sciences: Proceedings of Nobel Symposium 65*. Berlin: Walter de Gruyter, 1989.

Suppe, Frederick, ed. *The Structure of Scientific Theories*. Urbana: University of Illinois Press, 1974.

Sutton, Geoffrey. "The Politics of Science in Early Napoleonic France: The Case of the Voltaic Pile." *Historical Studies in the Physical Sciences* 11, no. 2 (1981): 329–66.

Taylor, Charles. "Interpretation and the Sciences of Man." *Review of Metaphysics* 25, no. 1 (1971): 3–51. Reprinted in his *Philosophy and the Human Sciences*. Vol. 2 of *Philosophical Papers*, 15–57. Cambridge: Cambridge University Press, 1985.

Ullman, Shimon. *The Interpretation of Visual Motion*. Cambridge, MA: MIT Press, 1979.

Volta, Alessandro. "On the Electricity Excited by the Mere Contact of Conducting Substances of Different Kinds." *Philosophical Transactions of the Royal Society* 90 (1800): 403–31.

Werner, Heinz. *Comparative Psychology of Mental Development*. Rev. ed. Chicago: Follett, 1948.

White, James Boyd. *Justice as Translation: An Essay in Cultural and Legal Criticism*. Chicago: University of Chicago Press, 1990.

White, James Boyd. *When Words Lose their Meanings: Constitutions and Reconstitutions of Language, Character, and Community*. Chicago: University of Chicago Press, 1984.

Wiggins, David. *Sameness and Substance*. Cambridge, MA: Harvard University Press, 1980.

Wittgenstein, Ludwig. *Philosophical Investigations*. 4th ed. Edited by P. M. S. Hacker and Joachim Schulte. Translated by G. E. M. Anscombe, P. M. S. Hacker, and Joachim Schulte. Oxford: Wiley-Blackwell, 2009. First published, in G. E. M. Anscombe's translation, 1953 by Blackwell (Oxford).

Wittgenstein, Ludwig. *Remarks on Colour. Edited by G. E. M. Anscombe*. Translated by Linda L. McAlister and Margarete Schättle. Berkeley: University of California Press, 1977.

Xu, Fei, and Susan Carey. "Infants' Metaphysics: The Case of Numerical Identity." *Cognitive Psychology* 30, no. 2 (1996): 111–53.

Xu, Fei, Susan Carey, and Nina Quint. "The Emergence of Kind-Based Object Individuation in Infancy." Cognitive Psychology 49, no. 2 (2004): 155–90.

Xu, Fei, Susan Carey, Kyra Raphaelidis, and Anastasia Ginzbursky. "12-month-old Infants Have the Conceptual Resources to Support the Acquisition of Count Nouns." In *Proceedings of the Twenty-Sixth Annual Child Language Research Forum*, edited by Eve V. Clark, 231–38. Stanford, CA: CSLI Publications, 1995.

Xu, Fei, Susan Carey, and Jenny Welch. "Infants' Ability to Use Object Kind Information for Object Individuation." *Cognition* 70, no. 2 (March 1, 1999): 137–66.

中英對照表*

* 對照表的詞目由譯者挑選整理，對應之頁碼為原文頁碼。若沒有對應頁碼者，請直接看原書的索引頁碼。否則就是翻譯慣例。

九劃

十劃

十一劃

十二劃

十三劃

十四劃

十五劃

十六劃

十七劃

十八劃

十九劃

INDEX

國家圖書館出版品預行編目資料

世界是複數的：孔恩的最後著作集 / 湯瑪斯．孔恩（Thomas S. Kuhn）著；波雅納．梅拉德諾維奇（Bojana Mladenović）編；傅大為、王道還 譯. -- 初版. -- 臺北市：商周出版, 城邦文化事業股份有限公司出版：英屬蓋曼群島商家庭傳媒股份有限公司城邦分公司發行, 2024.09
面； 公分
譯自：The Last Writings of Thomas S. Kuhn: Incommensurability in Science
ISBN 978-626-390-267-1（平裝）
1. CST: 科學 2. CST: 歷史
309 113012366

線上版讀者回函卡

世界是複數的：孔恩的最後著作集

原著書名／The Last Writings of Thomas S. Kuhn: Incommensurability in Science
作者／湯瑪斯．孔恩（Thomas S. Kuhn）
編者／波雅納．梅拉德諾維奇（Bojana Mladenović）
譯者／傅大為、王道還
企畫選書／李尚遠
責任編輯／嚴博瀚

版權／游晨瑋、吳亭儀
行銷業務／周丹蘋、林詩富
總編輯／楊如玉
總經理／彭之琬
事業群總經理／黃淑貞
發行人／何飛鵬
法律顧問／元禾法律事務所 王子文律師
出版／商周出版
城邦文化事業股份有限公司
台北市南港區昆陽街16號4樓
電話：(02) 2500-7008 傳眞：(02) 2500-7579
E-mail：bwp.service@cite.com.tw
發行／英屬蓋曼群島商家庭傳媒股份有限公司城邦分公司
台北市南港區昆陽街16號8樓
書虫客服服務專線：(02) 2500-7718．(02) 2500-7719
24小時傳眞服務：(02) 2500-1990．(02) 2500-1991
服務時間：週一至週五09:30-12:00．13:30-17:00
劃撥帳號：19863813 戶名：書虫股份有限公司
讀者服務信箱E-mail：service@readingclub.com.tw
城邦讀書花園 網址：www.cite.com.tw
香港發行所／城邦（香港）出版集團有限公司
香港九龍土瓜灣土瓜灣道86號順聯工業大廈6樓A室
電話：(852) 2508-6231 傳眞：(852) 2578-9337
E-mail：hkcite@biznetvigator.com
馬新發行所／城邦（馬新）出版集團 Cité (M) Sdn. Bhd.
41, Jalan Radin Anum, Bandar Baru Sri Petaling,
57000 Kuala Lumpur, Malaysia
電話：(603) 9056-3833 傳眞：(603) 9057-6622

內文排版／新鑫電腦排版工作室
印刷／韋懋實業有限公司
經銷商／聯合發行股份有限公司
電話：(02) 2917-8022 傳眞：(02) 2911-0053
地址：新北市231新店區寶橋路235巷6弄6號2樓

■2024年9月初版
定價 680 元

Printed in Taiwan
城邦讀書花園
www.cite.com.tw

THE LAST WRITINGS OF THOMAS S. KUHN: Incommensurability in Science
Edited by Bojana Mladenović
Licensed by The University of Chicago Press, Chicago, Illinois, U.S.A.

ISBN 978-626-390-267-1
EISBN 9786263902602（EPUB）